工业和信息化"十三五"人才培养规划教材

黑马程序员 ◉ 编著

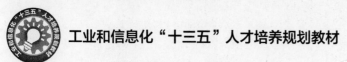

U0280415

Python

快速编程入门

第 2 版

人民邮电出版社

北 京

图书在版编目（CIP）数据

Python快速编程入门 / 黑马程序员编著. -- 2版
. -- 北京 : 人民邮电出版社，2021.1
工业和信息化"十三五"人才培养规划教材
ISBN 978-7-115-54752-1

Ⅰ. ①P… Ⅱ. ①黑… Ⅲ. ①软件工具－程序设计－
高等学校－教材 Ⅳ. ①TP311.561

中国版本图书馆CIP数据核字(2020)第161868号

内 容 提 要

本书以 PyCharm 为主要开发工具，采用理论与实训案例相结合的形式，系统性地讲解 Python 的核心知识。本书共 11 章，其中，第 1～10 章介绍 Python 语言的核心理论知识，包括基础知识、流程控制、字符串、组合数据类型、函数、文件与数据格式化、面向对象、异常和 Python 计算生态与常用库；第 11 章围绕着前期学习的理论知识开发一个游戏项目——飞机大战。除第 1 章和第 11 章外，其他章均配有丰富的实训案例和阶段案例，读者可以一边学习一边练习，巩固所学知识，并在实践中提升实际开发能力。

本书附有配套视频、源代码、习题、教学课件等资源，并提供在线答疑，希望可以帮助读者更好地学习书中内容。

本书既可作为高等教育本、专科院校计算机相关专业的教材，也可作为编程爱好者的参考用书。

◆ 编　著　黑马程序员
　　责任编辑　范博涛
　　责任印制　马振武
◆ 人民邮电出版社出版发行　　北京市丰台区成寿寺路 11 号
　　邮编　100164　　电子邮件　315@ptpress.com.cn
　　网址　https://www.ptpress.com.cn
　　大厂回族自治县聚鑫印刷有限责任公司印刷
◆ 开本：787×1092　1/16
　　印张：15　　　　　　　2021 年 1 月第 2 版
　　字数：374 千字　　　　2024 年 8 月河北第17次印刷

定价：49.80 元

读者服务热线：(010)81055256　印装质量热线：(010)81055316
反盗版热线：(010)81055315
广告经营许可证：京东市监广登字 20170147 号

前言
Preface

　　Python 是一门面向对象、解释型的高级编程语言，它基于优雅、明确、简单等理念设计，语法简洁清晰，能让初学者更专注于编程思想与技巧的学习而非语法的研究，非常适合编程初学者。除语法简单外，Python 还具备良好的开发效率、拥有众多拓展库的支持，因此它在 Web 开发、网络爬虫、数据分析、机器学习、游戏开发、人工智能等领域都得到了大量的运用，是目前广受推崇的优秀编程语言。

　　本书全面贯彻党的二十大精神，以社会主义核心价值观为引领，落实立德树人的根本任务，注重塑造学生的创新意识，引导学生树立正确的世界观、人生观和价值观，为全面建设社会主义现代化国家贡献力量。

◆ 为什么要学习本书

　　随着人工智能掀起的科技浪潮，越来越多的人开始进军人工智能行列，并将 Python 作为实现人工智能的首选语言。本书是人工智能课程的基础用书，循序渐进地介绍了学习 Python 必备的基础知识，帮助读者建立编程思维、提升编程能力。

　　在章节编排上，本书采用"理论知识＋代码示例＋实例练习"的模式，既有普适性的介绍，又提供了充足的实训案例、阶段案例，保证学生在理解对核心知识的前提下可以真正地学有所得；在知识配置上，本书涵盖 Python 的基础知识、计算生态与常用库、游戏项目。通过使用本书，读者可以全面地掌握 Python 基础的核心知识，具备开发简单程序的能力。

　　本书践行素质教育的理念，在设计案例方面自然融入思政元素。绿水青山就是金山银山，通过"打印蚂蚁森林植树证书"案例，倡导学生绿色消费、低碳出行，推动形成绿色低碳的生产方式和生活方式；通过"敏感词替换"案例，强调了加强对未成年人群的思想道德建设；通过"学生管理系统""好友管理系统""银行管理系统"等一系列软件开发的学习案例体现了科技创新给人们生活带来的便捷，激发学生探索新技术的热情，培养学生的自主创新意识；通过"信息安全策略——文件备份""用户账户管理"案例，帮助学生形成个人信息安全的意识，维护自身安全。

◆ 如何使用本书

　　本书在 Windows 平台上基于 PyCharm 对 Python 的基础知识进行讲解，共分为 11 章，各章内容分别如下。

　　第 1 章首先从 Python 的发展历程和语言特点 2 个方面简单介绍 Python；然后介绍如何安装 Python 解释器和运行 Python 程序，之后介绍常用的 Python 开发工具和 PyCharm 的安装与使用；最后介绍 Python 模块的安装、导入与使用。通过学习本章的内容，读者能对 Python 语言有简单的认识，并能熟练搭建 Python 开发环境、掌握安装和使用模块的方法。

　　第 2 章主要介绍 Python 的基础知识，包括代码格式，标识符和关键字，变量和数据类型，数字类型及运算符。读者可结合实训案例对本章内容多加练习，为后期深入学习 Python 打好基础。

　　第 3 章介绍流程控制的相关知识，包括条件语句、循环语句、跳转语句，并结合实训案例演示如何利用各种语句实现流程控制。通过学习本章的内容，读者能熟悉程序的执行流程并掌握流程控制语句的用法，为后续的学习打下扎实的基础。

　　第 4 章主要介绍字符串的相关知识，包括字符串的定义、格式化字符串、字符串的常见操作，并结合实训案例演示字符串的用法。通过学习本章的内容，读者能够掌握字符串的用法。

　　第 5 章首先简单介绍 Python 中的组合数据类型；然后分别详细介绍 Python 中常用的组合数据类型，包括列表、元组、集合和字典的创建及使用，并结合实训案例帮助读者巩固这些数据类型的使用方法；最后介绍组合数据类型与运算符的相关知识。通过学习本章的内容，读者能熟悉并熟练运用 Python 中的组合数据类型。

第 6 章主要介绍函数的相关知识，包括何为函数、函数的定义和调用、函数参数的传递、函数的返回值、变量作用域和特殊形式的函数，并结合实训案例演示函数的用法。通过学习本章的内容，读者能深刻体会到函数的便捷之处，可在实际开发中熟练地应用函数。

第 7 章介绍了计算机中的文件与数据格式化的相关知识，包括计算机中文件的定义、文件的基本操作、文件与目录管理、数据维度与数据格式化。通过学习本章的内容，读者能了解计算机中文件的意义，熟练地读取和管理文件，并熟悉常见的数据组织形式。

第 8 章主要介绍面向对象的相关知识，包括面向对象概述、类与对象的基础应用、类的成员、特殊方法、封装、继承、多态、运算符重载，并结合众多实训案例演示面向对象的编程技巧。通过学习本章的内容，读者能理解面向对象的思想与特性，掌握面向对象的编程技巧，为以后的程序开发奠定扎实的面向对象思维基础。

第 9 章主要介绍异常的相关知识，包括异常概述、异常捕获语句、抛出异常和自定义异常，同时结合实训案例演示异常的用法。通过学习本章的内容，读者可掌握如何处理异常。

第 10 章主要介绍 Python 计算生态与常用库的相关知识，包括 Python 计算生态概览、Python 生态库的构建与发布、常用的内置 Python 库和常用的第三方 Python 库。通过学习本章的内容，读者能对 Python 计算生态和常用的 Python 库有所了解，掌握构建和使用 Python 库的方法。

第 11 章围绕着面向对象的编程思想，分部分开发和打包一个具备完整功能的飞机大战游戏，这些部分包括游戏简介、项目准备、游戏框架搭建、游戏背景和英雄飞机、指示器面板、逐帧动画和飞机类、碰撞检测、音乐和音效。通过学习本章的内容，读者可以灵活地运用面向对象的编程技巧，并将其运用到 Python 程序实际开发中。

读者若不能完全理解书中所讲知识，可登录在线平台，配合平台中的教学视频进行学习。此外，读者在学习的过程中务必勤于练习，确保真正理解所学知识。若在学习的过程中遇到困难，建议读者不要纠结，继续往后学习，也许会豁然开朗。

◆ 致谢

本书的编写和整理工作由传智播客教育科技股份有限公司完成，主要参与人员有高美云、郑瑶瑶、孙东、王晓娟等，全体人员在这近一年的编写过程中付出了很多辛勤的汗水，在此一并表示衷心感谢。

◆ 意见反馈

尽管我们付出了很大的努力，但书中难免会有不妥之处，欢迎读者朋友们来信给予宝贵意见，我们将不胜感激。

来信请发送至电子邮箱 itcast_book@vip.sina.com。

黑马程序员
2023 年 5 月于北京

目录
Contents

第 1 章

Python 概述

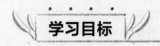

拓展阅读

★ 了解 Python 的发展历程和特点
★ 可熟练安装 Python 解释器、配置 Python 开发环境
★ 熟悉如何利用 Python 开发工具编写 Python 程序
★ 掌握如何安装与使用模块

Python 语言自诞生以来，因其具有简洁优美的语法、良好的开发效率和强大的功能等特点，迅速在各个领域占据一席之地，成为非常符合人类编程期待的语言。Python 领域流传着这样一句话："人生苦短，我用 Python。"下面请大家跟随我们一起开启 Python 学习之旅吧！

1.1 认识 Python

Python 是诞生于 20 世纪末的一门较"新"的、面向对象的解释型编程语言，本节将围绕 Python 的发展历程和语言特点这两个方面带领大家认识 Python。

1.1.1 Python 的发展历程

Python 语言由荷兰人吉多·范罗苏姆（Guido van Rossum，以下简称"吉多"）于 1989 年开始研发。"Python"取自一部英国电视喜剧 *Monty Python's Flying Circus* 的剧名，吉多本人非常喜欢该剧，便取了其中的"Python"一词作为新语言的名字。Python 一词本身是"蟒蛇"之意，Python 的图标即根据此意进行设计。Python 的图标如图 1-1 所示。

吉多自 1989 年年底开始投身于 Python 语言的设计中，Python 的第一个公开版本于 1991 年发行，此版本使用 C 语言实现，能调用 C 语言的库文件。

Python 语法很多来自 C 语言，但又深受 ABC 语言的影响。自诞生开始，Python 已经具有了类（class）、函数（function）、异常处理（exception）、包括列表（list）和字典（dict）在内的核心数据类型，以及以模块为基础的扩展系统。

图 1-1　Python 图标

最初的 Python 完全由吉多本人研发，当时吉多的同事仅使用 Python 并反馈意见，后来同事们感受到了 Python 的魅力，便纷纷参与 Python 语言的改进工作。Python 发行之后亦有越来越多的人被 Python 吸引，Python 的用户量和研发队伍逐步增加与壮大。

2000 年 10 月 Python 2.0 发布，Python 从基于 maillist（邮件列表）的开发方式转变为完全开源的开发方式，Python 社区已然成熟。2010 年，Python 2.x 系列发布了最后一个版本，其主版本号为 2.7；同时，Python 的维护者们宣布不在 2.x 系列中继续对主版本号升级，Python 2.x 系列慢慢退出历史舞台。2018 年 3 月，吉多在 maillist 上宣布将于 2020 年 1 月 1 日终止对 Python 2.7 的技术支持。

2008 年 12 月 Python 3.0 版本发布，3.0 版本在语法和解释器内部都做了很多重大改进，解释器内部完全采用面向对象的方式实现。Python 3.0 与 2.x 系列不兼容，使用 Python 2.x 系列版本编写的库函数必须经过修改才能被 Python 3.0 系列解释器运行，Python 从 2.x 到 3.0 的过渡过程显然是艰难的。

2012 年 Python 3.3 版本发布，2014 年 Python 3.4 版本发布，2015 年 Python 3.5 版本发布，2016 年 Python 3.6 版本发布，2018 年 6 月 27 日 Python 3.7.0 发布，2019 年 10 月 14 日 Python 3.8.0 发布。截至 2020 年 3 月 1 日，Python 的最新版本为 2020 年 2 月 24 日发布的 Python 3.8.2。

1.1.2　Python 语言的特点

黑格尔有句名言"存在即合理"，一件事物能存在必有其合理性，而若该事物同时被大多数人接受与欣赏，那它必定具备许多优点。Python 作为一种比较"新"的编程语言，能在 C、C++、Java 等"元老级"编程语言覆盖的市场夺得一席之地，必有其可取之处。当然任何事物都有两面性，Python 自然存在一些不足。本节将简单介绍一下 Python 语言的优点和缺点。

1. Python 的优点

（1）简洁。在实现相同功能时，Python 代码的行数往往只有 C、C++、Java 代码数量的 1/5 ～ 1/3。

（2）语法优美。Python 语言是高级语言，它接近人类语言，只要掌握由英语单词表示的助记符，就能大致读懂 Python 代码；此外 Python 通过强制缩进体现语句间的逻辑关系，任何人编写的 Python 代码都有规范且具有统一风格，这保证了 Python 代码的可读性。

（3）简单易学。与其他编程语言相比，Python 是一门简单易学的编程语言，它使编程人员更注重解决问题而非语言本身的语法和结构。Python 语法大多源自 C 语言，但它摒弃了 C 语言中复杂的指针，同时秉持"使用最优方案解决问题"的原则，因此 Python 语法得以简化，降低了学习难度。

（4）开源。开源是吉多认为 ABC 语言惨败的关键，也是设计 Python 之初决心实行的要点。Python 是 FLOSS（Free/Libre and Open Source Software，自由 / 开源软件）之一，用户可以自由地下载、复制、阅读、修改代码，并能自由发布修改后的代码，这使相当一部分用户热衷于改进、优化 Python。

（5）可移植性好。Python 作为一种解释型语言，可以在任何安装有 Python 解释器的平台执行，因此 Python 具有良好的可移植性，使用 Python 语言编写的程序可以不加修改地在任何平台中运行。

（6）扩展性好。Python 从高层上可引入 .py 文件，包括 Python 标准库文件或程序员自行编写的 .py 形式的文件 ; 在底层可通过接口和库函数调用由其他高级语言（如 C、C++、Java 等）编写的代码。

（7）类库丰富。Python 本身拥有丰富的内置类和函数库，世界各地的程序员通过开源社区又贡献了十几万个几乎覆盖各个应用领域的第三方函数库，使开发人员能够更容易地实现一些复杂的功能。

（8）通用灵活。Python 是一门通用编程语言，可被用于 Web 开发、科学计算、数据处理、游戏开发、人工智能、机器学习等各个领域。

（9）模式多样。Python 解释器内部采用面向对象模式实现，但在语法层面，它既支持面向对象编程又支持面向过程编程，用户可灵活选择代码的模式。

（10）良好的中文支持。Python 3.x 解释器采用 UTF-8 编码（该编码不仅支持英文，还支持中文、韩文、法文等各类文字）表示所有字符信息，使 Python 程序对中文字符的处理更加灵活、简洁。

2. Python 的缺点

Python 因自身的诸多优点得到广泛应用，但 Python 仍有进步的空间。目前 Python 主要有以下缺点。

（1）执行效率不够高，Python 程序没有 C++、Java 编写的程序高效。

（2）Python 3.x 和 Python 2.x 的兼容性不够好。

总而言之，瑕不掩瑜，Python 对编程语言初学者而言，简单易学，是接触编程领域的良好选择 ; 对程序开发人员而言，它使用灵活、应用领域广泛、效率能满足大多数场景的需求，是一种强大且全能的优秀语言。

1.2　Python 解释器的安装与 Python 程序的运行

Python 是一种面向对象的解释型程序设计语言，Python 程序的执行需要借助 Python 解释器完成 ; 计算机中安装 Python 解释器并配置好 Python 开发环境后，开发人员可通过不同方式编写和运行程序。本节将介绍如何安装 Python 解释器和运行 Python 程序的方法。

1.2.1　安装 Python 解释器

在 Python 官网可以下载 Python 解释器，Python 解释器针对不同平台分为多个版本。下面演示如何在 Windows 64 位操作系统中安装 Python 解释器。

（1）访问 Python 官网的下载页面进入 Python 下载页面，如图 1-2 所示。

图 1-2　Python 下载页面

（2）单击选择图 1-2 所示界面中的超链接"Windows"进入 Windows 版软件下载页面，根据自己的 Windows 系统版本选择相应软件包。考虑到主要的 Python 标准库更新只针对 3.x 系列，且当下 Python 也正从 2.x 向 3.x 过渡，故本书选用 3.x 系列的 3.8.2 版本，如图 1-3 所示。

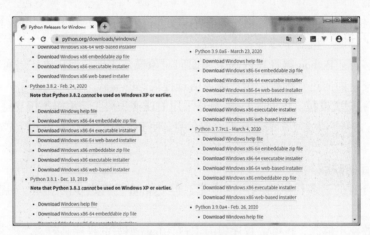

图 1-3　选择合适版本

（3）下载完成后，双击安装包启动安装程序，如图 1-4 所示。

图 1-4　安装程序启动界面

从图 1-4 可见，Python 有两种安装方式可供选择，其中，"Install Now"表示采用默认安装方式，"Customize installation"表示自定义安装方式。

▌▌**注意：**

图 1-4 所示窗口下方有一个"Add Python 3.8 to PATH"选项，若勾选此选项，安装完成后 Python 将被自动添加到环境变量中；若不勾选此选项，则在使用 Python 解释器之前需先手动将 Python 添加到环境变量。

（4）勾选"Add Python 3.8 to PATH"，单击"Install Now"后开始安装 Python。安装成功后，可以在计算机的"开始"菜单栏中搜索"python"，找到并单击打开"Python 3.8（64-bit）"项目，如图 1-5 所示。

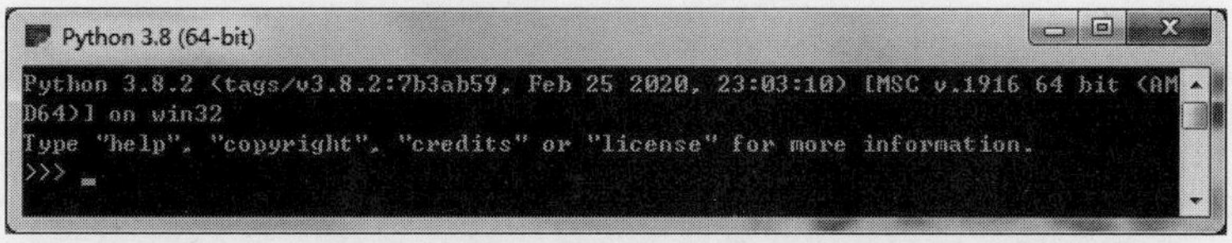

图 1-5　Python 3.8（64-bit）解释器

也可以打开控制台窗口，在控制台中执行"python"命令进入 Python 环境，如图 1-6 所示。

图 1-6　通过控制台窗口进入 Python 环境

使用 quit()、exit() 命令或组合键"Ctrl+Z"可退出 Python 环境，亦可直接关闭控制台窗口或 Python 解释器窗口以退出 Python 环境。

▌▌**多学一招：手动配置环境变量**

若在安装 Python 解释器时未勾选"Add Python 3.8 to PATH"选项，则 Python 解释器安装完成后，在控制台执行"python"命令可能会提示"python 不是内部或外部命令，也不是可运行的程序或批处理文件"。此时，可手动配置环境变量以确保在系统的任何路径下都可正常启动和使用 Python 解释器。

环境变量（Enviroment Variables）是操作系统中用来指定操作系统运行环境的一些参数。在 Windows 和 DOS 操作系统中搭建开发环境时常常需要配置环境变量 Path，以便系统在运行一个程序时可以获取到程序所在的完整路径。若配置了环境变量，系统除了会在当前目录下寻找指定程序外，还会到 Path 变量所指定的路径中查找程序。

下面以 Python 为例，演示配置环境变量 Path 的方式。

（1）右键单击"计算机"，单击"属性"选项打开"系统"窗口，选择该窗口左侧选项列表中的"高级系统设置"打开"系统属性"对话框，如图 1-7 所示。

（2）单击图 1-7 所示对话框中的"环境变量"按钮打开"环境变量"对话框，如图 1-8 所示。

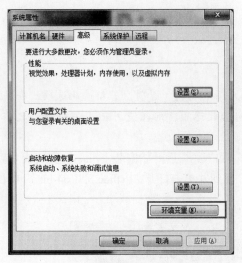

图 1-7　"系统属性"对话框　　　　　　　　　图 1-8　"环境变量"对话框

（3）在图 1-8 所示对话框中的"系统变量"列表里找到环境变量"Path"并双击，打开"编辑系统变量"对话框，如图 1-9 所示。

（4）在"变量值"文本框中添加 Python 的安装路径（注意与前面的内容使用英文半角分号";"分隔）"C:\Users\admin\AppData\Local\Programs\Python\Python38"（以自己计算机中 Python 的安装路径为准），如图 1-10 所示。

图 1-9　"编辑系统变量"对话框　　　　　　　图 1-10　添加 Python 的安装路径

（5）Python 安装路径添加完成后，单击"确定"按钮完成环境变量的配置。

1.2.2　Python 程序的运行方式

Python 程序的运行方式有两种：交互式和文件式。交互式是指 Python 解释器逐行接收 Python 代码并即时响应；文件式也称批量式，是指先将 Python 代码保存在文件中，再启动 Python 解释器批量解释代码。

1. 交互式

通过 Python 解释器或控制台都能用相同的操作以交互方式运行 Python 程序。以控制台为例，进入 Python 环境后，在命令提示符">>>"后输入如下代码：

```
print ("hello world")
```

按"Enter"键，控制台将立刻打印运行结果。运行结果如下：

```
hello world
```

2. 文件式

创建 Python 文件（后缀为 .py 的文件），在其中写入 Python 代码并保存。假设此处创建的 Python 文件为 hello.py，其中写入的 Python 代码为"hello world"，在该文件所在文件夹的空白区域按下"Shift+ 鼠标右键"，单击选择选项列表中的"在此处打开命令窗口"选项以打开命令窗口。

　　打开命令窗口后，在命令提示符"**>**"后输入命令"python hello.py"运行 Python 程序，具体如图 1-11 所示。

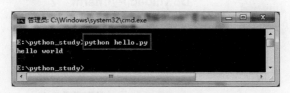

图 1-11　运行 hello.py

　　图 1-11 中命令提示符前的路径"E:\python_study"是 hello.py 的存储路径。由图 1-11 可知，Python 程序成功执行。

1.3　Python 开发工具

　　Python 解释器捆绑了 Python 的官方开发工具——IDLE(Integrated Development and Learning Environment，集成开发和 学习环境)。IDLE 具备集成开发环境 (Integrated Development Environment，IDE) 的基本功能，但开发人员一般还是会根据自己的需求或喜好选择使用其他的开发工具。本节将对常用的 Python 开发工具进行介绍，并演示如何安装和使用本书选择的 Python 开发工具——PyCharm。

1.3.1　常用的开发工具

　　常用的开发工具有 Sublime Text、Eclipse+PyDev、Vim、PyCharm 等，下面介绍这几种开发工具。

　　(1) Sublime Text。Sublime Text 是一个编辑器，它功能丰富、支持多种语言、有自己的包管理器，开发者可通过包管理器安装组件、插件和额外的样式，以提升编码体验。Sublime Text 在开发者群体中非常受欢迎。

　　(2) Eclipse+PyDev。Eclipse 是古老且流行的程序开发工具，支持多种编程语言；PyDev 是 Eclipse 中用于开发 Python 程序的 IDE。Eclipse+PyDev 通常被用于创建和开发交互式的 Web 应用。

　　(3) Vim。Vim 是 Linux 系统中自带的高级文本编辑器，也是 Linux 程序员广泛使用的编辑器，它具有代码补全、编译和错误跳转等功能，并支持以插件形式进行扩展，可实现更丰富的功能。

　　(4) Jupyter Notebook。Jupyter Notebook(简称 Jupyter) 支持实时代码，便于用户创建和共享文档，它本质上是一个 Web 应用程序，常被应用于数据分析领域。

　　(5) PyCharm。PyCharm 具备一般 IDE 的功能，如调试、语法高亮、项目管理、代码跳转、智能提示、单元测试、版本控制等，使用 PyCharm 可以实现程序编写、运行、测试的一体化。

1.3.2　Python IDE——PyCharm 的下载与安装

　　PyCharm 操作简捷、功能齐全，既适合于编程新手使用，也可满足开发人员的专业开发需求。下面介绍如何下载和安装 PyCharm。

1. 下载 PyCharm

访问 PyCharm 官网的下载页面，如图 1-12 所示。

图 1-12　PyCharm 下载页面

图 1-12 所示的"Professional"和"Community"是 PyCharm 的两个版本，这两个版本的特点如下。

（1）Professional 版本的特点

- 提供 Python IDE 的所有功能，支持 Web 开发。
- 支持 Django、Flask、Google App 引擎、Pyramid 和 web2py。
- 支持 JavaScript、CoffeeScript、TypeScript、CSS 和 Cython 等。
- 支持远程开发、Python 分析器、数据库和 SQL 语句。

（2）Community 版本的特点

- 轻量级的 Python IDE，只支持 Python 开发。
- 免费、开源、集成 Apache2 的许可证。
- 智能编辑器、调试器、支持重构和错误检查，集成版本控制系统。

本书中选择下载 Community 版本。

2. 安装 PyCharm

下面以 Windows 操作系统为例演示如何安装 PyCharm，具体步骤如下。

（1）双击下载好的安装包（pycharm-community-2020.1.1.exe）打开 PyCharm 安装向导，可看到"Welcome to PyCharm Community Edition Setup"界面，如图 1-13 所示。

图 1-13　"Welcome to PyCharm Community Edition Setup"界面

（2）单击图 1-13 所示界面中的"Next >"按钮进入"Choose Install Location"界面，用户可在此界面设置 PyCharm 的安装路径。此处使用默认路径，如图 1-14 所示。

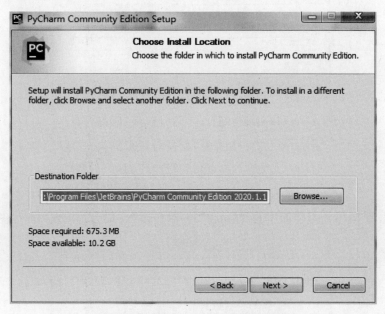

图 1-14　"Choose Install Location"界面

（3）单击图 1-14 所示界面中的"Next >"按钮进入"Installation Options"界面，在该界面可配置 PyCharm 的选项，如图 1-15 所示。

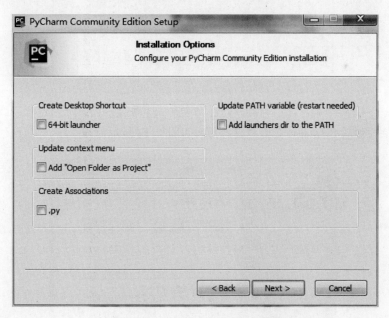

图 1-15　"Installation Options"界面

（4）勾选图 1-15 所示界面中的所有选项，单击"Next >"按钮进入"Choose Start Menu Folder"界面，如图 1-16 所示。

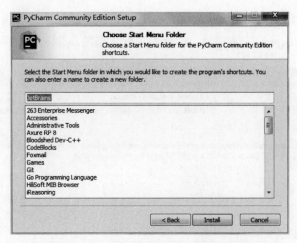

图 1–16　"Choose Start Menu Folder" 界面

（5）单击图 1–16 所示界面中的 "Install" 按钮安装 PyCharm，出现界面如图 1–17 所示。

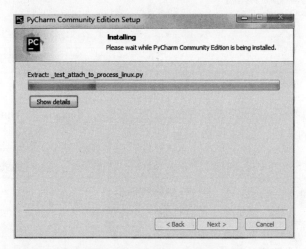

图 1–17　"Installing" 界面

（6）等待片刻后 PyCharm 安装完成，界面如图 1–18 所示。

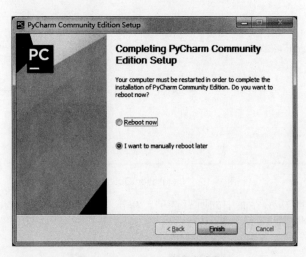

图 1–18　PyCharm 安装完成界面

单击"Finish"按钮可结束安装。

1.3.3　使用 PyCharm 编写 Python 程序

初次打开 PyCharm 时会弹出"JetBrains Privacy Policy"窗口，先在该窗口中勾选同意用户协议；然后单击"Continue"按钮进入数据分享窗口，选择数据分享窗口的"Don't Send"按钮进入主题选择窗口；之后在主题选择窗口中选择 PyCharm 的主题（此处选择"Light"），单击窗口左下角的"Skip Remaining and Set Defaults"按钮跳过后续设置；最后进入 PyCharm 的欢迎界面"Welcome to PyCharm（Administrator）"，如图 1-19 所示。

图 1-19　"Welcome to PyCharm（Administrator）"界面

图 1-19 所示的欢迎窗口中有 3 个选项，这 3 个选项的功能分别如下。

（1）Create New Project：创建新项目。

（2）Open：打开现有项目。

（3）Get from Version Control：从版本控制系统（如 Git、Subversion 等）中获取项目。

下面创建一个新项目。单击"Create New Project"进入"New Project"窗口，如图 1-20 所示。

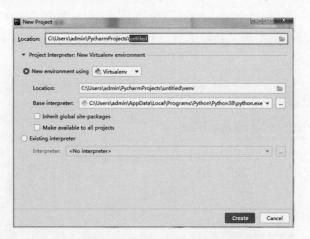

图 1-20　"New Project"窗口

图 1-20 中，"Location"文本框用于设置项目的路径名；"New environment using"选项用于为项目创建虚拟环境；"Existing interpreter"选项用于配置使用已存在的环境。

在路径 E:\python_study 下创建项目 first_proj，选择"Existing interpreter"选项并配置

Python 解释器，具体如图 1-21 所示。

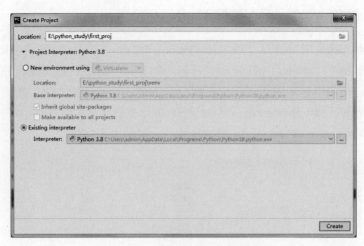

图 1-21　创建项目并配置解释器

单击"Create"按钮完成项目创建并进入项目管理界面，如图 1-22 所示。

图 1-22　项目管理界面

经以上操作后便在 E:\python_study 路径下创建了一个名为 first_proj 的空 Python 项目，之后还需要在项目中添加 Python 文件。右键单击项目名称，在弹出的下拉菜单中选择"New"→"Python File"命令，如图 1-23 所示。

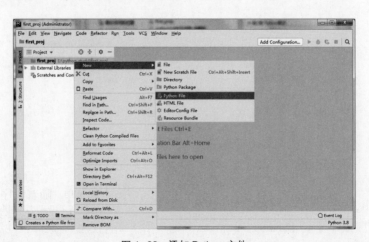

图 1-23　添加 Python 文件

单击图 1-23 所示界面中的 "Python File" 命令后会弹出 "New Python file" 窗口，如图 1-24 所示。

在图 1-24 所示界面的 "Name" 文本框中输入要添加的 Python 文件的名称，然后按 "Enter" 键即可完成文件的添加。若想取消添加文件，可单击 "New Python file" 窗口外 PyCharm 的空白区域。

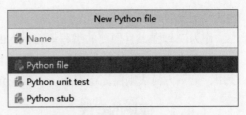

图 1-24　"New Python file" 窗口

这里添加的文件为 "first.py"，文件添加完成后的 PyCharm 窗口如图 1-25 所示。

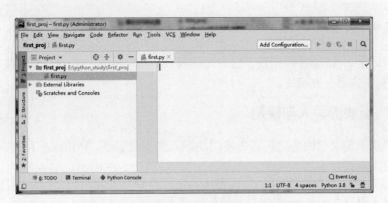

图 1-25　添加 first.py 文件后的 PyCharm 窗口

图 1-25 中显示的 first.py 就是刚刚添加的 Python 文件。接下来在 first.py 文件中编写代码，具体代码如下：

```
print ("hello world")
```

代码编写完毕后选中要执行的文件 first.py，在右键下拉列表中选择 "Run 'first'" 命令可执行该文件。文件执行结果将在窗口下方显示，如图 1-26 所示。

```
C:\Users\admin\AppData\Local\Programs\Python\Python38\python.exe E:/python_study/first_proj/first.py
hello world

Process finished with exit code 0
```

图 1-26　运行结果

观察图 1-26，可看到程序的运行结果 "hello world"，说明程序成功执行。

再次启动 PyCharm 时会自动启动上次编辑的项目，此时可单击图 1-25 所示窗口中工具栏的 "File" → "New Project" 命令创建新项目。

1.4　Python 模块

1.3 节编写的 Python 程序只有极少的代码，实现的功能非常简单。随着程序复杂度的提高，代码量会同步增长，这时若还是在一个文件中编写代码，代码的维护就会越来越困难。为了保证代码的可维护性，开发人员通常将一些功能性代码放在其他文件中，这种用于存放功能性代码的文件就是模块。

作为一种强大且便捷的编程语言，Python 自然支持以模块的形式组织代码。Python 内置了一些标准模块，Python 的使用者也贡献了丰富且强大的第三方模块；标准模块可以直接导入并使用，第三方模块则需先行安装。本节先介绍如何安装模块，再介绍如何导入和使用模块。

1.4.1　模块的安装

利用 Python 内置的 pip 工具（安装 Python 3.8 时会自动安装该工具）可以非常方便地安装 Python 第三方模块，该工具可在命令行中使用，语法格式如下：

```
pip install 模块名
```

例如安装用于开发游戏的 pygame 模块，具体命令如下：

```
pip install pygame
```

需要注意的是，pip 是在线工具，它需要联网获取模块资源，若网络未连接或网络不佳，pip 将无法顺利安装第三方模块。

1.4.2　模块的导入与使用

在使用模块中定义的内容之前需先将模块导入到当前程序。Python 使用 import 关键字导入模块，其语法格式如下：

```
import 模块1，模块2，…
```

例如在程序中导入 pygame 模块，具体代码如下：

```
import pygame
```

模块导入后，可通过点字符 "." 调用模块中的内容，其语法格式如下：

```
模块.函数
模块.变量
```

例如使用 import 语句导入 pygame 模块后可调用其中的 init() 函数，示例代码如下：

```
pygame.init()
```

使用点字符可避免多个模块中存在同名函数时代码产生歧义，但若不存在同名函数，可使用 "from 模块名 import…" 直接将模块的指定内容导入程序，并在程序中直接使用模块中的内容。例如将 pygame 模块的 init() 函数导入程序，并直接使用该函数，具体代码如下：

```
from pygame import init
init()
```

使用 from…import…语句也可将指定模块的全部内容导入当前程序，此时可使用 "*" 指代模块中的全部内容。例如将 pygame 模块的全部内容导入，具体代码如下：

```
from pygame import *
```

需要注意的是，虽然 from…import* 可以方便地导入一个模块中的所有内容，但考虑到代码的可维护性，此种方式不应被过多使用。

多学一招：代码的组织方式——模块、包和库

模块（module）、包（package）和库（lib）是 Python 组织代码的 3 种方式。

模块是最基础的代码组织方式，每个包含有组织的代码片段的 .py 文件都是一个模块，文件名就是模块名。

包以类似目录的结构组织模块文件或子包，简单来说，一个包含 _init_.py 文件的目录就是一个包。包中必有 _init_.py 文件，并可以有多个模块或子包。

库是一个抽象概念，它是指具有相关功能的模块的集合。

1.5　本章小结

本章首先从 Python 的发展历程和语言特点两个方面简单介绍了 Python；然后介绍了如何安装 Python 解释器、运行 Python 程序；之后介绍了常用的 Python 开发工具和 PyCharm 的安装与使用；最后介绍了 Python 模块的安装、导入与使用。通过学习本章的内容，读者能对 Python 语言有简单的认识，能熟练搭建 Python 开发环境并掌握如何安装和使用模块。

1.6　习题

一、填空题

1. Python 是面向_____的高级语言。

2. Python 可以在多种平台运行，这体现了 Python 语言_____的特性。

3. Python 模块的本质是_____文件。

4. 使用_____关键字可以在当前程序中导入模块。

5. 使用_____语句可以将指定模块中的全部内容导入当前程序。

二、判断题

1. 相比 C++ 程序，Python 程序的代码更加简洁、语法更加优美，但效率较低。（　　）

2. "from 模块名 import*" 语句与 "import 模块名" 语句都能导入指定模块的全部内容，相比之下，from…import* 导入的内容无须指定模块名，可直接调用，使用更加方便，因此更推荐在程序中通过这种方式导入指定模块的全部内容。（　　）

3. Python 3.x 版本完全兼容 Python 2.x。（　　）

4. PyCharm 是 Python 的集成开发环境。（　　）

5. 模块文件的后缀名必定是 .py。（　　）

三、选择题

1. 下列选项中，不是 Python 语言特点的是（　　）。

A. 简洁　　　　　　B. 开源　　　　　　C. 面向过程　　　　　　D. 可移植

2. 下列哪个不是 Python 的应用领域？（　　）

A. Web 开发　　　　B. 科学计算　　　　C. 游戏开发　　　　　　D. 操作系统管理

3. 下列关于 Python 的说法中，错误的是（　　）。

A. Python 是从 ABC 语言发展起来的　B. Python 是一门高级计算机语言

C. Python 只能编写面向对象的程序　D. Python 程序的效率比 C 程序的效率低

四、简答题

1. 简述 Python 的特点。

2. 简单介绍如何导入与使用模块。

3. 简述 Python 中模块、包和库的意义。

五、编程题

请在 Python 开发工具中输入并运行以下程序，查看程序运行结果。

1. 整数求和。输入整数 n，计算 $1 \sim n$ 之和。

```
n = int（input（"请输入一个整数："））
sum = 0
for i in range（n+1）:
    sum += i
print（"1~%d 的求和结果为 %d"%（n,sum））
```

2. 整数排序。输入 3 个整数，把这 3 个数由小到大输出。

```
l = []
for i in range（3）:
    x = int（input（'请输入整数：'））
    l.append（x）
l.sort()
print（l）
```

3. 打印九九乘法表。

```
for i in range（1,10）:
    for j in range（1,i+1）:
        print（"%d×%d=%-2d "%（j,i,i*j）,end = ''）
    print（''）
```

4. 绘制多个起点相同但大小不同的五角星，如图 1-27 所示。

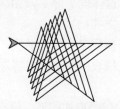

图 1-27   重叠五角星

```
import turtle as t
def draw_fiveStars（leng）:
    count = 1
    while count <= 5:
        t.forward（leng）              #向前走 50
        t.right（144）                     #向右转 144 度
        count += 1
    leng += 10                            #设置星星大小
    if leng <= 100:
        draw_fiveStars（leng）
def main():
    t.penup()
    t.backward（100）
    t.pendown()
    t.pensize（2）
    t.pencolor（'red'）
    segment = 50
    draw_fiveStars（segment）
    t.exitonclick()
if __name__ == '__main__':
    main()
```

第2章

Python 基础

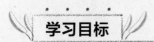

★ 了解 Python 的代码格式

★ 熟悉 Python 中的标识符和关键字

★ 熟悉 Python 中的变量和数据类型

★ 了解 Python 中数字类型的分类

★ 熟悉 Python 运算符，可熟练使用 Python 运算符进行数值运算

拓展阅读

万丈高楼平地起，使用 Python 语言编写程序之前我们需要先掌握 Python 的基础知识。本章将对 Python 的基础知识，包括代码格式、标识符、关键字、变量、数据类型、数字类型和运算符进行详细讲解。

2.1 代码格式

良好的代码格式可提升代码的可读性。与其他语言不同，Python 代码的格式是 Python 语法的组成之一，不符合格式规范的 Python 代码无法正常运行。为保证读者编写的代码能符合规范，本节将从注释、缩进和语句换行这 3 个方面对 Python 代码格式进行讲解。

2.1.1 注释

注释是代码中穿插的辅助性文字，用于标识代码的含义与功能，可提高程序的可读性。程序运行时 Python 解释器会忽略注释。Python 程序中的注释分为单行注释和多行注释，下面分别介绍这两种注释的格式和功能。

1. 单行注释

单行注释以 "#" 开头，用于说明当前行或之后代码的功能。单行注释既可以单独占一行，也可以位于标识的代码之后，与标识的代码共占一行。示例如下：

```
print('Hello,Python')                          # 单行注释，打印 Hello,Python
```

为了确保注释的可读性，Python 官方建议 "#" 后面先添加一个空格，再添加相应的说明文字；若单行注释与代码共占一行，注释和代码之间至少应有两个空格。

2. 多行注释

多行注释是由 3 对双引号或单引号包裹的语句，主要用于说明函数或类的功能，因此多行注释也被称为说明文档。Python 内置函数 print() 中的多行注释如下：

```python
def print(self, *args, sep=' ', end='\n', file=None):
    """
    print(value, ..., sep=' ', end='\n', file=sys.stdout, flush=False)
    Prints the values to a stream, or to sys.stdout by default.
    Optional keyword arguments:
    file:  a file-like object (stream); defaults to the current sys.stdout.
    sep:   string inserted between values, default a space.
    end:   string appended after the last value, default a newline.
    flush: whether to forcibly flush the stream.
    """
```

通过 __doc__ 属性可以获取 Python 对象的说明文档。以获取 print() 函数的说明文档为例，代码如下：

```python
print(print.__doc__)
```

运行代码，结果如下所示：

```
print(value, ..., sep=' ', end='\n', file=sys.stdout, flush=False)
Prints the values to a stream, or to sys.stdout by default.
Optional keyword arguments:
file:  a file-like object (stream); defaults to the current sys.stdout.
sep:   string inserted between values, default a space.
end:   string appended after the last value, default a newline.
flush: whether to forcibly flush the stream.
```

2.1.2 缩进

Python 代码使用"缩进"（即一行代码之前的空白区域）确定代码之间的逻辑关系和层次关系。Python 代码的缩进可以通过"Tab"键或空格键控制。输入空格是 Python 3 首选的缩进方法，一般使用 4 个空格表示一级缩进；Python 3 不允许混合使用"Tab"键和空格键。示例代码如下：

```python
if True:
    print ("True")
else:
    print ("False")
```

代码缩进量的不同会导致代码语义的改变，Python 语言要求同一代码块的每行代码必须具有相同的缩进量。程序中不允许出现无意义或不规范的缩进，否则运行时会产生错误。示例代码如下：

```python
if True:
    print ("Answer")
    print ("True")
else:
    print ("Answer")
 print ("False")                          # 缩进不一致，会导致运行错误
```

上面最后一行代码的缩进量不符合规范，程序在运行后会出现错误，具体如下：

```
    File "E:/python_study/test.py", line 6
        print ("False")          # 缩进不一致，会导致运行错误
                      ^
IndentationError: unindent does not match any outer indentation level
```

2.1.3　语句换行

Python 官方建议每行代码不超过 79 个字符，若代码过长应该换行。Python 会将圆括号、中括号和大括号中的行进行隐式连接，可以根据这个特点在语句外侧添加一对圆括号，实现过长语句的换行显示，示例代码如下：

```
string = ("Python 是一种面向对象的、 解释型的计算机程序设计语言， "
          "由 Guido van Rossum 于 1989 年底发明。 "
          "Python 第一个公开发行版发行于 1991 年， "
          "其源代码同样遵循 GPL(GNU General Public License) 协议。 ")
```

需要注意的是，原本由圆括号、中括号或大括号包裹的语句在换行时不需要另行添加圆括号，示例代码如下：

```
total = ['item_one', 'item_two',
             'item_three','item_four', 'item_five']
```

2.2　标识符和关键字

2.2.1　标识符

为了方便沟通与交流，人们会用不同的名称标记不同的事物。例如，人们使用橘子、苹果、柠檬等名称标记不同的水果，当提到某水果名称时，人们自然就会明白指代的是哪种水果。一些水果及其名称标识如图 2-1 所示。

橘子	苹果	柠檬
猕猴桃	哈密瓜	石榴
无花果	桃	西瓜

图 2-1　水果名称标识

同理，为了明确某处代码使用的到底是哪个数据、代表的是哪一类信息，开发人员可以使用一些符号或名称作为程序中同一个数据或同一类信息的标识，这些符号或名称（如后面提到的变量名、函数名、类名等）就是标识符。

Python 中的标识符需要遵守一定的规则，具体如下。

- Python 中的标识符由字母、数字或下画线组成，且不能以数字开头。
- Python 中的标识符区分大小写。例如，andy 和 Andy 是不同的标识符。
- Python 不允许开发人员使用关键字（将在 2.2.2 节介绍）作为标识符。

下面列举一些合法与不合法的标识符，具体如下：

```
fromNo12                                    # 合法的标识符
from#12                                     # 不合法的标识符， 标识符不能包含 # 符号
```

```
2ndObj                              # 不合法的标识符，标识符不能以数字开头
if = 1                              # if 是关键字，不允许开发人员将其作为标识符使用
```

除以上规则外，Python 对于标识符的命名还有以下两点建议。

（1）见名知意：标识符应有意义，尽量做到看一眼便知道标识符的含义。例如使用 name 表示姓名，使用 student 表示学生。

（2）命名规范：常量名使用大写的单个单词或由下画线连接的多个单词（如 ORDER_LIST_LIMIT）；模块名、函数名使用小写的单个单词或由下画线连接的多个单词（如 low_with_under）；类名使用大写字母开头的单个或多个单词（如 Cat、CapWorld）。

2.2.2　关键字

关键字是 Python 已经使用的、不允许开发人员重复定义的标识符。Python 3 中一共定义了 35 个关键字，这些关键字都存储在 keyword 模块的变量 kwlist 中，通过查看变量 kwlist 可查看 Python 中的关键字，示例代码如下：

```
import keyword
print(keyword.kwlist)
```

运行代码，结果如下所示：

```
False      await      else       import     pass       None
break      except     in         raise      True       class
finally    is         return     and        continue   for
lambda     try        as         def        from       nonlocal
while      assert     del        global     not        with
async      elif       if         or         yield
```

Python 中的每个关键字都有不同的作用，通过 "help(" 关键字 ")" 命令可查看关键字的声明。例如查看关键字 import 的声明，示例代码如下：

```
print(help("import"))
```

运行代码，结果如下所示：

```
The "import" statement
***********************
import_stmt     ::= "import" module ["as" identifier] ("," module ["as"
 identifier])*
 | "from" relative_module "import" identifier ["as" identifier]
 ("," identifier ["as" identifier])*
 | "from" relative_module "import" "(" identifier ["as" identifier]
 ("," identifier ["as" identifier])* [","] ")"| "from" module "import" "*"
 module          ::= (identifier ".")* identifier
relative_module ::= "."* module | "."+
...
```

2.3　变量和数据类型

2.3.1　变量

计算机语言中变量的概念源于数学。在数学中，变量指用拉丁字母表示的、值不固定的数据；在计算机语言中，变量指能存储计算结果或表示值的抽象概念——程序在运行期间用到的数据会被保存在计算机的内存单元中。为了方便存取内存单元中的数据，

Python 使用标识符来标识不同的内存单元，从而使标识符与数据建立了联系。以存储数据 15 的变量（标识符名称为 num）和存储数据 20 的变量（标识符名称为（data）为例，变量与内存单元之间的关系如图 2-2 所示。

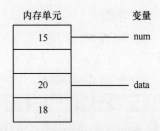

图 2-2　变量与内存单元之间的关系

　　标识内存单元的标识符名称又称为变量名，Python 通过赋值运算符 "="将内存单元中存储的数值与变量名建立联系，即定义变量，具体语法格式如下：

```
变量名 = 值
```

　　例如，将内存单元中存储的数据 100 与变量名 data 建立联系，代码如下：

```
data = 100
```

　　此时可通过变量名 data 访问数据，示例代码如下：

```
print(data)
```

　　运行代码，结果如下所示：

```
100
```

2.3.2　数据类型

　　根据数据存储形式的不同，Python 中的数据类型分为数字类型、字符串和一些相对复杂的组合数据类型（如列表、元组、集合、字典等），下面介绍常用的数据类型。

1. 数字类型

　　Python 中的数字类型分为整型（int）、浮点型（float）、复数类型（complex）和布尔类型（bool）。其中，整型、浮点型和复数类型的数据分别对应数学中的整数、小数和复数；bool 类型比较特殊，它是 int 的子类，只有 True 和 False 两种取值。数字类型的示例如下：

```
整型：       0              101           -239
浮点型：     3.1415         4.2E-10       -2.334E-9
复数类型：   3.12+1.2.3j                  -1.23-93j
布尔类型：   True           False
```

2. 字符串

　　字符串是一个由单引号、双引号或者三引号包裹的有序的字符集合。示例如下：

```
'Python123 ￥'                              # 使用单引号包裹
"Python4*&%"                               # 使用双引号包裹
'''Python s1 ~(())'''                      # 使用三引号包裹
```

3. 列表

　　列表是多个元素的集合，它可以保存任意数量、任意类型的元素，且可以被修改。Python 中使用 "[]"创建列表，列表中的元素以逗号分隔，示例如下：

```
[1, 2, 'hello']          # 这是一个列表
```

4. 元组

　　元组与列表的作用相似，它可以保存任意数量、任意类型的元素，但不可以被修改。Python 中使用 "()"创建元组，元组中的元素以逗号分隔，示例如下：

```
(1, 2, 'hello')                            # 这是一个元组
```

5. 集合

　　集合与列表、元组类似，也可以保存任意数量、任意类型的元素，区别在于集合使用 "{}"创建、集合中的元素无序且唯一。示例如下：

```
{'apple', 'orange', 1}                     # 这是一个集合
```

6. 字典

字典中的元素是"键（Key）:值（Value）"形式的键值对，键不能重复。Python 中使用"{}"创建字典，字典中的各元素以逗号分隔，示例如下：

```
{"name" : "zhangsan", "age" : 18}                              # 这是一个字典
```

多学一招：type()函数——查看变量的类型

Python 是动态语言，它在声明变量时无须显式地指定具体类型，程序执行时 Python 解释器会自动确定数据类型，可以通过 type() 函数查看变量所保存数据的具体类型，示例如下：

```
dict_demo = {"name" : "zhangsan", "age" : 18}
print(type(dict_demo))
```

运行代码，结果如下所示：

```
<class 'dict'>
```

由以上输出结果可知，变量 dict_demo 保存的数据的类型是 dict。

2.3.3　变量的输入与输出

程序要想实现人机交互功能，需要从输入设备接收用户输入的数据，也需要向显示设备输出数据。Python 提供了 input() 函数和 print() 函数分别实现信息的输入与输出。

1. input() 函数

input() 函数用于接收用户键盘输入的数据，返回一个字符串类型的数据，其语法格式如下所示：

```
input([prompt])
```

以上格式中的 prompt 是 input() 函数的参数，用于设置接收用户输入时的提示信息，可以省略。

下面演示 input() 函数的用法，示例代码如下：

```
name = input("请输入您的姓名：")
print(name)
```

运行代码，根据提示在输入框中输入数据，输入的数据会在用户按下"Enter"键后传递到代码中，示例如下：

```
请输入您的姓名：李平
李平
```

2. print() 函数

print() 函数用于向控制台中输出数据，它可以输出任何类型的数据，其语法格式如下：

```
print(*objects, sep=' ', end='\n', file=sys.stdout)
```

以上格式中各参数的含义如下。

- objects：表示输出的对象。输出多个对象时，对象之间需要用分隔符分隔。
- sep：用于设定分隔符，默认使用空格作为分隔。
- end：用于设定输出以什么结尾，默认值为换行符 \n。
- file：表示数据输出的文件对象。

下面通过打印药品说明书的示例演示 print() 函数的用法，示例代码如下：

```
zh_name = "通用名称：阿莫西林胶囊"
en_name = "英文名称：Amoxicillin Capsules"
character = "性状：本品内容物为白色至黄色粉末或颗粒"
print(zh_name, en_name, character, sep='\n')
```

运行代码，结果如下所示：

```
通用名称：阿莫西林胶囊
英文名称：Amoxicillin Capsules
性状：本品内容物为白色至黄色粉末或颗粒
```

2.4　实训案例

2.4.1　打印购物小票

购物小票又称购物收据，是指消费者购买商品时由商场或其他商业机构提供给用户的消费凭证。购物小票中一般会包含用户购买商品的名称、数量、单价和总金额等信息。例如，消费者在某商场购买商品的购物小票如图 2-3 所示。

本案例要求编写代码，实现打印图 2-3 中购物小票的功能。

2.4.2　打印蚂蚁森林植树证书

蚂蚁森林是由支付宝建立的个人"碳账户"平台，用户通过步行、地铁出行、在线消费等行为，可在蚂蚁森林中获取能量，当能量到达一定数值后，用户可以在支付宝中申请一颗虚拟的树，申请成功后会收到支付宝发放的一张植树证书。植树证书中包含申请日期、树苗编号等信息，如图 2-4 所示。

本案例要求编写代码，实现打印图 2-4 中植树证书信息的功能。

图 2-3　购物小票

图 2-4　植树证书

2.5　数字类型

2.5.1　整数类型

整数类型（int）简称整型，它用于表示整数，例如 10、101 等。Python 3 中整型数据的长度没有限制，只要计算机的内存足够大，用户就无须考虑内存溢出问题。

整型数据常用的计数方式有 4 种，分别是二进制（以 "0b" 或 "0B" 开头）、八进制（以数字 "0o" 或 "0O" 开头）、十进制和十六进制（以 "0x" 或 "0X" 开头）。下面分别以 4 种计数方式表示整型数据 5，如下所示：

```
5                                          # 十进制
0b101                                      # 二进制
0o5                                        # 八进制
0x5                                        # 十六进制
```

为了方便使用各进制的数据，Python 中内置了用于转换数据进制的函数：bin()、oct()、int()、hex()，关于这些函数的功能说明如表 2-1 所示。

表 2-1   Python 进制转换函数及其功能说明

函数	说明
bin(x)	将 x 转换为二进制数据
oct(x)	将 x 转换为八进制数据
int(x)	将 x 转换为十进制数据
hex(x)	将 x 转换为十六进制数据

下面演示表 2-1 中各函数的用法，示例代码如下：

```python
decimal = 10                            # 十进制数值
bin_num = 0b1010                        # 二进制数值
print(bin(decimal))                     # 将十进制的 10 转换为二进制
print(oct(decimal))                     # 将十进制的 10 转换为八进制
print(int(bin_num))                     # 将二进制的 0b1010 转换为十进制
print(hex(decimal))                     # 将十进制的 10 转换为十六进制
```

运行代码，结果如下所示：

```
0b1010
0o12
10
0xa
```

2.5.2   浮点型

浮点型（float）用于表示实数，实数由整数部分、小数点和小数部分组成，如 3.14、0.9。Python 中浮点型数据一般以十进制表示，示例如下：

```
1.0, 1.2, 2.36, 3.14
```

较大或较小的浮点数可以使用科学记数法表示。科学记数法会把一个数表示成 a 与 10 的 n 次幂相乘的形式，数学中科学记数法的格式：

$$a \times 10^n \ (\ 1 \leqslant |a| < 10,\ n \in \mathbf{N}\ )$$

Python 使用字母 e 或 E 代表底数 10，示例如下：

```
-3.14e2                                 # 即 -314
3.14e-3                                 # 即 0.00314
```

Python 中的浮点型是双精度的，每个浮点型数据占 8 个字节（即 64 位），且遵守 IEEE（电气与电子工程师协会）标准，其中，52 位用于存储尾数，11 位用于存储阶码，剩余 1 位用于存储符号。Python 中浮点型的取值范围为 -1.8e308 ~ 1.8e308，若超出这个范围，Python 会将值视为无穷大（inf）或无穷小（-inf）。示例代码如下：

```python
print(3.14e500)
print(-3.14e500)
```

运行代码，结果如下所示：

```
inf
-inf
```

2.5.3   复数类型

复数由实部和虚部组成，它的一般形式为 real+imagj，其中，real 为实部，imag 为虚部，j 为虚部单位。示例代码如下：

```python
complex_one = 1 + 2j                    # 实部为 1，虚部为 2
```

```
complex_two = 2j                                          # 实部为 0，虚部为 2
```

通过 real 和 imag 属性可以获取复数的实部和虚部，示例代码如下：

```
complex_one = 1 + 2j
print(complex_one.real)                                   # 获取复数实部
print(complex_one.imag)                                   # 获取复数虚部
```

运行代码，结果如下所示：

```
1.0
2.0
```

2.5.4　布尔类型

布尔类型（bool）是一种特殊的整型，其值 True 对应整数 1，False 对应整数 0。Python 中常见的布尔值为 False 的数据如下：

（1）None；

（2）False；

（3）任何数字类型的 0，如 0、0.0、0j；

（4）任何空序列，如 ''、()、[]；

（5）空字典，如 {}。

Python 中可以使用 bool() 函数检测数据的布尔值，示例代码如下：

```
print(bool(0))
print(bool(''))
print(bool(1))
```

运行代码，结果如下所示：

```
False
False
True
```

2.5.5　数字类型转换

Python 内置了一系列可强制转换数据类型的函数，使用这些函数可将目标数据转换为指定的类型，其中用于转换数字类型的函数有 int()、float()、complex()，关于这些函数的功能说明如表 2-2 所示。

表 2-2　Python 数字类型转换函数及其功能说明

函数	说明
int(x[, base])	将 x 转换为一个整型数据
float(x)	将 x 转换为一个浮点型数据
complex(x)	将 x 转换为复数类型

需要注意的是，浮点型数据转换为整型数据时只保留整数部分。下面演示表 2-2 中各个函数的用法，示例代码如下：

```
num_one = 2
num_two = 2.2
print(int(num_two))                                       # 将浮点型转换为整型
print(float(num_one))                                     # 将整型转换为浮点型
print(complex(num_one))                                   # 将浮点型转换为复数类型
```

运行代码，结果如下所示：

```
2
```

```
2.0
(2+0j)
```

2.6　运算符

Python 中的运算符是一种特殊的符号，主要用于实现数值之间的运算。根据操作数数量的不同，运算符可分为单目运算符、双目运算符；根据功能的不同，运算符可分为算术运算符、赋值运算符、比较运算符、逻辑运算符、成员运算符和位运算符。当一个表达式中包含多个运算符时，Python 根据运算符的优先级确定操作数的运算顺序。下面将详细介绍 Python 中的运算符和运算符的优先级。

2.6.1　算术运算符

Python 中的算术运算符包括 +、–、*、/、//、% 和 **，它们都是双目运算符，只要在终端输入由两个操作数和一个算术运算符组成的表达式，Python 解释器就会解析表达式，并打印计算结果。

以操作数 a 为 2，b 为 8 为例，算术运算符的功能说明及示例如表 2-3 所示。

表 2-3　Python 算术运算符的功能说明及示例

运算符	功能说明	示例
+	加：使两个操作数相加，获取操作数的和	a + b，结果为 10
–	减：使两个操作数相减，获取操作数的差	a – b，结果为 –6
*	乘：使两个操作数相乘，获取操作数的积	a * b，结果为 16
/	除：使两个操作数相除，获取操作数的商（除数不能为 0）	a / b，结果为 0.25
//	整除：使两个操作数相除，获取商的整数部分	a // b，结果为 0
%	取余：使两个操作数相除，获取余数	a % b，结果为 2
**	幂：使两个操作数进行幂运算，获取 a 的 b 次幂	a ** b，结果为 256

Python 中的算术运算符既支持相同类型的数值运算，也支持不同类型的数值混合运算。进行混合运算时 Python 会强制对数值的类型进行临时类型转换。临时类型转换遵循如下原则。

（1）整型与浮点型进行混合运算时，将整型转换为浮点型。

（2）其他类型与复数类型运算时，将其他类型转换为复数类型。

使用整型数据分别与浮点型数据和复数类型数据进行运算，示例如下：

```
print(10 / 2.0)              # 整型 / 浮点型，整型会转换为浮点型 10.0
print(10 - (3 + 5j))         # 整型 - 复数，整型会转换为复数 10+0j
```

运行代码，结果如下所示：

```
5.0
(7-5j)
```

2.6.2　赋值运算符

赋值运算符的作用是将一个表达式或对象赋值给一个左值。左值是指一个能位于赋值运算符左边的表达式，它通常是一个可修改的变量，不能是一个常量。例如，使用赋值运算符将整数 3 赋值给变量 num，代码如下：

```
num = 3
```

赋值运算符允许同时为多个变量赋值，示例如下：

```
x = y = z = 1                                      # 变量x、 y、 z均赋值为1
a, b = 1, 2                                        # 变量a赋值为1，变量b赋值为2
```

Python 中的算术运算符可以与赋值运算符组成复合赋值运算符，复合赋值运算符同时具备运算和赋值两项功能。以变量 num 为例，Python 复合赋值运算符的功能说明及示例如表 2-4 所示。

表 2-4　Python 复合赋值运算符的功能说明及示例

运算符	功能说明	示例
+=	变量增加指定数值，结果赋值原变量	num+=2 等价于 num = num+2
-=	变量减去指定数值，结果赋值原变量	num-=2 等价于 num = num-2
*=	变量乘以指定数值，结果赋值原变量	num*=2 等价于 num = num* 2
/=	变量除以指定数值，结果赋值原变量	num/=2 等价于 num = num/2
//=	变量整除指定数值，结果赋值原变量	num//=2 等价于 num = num//2
%=	变量进行取余，结果赋值给原变量	num%=2 等价于 num = num%2
**=	变量执行乘方运算，结果赋值原变量	num**=2 等价于 num = num**2

除以上运算符外，Python 3.8 中新增了一个赋值运算符——海象运算符 ":="，该运算符用于在表达式内部为变量赋值，因形似海象的眼睛和长牙而得此命名。海象运算符的用法示例如下：

```
num_one = 1
result = num_one + (num_two:=2)                    # 使用海象运算符为 num_two 赋值
print(result)
```

运行代码，结果如下所示：

```
3
```

2.6.3　比较运算符

比较运算符也叫关系运算符，用于比较两个数值以判断它们之间的关系。Python 中的比较运算符包括 ==、!=、>、<、>=、<=，它们通常用于布尔测试，测试的结果只能是 True 或 False。以变量 x 为 2，y 为 3 为例，比较运算符的功能说明及示例如表 2-5 所示。

表 2-5　Python 比较运算符的功能说明及示例

运算符	功能说明	示例
==	比较两个操作数的值是否相等，如果相等返回 True	x==y，返回 False
!=	比较两个操作数的值是否相等，如果不相等返回 True	x!=y，返回 True
>	比较左操作数是否大于右操作数，如果大于返回 True	x>y，返回 False
<	比较左操作数是否小于右操作数，如果小于返回 True	x<y，返回 True
>=	比较左操作数是否大于等于右操作数，如果大于等于返回 True	x>=y，返回 False
<=	比较左操作数是否小于等于右操作数，如果小于等于返回 True	x<=y，返回 True

2.6.4　逻辑运算符

逻辑运算符可以把多个条件按照逻辑进行连接，变成更复杂的条件。Python 中分别使用 and、or、not 这 3 个关键字作为逻辑运算符，其中 and 和 or 为双目运算符，not 为单目运算符。下面介绍逻辑运算符的功能，并以 x 为 10，y 为 20 为例进行演示，具体如表 2-6 所示。

表 2-6　Python 逻辑运算符的功能说明及示例

运算符	逻辑表达式	功能说明	示例
and	x and y	若两个操作数的布尔值均为 True，则结果为 y	x and y 的结果为 20
or	x or y	若两个操作数的布尔值均为 True，则结果为 x	x or y 的结果为 10
not	not x	若操作数 x 的布尔值为 True，则结果为 False	not x 的结果为 False

2.6.5　成员运算符

成员运算符 in 和 not in 用于测试给定数据是否存在于序列（如列表、字符串）中，关于它们的介绍如下。

（1）in：如果指定元素在序列中返回 True，否则返回 False。

（2）not in：如果指定元素不在序列中返回 True，否则返回 False。

成员运算符的用法示例如下：

```
x = 'Python'
y = 'P'
print(y in x)
print(y not in x)
```

运行代码，结果如下所示：

```
True
False
```

2.6.6　位运算符

位运算符用于按二进制位进行逻辑运算，操作数必须为整数。下面介绍位运算符的功能，并以 a 为 2，b 为 3 为例进行演示，具体如表 2-7 所示。

表 2-7　Python 位运算符的功能说明及示例

运算符	功能说明	示例
<<	按位左移	a<<b，结果为 16
>>	按位右移	a>>b，结果为 0
&	按位与运算	a&b，结果为 2
|	按位或运算	a|b，结果为 3
^	按位异或运算	a^b，结果为 1
~	按位取反	~ a，结果为 -3

下面逐一介绍表 2-7 中所列的位运算符。

1. 按位左移运算符（<<）

按位左移是指将二进制形式操作数的所有位全部左移 n 位，高位丢弃，低位补 0。以十进制 9 为例，9 转换为二进制后是 00001001，将转换后的二进制数左移 4 位，其过程和结果如图 2-5 所示。

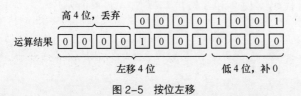

图 2-5　按位左移

从图 2-5 可以看出，二进制数 00001001 左移 4 位的结果为 10010000。下面通过代码实现将 9 左移 4 位，如下所示：

```
a = 9
print(bin(a<<4))
```

运行代码，结果如下所示：

```
0b10010000
```

左移 n 位相当于操作数乘以 2 的 n 次方，根据此原理可借助乘法运算符实现左移功能。例如，10 左移 3 位，利用乘法运算符进行计算即为 10×2^3。

2. 按位右移运算符（>>）

按位右移是指将二进制形式操作数的所有位全部右移 n 位，低位丢弃，高位补 0。以十进制 8 为例，8 转换为二进制后是 00001000，将转换后的二进制数右移 2 位，其过程和结果如图 2-6 所示。

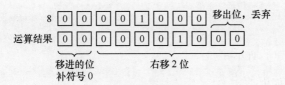

图 2-6　按位右移

从图 2-6 可以看出，二进制数 00001000 右移 2 位的结果为 00000010。下面通过代码实现将 8 右移 2 位，如下所示：

```
a = 8
print(bin(a>>2))                                    # 将 8 右移 2 位
```

运行代码，结果如下所示：

```
0b00000010
```

右移 n 位相当于操作数除以 2 的 n 次方，根据此原理可借助除法运算符实现右移功能，例如，10 右移 3 位，利用除法运算符进行计算即为 $10 \div 2^3$。

3. 按位与运算符（&）

按位与是指将参与运算的两个操作数对应的二进制位进行"与"操作。当对应的两个二进制位均为 1 时，结果位就为 1；否则为 0。以十进制 9 和 3 为例，它们转换为二进制后分别是 00001001 和 00000011，转换后的二进制数进行按位与操作的结果如图 2-7 所示。

图 2-7　按位与

　　从图 2-7 可以看出，二进制数 00001001 和 00000011 进行按位与操作后的结果为 00000001。下面通过代码实现 9 和 3 按位与操作，如下所示：

```
a = 9
b = 3
print(bin(a&b))                                    # 9和3按位与操作
```

　　运行代码，结果如下所示：

```
0b1
```

4. 按位或运算符（|）

　　按位或是指将参与运算的两个操作数对应的二进制位进行"或"操作。若对应的两个二进制位有一个为 1 时，结果位就为 1。若参与运算的数值为负数，参与运算的两个数均以补码出现。以十进制 8 和 3 为例，8 和 3 转换为二进制后分别是 00001000 和 00000011，转换后的二进制数进行按位或操作的结果如图 2-8 所示。

图 2-8　按位或

　　从图 2-8 可以看出，二进制数 00001000 和 00000011 进行按位或操作后的结果为 00001011。下面通过代码实现 8 和 3 按位或操作，如下所示：

```
a = 8
b = 3
print(bin(a|b))                                    # 8和3按位或操作
```

　　运行代码，结果如下所示：

```
0b1011
```

5. 按位异或运算符（^）

　　按位异或是指将参与运算的两个操作数对应的二进制位进行"异或"操作。当对应的两个二进制位中有一个为 1，另一个为 0 时，结果位为 1；否则结果位为 0。以十进制 8 和 4 为例，8 和 4 转换为二进制后分别是 00001000 和 00000100，转换后的二进制数进行按位异或操作的结果如图 2-9 所示。

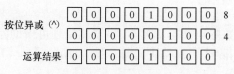

图 2-9　按位异或

　　从图 2-9 可以看出，二进制数 00001000 和 00000100 进行按位异或操作后的结果为 00001100。下面通过代码实现 8 和 4 异或操作，如下所示：

```
a = 8
b = 4
print(bin(a^b))                                    # 8和4按位异或操作
```

　　运行代码，结果如下所示：

```
0b1100
```

6. 按位取反运算符（~）

　　按位取反是指将二进制的每一位进行取反，0 取反为 1，1 取反为 0。按位取反操作首先会获取这个数的补码，然后对补码进行取反，最后将取反结果转换为原码。例如，对 9 按位取反的计算过程如下。

（1）因为 9 是正数，计算机中正数的原码、反码、补码均相同，所以 9 的补码为 00001001。

（2）对正数 9 的补码 00001001 进行取反操作，取反后结果为 11110110。

（3）将 11110110 转换为原码。转换时符号位不变，其他位取反，然后 +1 得到原码，最终结果为 10001010，即 –10。

正数 9 按位取反的计算过程如图 2-10 所示。

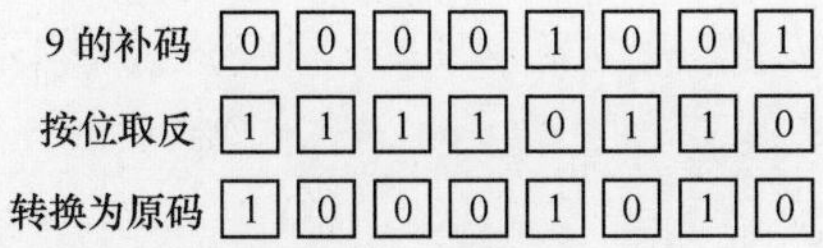

9 的补码　0 0 0 0 1 0 0 1
按位取反　1 1 1 1 0 1 1 0
转换为原码　1 0 0 0 1 0 1 0

图 2-10　按位取反

下面通过代码实现 9 按位取反操作，如下所示：

```
a = 9
print(bin(~a))                                          # 9 按位取反操作
```

运行代码，结果如下所示：

```
-0b1010
```

2.6.7　运算符优先级

Python 支持使用多个不同的运算符连接简单表达式实现相对复杂的功能，为了避免含有多个运算符的表达式出现歧义，Python 为每种运算符都设定了优先级。Python 中运算符按优先级从高到低排序，如表 2-8 所示。

表 2-8　Python 运算符按优先级从高到低排序

运算符	描述
**	幂（最高优先级）
*、/、%、//	乘、除、取模、整除
+、–	加法、减法
>>、<<	按位右移、按位左移
&	按位与
^、|	按位异或、按位或
==、!=、>=、>、<=、<	比较运算符
in、not in	成员运算符
not、and、or	逻辑运算符
=	赋值运算符

需要说明的是，如果表达式中的运算符优先级相同，按从左向右的顺序执行；如果表达式中包含小括号，那么解释器会先执行小括号中的子表达式。

下面通过一些示例验证运算符的优先级，代码如下：

```
a = 20
b = 2
c = 15
```

```
result_01 = (a - b) + c        # 先执行圆括号中的表达式，再执行相加运算
result_02 = a / b % c          # 先执行除法运算，再执行取余运算
result_03 = c ** b * a         # 先执行幂运算，再执行相乘运算
print(result_01)
print(result_02)
print(result_03)
```

运行代码，结果如下所示：

```
33
10.0
4500
```

2.7　实训案例

2.7.1　绝对温标

绝对温标又称开氏温标、热力学温标，是热力学和统计物理中的重要参数之一，也是国际单位制 7 个基本物理量之一。绝对温标的单位为开尔文（简称开，符号为 K），绝对温标的零度对应人们日常使用的摄氏温度（单位为摄氏度，简称度，符号为℃）的 –273.15℃。

案例详情

本案例要求编写代码，实现将用户输入的摄氏温度转换为以绝对温标标识的开氏温度的功能。

2.7.2　身体质量指数

身体质量指数即 BMI 指数，它与人的体重和身高相关，是目前国际常用的衡量人体胖瘦程度以及是否健康的标准。已知 BMI 值的计算公式如下：

身体质量指数（BMI）= 体重（单位为 kg）÷ 身高^2（单位为 m）

案例详情

本案例要求编写代码，实现根据用户输入的身高体重计算 BMI 指数的功能。

2.8　本章小结

本章主要介绍了 Python 的基础知识，包括代码格式、标识符和关键字、变量和数据类型、数字类型以及运算符。本章比较简单易学，大家在初学 Python 时应结合实训案例对本章内容多加练习，为后期深入学习 Python 打好基础。

2.9　习题

一、填空题

1. Python 中建议使用 _____ 个空格表示一级缩进。

2. 布尔类型的取值包括 _____ 和 _____。

3. 使用 _____ 函数可查看数据的类型。

4. float() 函数用于将数据转换为 _____ 类型的数据。

5. 若 a=3，b=-2，则 a+=b 的结果为 _____。

二、判断题

1. Python 中可以使用关键字作为变量名。（   ）

2. 变量名可以以数字开头。（   ）

3. Python 标识符不区分大小写。（   ）

4. 布尔类型是特殊的浮点型。（   ）

5. 复数类型的实数部分可以为 0。（   ）

三、选择题

1. Python 中使用（   ）符号表示单行注释。

A. #　　　　　　　B. /　　　　　　　C. //　　　　　　　D. <!-- -->

2. 下列选项中，不属于 Python 关键字的是（   ）。

A. name　　　　　B. if　　　　　　　C. is　　　　　　　D. and

3. 下列选项中，属于数字类型的是（   ）。

A. 0　　　　　　　B. 1.0　　　　　　C. 1+2j　　　　　　D. 以上全部

4. 若将 2 转换为 0b10，应该使用（   ）函数。

A. oct()　　　　　B. bin()　　　　　C. hex()　　　　　D. int()

5. 下列选项中，不属于 Python 数据类型的是（   ）。

A. bool　　　　　B. dict　　　　　　C. string　　　　　D. set

四、简答题

1. 请简单介绍 Python 中的数据类型和数字类型。

2. 请简述 Python 变量的命名规范。

3. 请简单介绍 Python 中的运算符。

五、编程题

1. 编写程序，要求程序能根据用户输入的圆半径数据计算圆的面积（圆的面积公式：$S=\pi r^2$），并分别输出圆的直径和面积。

2. 已知某煤场有 29.5t 煤，先用一辆载重 4t 的汽车运 3 次，剩下的用一辆载重为 2.5t 的汽车运送，请计算还需要运送几次才能送完？编写程序，解答此问题。

第 **3** 章

流程控制

学习目标

拓展阅读

★ 理解条件语句的结构，掌握条件语句的用法

★ 理解循环语句的结构，掌握循环语句的用法

★ 掌握跳转语句的用法

程序中的语句默认自上而下顺序执行，但通过一些特定的语句可以更改语句的执行顺序，使之产生跳跃、回溯等，进而实现流程控制。Python 中用于实现流程控制的特定语句分为条件语句、循环语句和跳转语句，本章将结合这些特定语句介绍与流程控制相关的知识。

3.1 条件语句

现实生活中，大家在 12306 网站购火车票时需要先验证身份，验证通过后可进入购票页面，验证失败则需重新验证。在代码编写工作中，可以使用条件语句为程序增设条件，使程序产生分支，进而有选择地执行不同的语句。下面将对条件语句的相关知识进行详细讲解。

3.1.1 if 语句

if 语句是最简单的条件语句，该语句由关键字 if、判断条件和冒号组成。if 语句和从属于该语句的代码段可组成选择结构，其语法格式如下：

```
if 判断条件：
    代码段
```

以上格式中的 if 关键字和冒号分别标识 if 语句的起始和结束，判断条件与 if 关键字以空格分隔，代码段通过缩进与 if 语句产生关联。

执行 if 语句时，若 if 语句的判断条件成立（判断条件的布尔值为 True），执行之后的代码段；若 if 语句的判断条件不成立（判断条件的布尔值为 False），跳出选择结构，继续向下执行。if 语句的执行流程如图 3-1 所示。

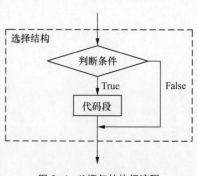

图 3-1 if 语句的执行流程

　　下面使用 if 语句实现一个考试成绩评估程序：某中学上周进行了英语模拟考试，考试成绩不低于 60 分的学生为"考试及格"，假设小明的考试成绩为 88 分，输出小明的成绩评估结果。示例代码如下：

```
score = 88
if score >= 60:
    print("考试及格！")
```

　　运行代码，结果如下所示：

```
考试及格！
```

　　由以上示例的输出结果可知，程序执行了 if 语句的代码段。

　　将以上示例中变量 score 的值修改为 55，再次运行代码，控制台没有输出任何结果，说明程序未执行 if 语句的代码段。

3.1.2　if-else 语句

　　3.1.1 节介绍的 if 语句只能处理满足条件的情况，但一些场景不仅需要处理满足条件的情况，也需要对不满足条件的情况做特殊处理。因此，Python 提供了可以同时处理满足和不满足条件的 if-else 语句。if-else 语句的语法格式如下：

```
if 判断条件：
    代码段 1
else：
    代码段 2
```

　　执行 if-else 语句时，如果判断条件成立，执行 if 语句后面的代码段 1，否则执行 else 语句后面的代码段 2。if-else 语句的执行流程如图 3-2 所示。

　　下面使用 if-else 语句优化考试成绩评估程序，使程序可以同时兼顾考试及格和不及格这两种评估结果。优化后的程序代码如下：

```
score = 88
if score >= 60:
    print("考试及格！")
else:
    print("考试不及格！")
```

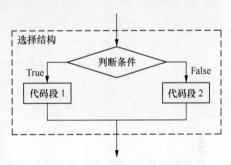

图 3-2　if-else 语句的执行流程

　　运行代码，结果如下所示：

```
考试及格！
```

　　将以上示例中变量 score 的值修改为 55，再次运行代码，结果如下所示：

```
考试不及格！
```

　　通过比较两次的输出结果可知，程序第一次执行了 if 语句的代码段，打印了"考试及格！"；修改 score 的值后，执行了 else 语句的代码段，打印了"考试不及格！"。

3.1.3　if-elif-else 语句

　　根据 3.1.2 节的考试成绩评估程序可知，该程序只能评估考试及格和不及格的情况，但实际评估成绩时会划分为优良中差 4 个等级，if-else 局限于两个分支，像这种存在多个分级的场景无法通过 if-else 语句进行处理。为处理类似上述的一个事项涉及多种情况的场景，Python 提供了可创建多个分支的 if-elif-else 语句。if-elif-else 语句的语法格式如下所示：

```
if 判断条件1:
    代码段 1
```

```
elif 判断条件2：
    代码段2
elif 判断条件3：
    代码段3
...
else:
    代码段n
```

以上格式的 if 关键字与判断条件 1 构成一个分支，elif 关键字与其他判断条件构成其他的任意个分支，else 语句构成最后一个分支；每个条件语句以及 else 语句与代码段之间均采用缩进的形式进行关联。

执行 if-elif-else 语句时，若 if 条件成立，执行 if 语句之后的代码段 1；若 if 条件不成立，判断 elif 语句的判断条件 2，条件 2 成立则执行 elif 语句后面的代码段 2，否则继续向下执行。以此类推，直至所有的判断条件均不成立，执行 else 语句后面的代码段。if-elif-else 语句的执行流程如图 3-3 所示。

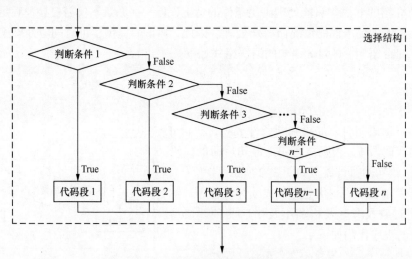

图 3-3　if-elif-else 语句的执行流程

下面使用 if-elif-else 语句优化考试成绩评估程序，使得程序可以根据分值做出"优秀""良好""中等""差"这 4 个等级的评估：考试成绩不低于 85 分时，评估结果为"优秀"；考试成绩低于 85 且不低于 75 分时，评估结果为"良好"；考试成绩低于 75 且不低于 60 分时，评估结果为"中等"；考试成绩低于 60 分时，评估结果为"差"。示例代码如下：

```
score = 88
if score >= 85:
    print("优秀")
elif 75 <= score < 85:
    print("良好")
elif 60 <= score < 75:
    print("中等")
else:
    print("差")
```

运行代码，结果如下所示：

```
优秀
```

3.1.4　if 嵌套

在某些火车站乘坐高铁出行时需要历经检票和安检 2 道程序：检票符合条件后方可进入

安检程序，安检符合条件后方可进站乘坐列车。这个场景中虽然涉及 2 个判断条件，但这 2 个条件并非选择关系，而是嵌套关系：先判断外层条件，条件满足后才去判断内层条件；2 层条件都满足时才执行内层的操作。

Python 中通过 if 嵌套可以实现程序中条件语句的嵌套逻辑。if 嵌套的语法格式如下所示：

```
if 判断条件 1:                                           # 外层条件
    代码段 1
    if 判断条件 2:                                       # 内层条件
        代码段 2
    ...
```

执行 if 嵌套时，若外层判断条件（判断条件 1）的值为 True，执行代码段 1，并对内层判断条件（判断条件 2）进行判断：若判断条件 2 的值为 True，则执行代码段 2，否则跳出内层选择结构，顺序执行外层选择结构中内层选择结构之后的代码；若外层判断条件的值为 False，直接跳过条件语句，既不执行代码段 1，也不执行内层选择结构。if 嵌套的执行流程如图 3-4 所示。

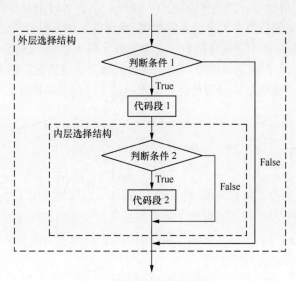

图 3-4　if 嵌套的执行流程

下面通过例子演示 if 嵌套的用法：一年有 12 个月份，每个月的总天数具有一定的规律，1 月、3 月、5 月、7 月、8 月、10 月、12 月有 31 天；4 月、6 月、9 月、11 月有 30 天；2 月的情况稍微复杂一些，闰年的 2 月有 29 天，平年的 2 月有 28 天。本示例要求根据年份和月份计算当月的天数，示例代码如下：

```
year = 2020
month = 2
if month in [1, 3, 5, 7, 8, 10, 12]:
    print("%d月有 31 天 " % month)
elif month in [4, 6, 9, 11]:
    print("%d月有 30 天 " % month)
elif month == 2:
    if year % 400 == 0 or year % 4 == 0 and year % 100 != 0:
        print("%d年%d月有29天" % (year, month))
    else:
        print("%d年%d月有28天" % (year, month))
```

运行代码，结果如下所示：

```
2020 年 2 月有 29 天
```

3.2　实训案例

3.2.1　计算器

计算器极大地提高了人们进行数字计算的效率与准确性，无论是超市的收银台还是集市的小摊位都能够看到计算器的身影。计算器最基本的功能是四则运算。本案例要求编写代码，实现计算器的四则运算功能。

案例详情

3.2.2　猜数字

猜数字是一个古老的益智类密码破译小游戏，通常由两个人参与。游戏开始后一个人设置一个数字，一个人猜数字，每当猜数字的人说出一个数字时由设置数字的人告知是否猜中：若猜测的数字大于设置的数字，设置数字的人提示"很遗憾，你猜大了"；若猜测的数字小于设置的数字，设置数字的人提示"很遗憾，你猜小了"；若猜数字的人在规定的次数内猜中设置的数字，设置数字的人提示"恭喜，猜数成功"。本案例要求编写代码，实现遵循上述规则的猜数字程序。

案例详情

3.3　循环语句

现实生活中存在着很多重复的事情，例如，地球一直围绕太阳不停地旋转；月球始终围绕地球旋转；每年都会经历四季的更替；每天都是从白天到黑夜的过程……程序开发中同样可能出现代码的重复执行。Python 提供了循环语句，使用该语句能以简洁的代码实现重复操作。本节将对循环语句进行详细讲解。

3.3.1　while 语句

while 语句一般用于实现条件循环，该语句由 while 关键字、循环条件和冒号组成。while 语句和从属于该语句的代码段组成循环结构，其语法格式如下：

```
while 循环条件：
    代码段
```

以上格式中的 while 关键字和冒号分别标识 while 语句的起始和结束，循环条件与 while 关键字以空格分隔，代码段通过缩进与 while 语句产生关联。

执行 while 语句时，若循环条件的值为 True，则执行循环中的代码段，执行完代码段后再次判断循环条件，如此往复，直至循环条件的值为 False 时循环终止，执行循环之后的代码。while 语句的执行流程如图 3-5 所示。

下面使用 while 循环计算 1+2+3+…+10 的和，示例代码如下：

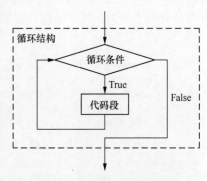

图 3-5　while 语句的执行流程

```
i = 1
result = 0
while i <= 10:
    result += i
    i += 1
print(result)
```

以上示例中变量 i 是循环因子，其初始值为 1，会随循环次数累加；变量 result 是所求的和，其初始值为 0。首次执行 while 循环时，因为 $i \leq 10$ 的值为 True，所以会执行循环中的代码段，使 result 的值由 0 变为 0+1、i 的值由 1 变为 2；再次判断 $i \leq 10$，如此往复，直至 i 的值变为 11 时，$i \leq 10$ 的值变为 False，循环结束，执行循环之后的打印语句，输出 result 的值。

运行代码，结果如下所示：

```
55
```

若希望程序可以一直重复操作，则可以将循环条件的值设为 True，如此便进入无限循环。下面是无限循环的示例代码：

```
while True:
    print("我是无限循环……")
```

以上示例执行后会在控制台中一直打印"我是无限循环……"。若希望程序能够停止打印，需要通过单击终止运行按钮或其他方式手动终止程序。

需要注意的是，虽然在实际开发中有些程序需要无限循环，比如游戏的主程序、操作系统中的监控程序等，但无限循环会占用大量内存，影响程序和系统的性能，开发者需酌情使用。

3.3.2　for 语句

for 语句一般用于实现遍历循环。遍历是指逐一访问目标对象中的数据，例如逐个访问字符串中的字符；遍历循环是指在循环中完成对目标对象的遍历。for 语句的语法格式如下：

```
for 临时变量 in 目标对象：
    代码段
```

以上格式中的目标对象可以是字符串、文件或后续章节中将会学习的组合数据类型；临时变量用于保存每次循环访问的目标对象中的元素。目标对象的元素个数决定了循环的次数，目标对象中的元素被访问完之后循环结束。

下面使用 for 循环遍历字符串 "Python" 的每个字符，示例代码如下：

```
for word in "Python":
    print(word)
```

运行代码，结果如下所示：

```
P
y
t
h
o
n
```

for 语句可以与 range() 函数搭配，range() 函数可以生成一个由整数组成的可迭代对象（可简单理解为支持使用 for 循环遍历的对象），示例代码如下：

```
for i in range(5):
    print(i)
```

运行代码，结果如下所示：

```
0
1
2
3
4
```

3.3.3　循环嵌套

循环之间可以互相嵌套，进而实现更为复杂的逻辑。循环嵌套按不同的循环语句可以分为 while 循环嵌套和 for 循环嵌套，这两种循环嵌套的具体介绍如下。

1. while 循环嵌套

while 循环嵌套是指 while 语句中嵌套 while 或 for 语句。以 while 语句中嵌套 while 语句为例，while 循环嵌套的语法格式如下：

```
while 循环条件 1:                                          # 外层循环
    代码段 1
    while 循环条件 2:                                      # 内层循环
        代码段 2
        ...
```

执行 while 循环嵌套时，若外层循环的循环条件 1 的值为 True，则执行代码段 1，并对内层循环的循环条件 2 进行判断：若循环条件 2 的值为 True 则执行代码段 2，若其值为 False 则结束内层循环。内层循环执行完毕后继续判断外层循环的循环条件 1，如此往复，直至循环条件 1 的值为 False 时结束外层循环。

下面使用 while 循环嵌套打印一个由 "*" 构成的直角三角形，示例代码如下：

```
i = 1
while i < 6:
    j = 0
    while j < i:
        print("*", end='')
        j += 1
    print()
    i += 1
```

以上示例的变量 i 代表图形的行数，变量 j 代表每行 "*" 的数量。需要注意的是，以上程序打印的 "*" 只需要换行一次，因此代码在内层循环中修改了 print() 函数的结束符（通过代码 print("*", end=' ') 将 end 参数默认的结束符 '\n' 替换为空格符）。

运行代码，结果如下所示：

```
*
**
***
****
*****
```

2. for 循环嵌套

for 循环嵌套是指 for 语句中嵌套了 while 或 for 语句。以 for 语句中嵌套 for 语句为例，for 循环嵌套的语法格式如下：

```
for 临时变量 in 目标对象:                                   # 外层循环
    代码段 1
    for 临时变量 in 目标对象:                               # 内层循环
        代码段 2
        ...
```

执行 for 循环嵌套时，程序首先会访问外层循环中目标对象的首个元素、执行代码段 1、访问内层循环目标对象的首个元素、执行代码段 2，然后访问内层循环中的下一个元素、执行代码段 2，如此往复，直至访问完内层循环的目标对象后结束内层循环，转而继续访问外层循环中的下一个元素，访问完外层循环的目标对象后结束外层循环。因此，外层循环每执行一次，都会执行一轮内层循环。

下面使用 for 循环嵌套打印一个由 "*" 构成的直角三角形，示例代码如下：

```
for i in range(1, 6):
    for j in range(i):
        print("*", end='')
    print()
```

运行代码，结果如下所示：

```
*
* *
* * *
* * * *
* * * * *
```

3.4　实训案例

案例详情

3.4.1　逢 7 拍手游戏

逢 7 拍手游戏的规则是：从 1 开始顺序数数，数到有 7 或者包含 7 倍数的数字时拍手。本案例要求编写代码模拟逢 7 拍手游戏的规则，实现输出 100 以内需要拍手的数字的程序。

3.4.2　打印五子棋棋盘

五子棋是一种双人对弈的纯策略型棋类游戏，它使用的棋盘一般由横纵各 15 条等距离、垂直交叉的平行线构成，这些横纵交叉形成的 225 个交叉点为对弈双方的落子点。本案例要求编写代码，实现按用户要求打印指定大小的五子棋棋盘的程序（10×10 的五子棋棋盘如图 3-6 所示）。

案例详情

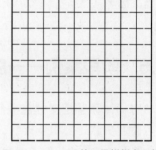

图 3-6　10×10 的五子棋棋盘示例

3.5　跳转语句

循环语句在条件满足的情况下会一直执行，但在某些情况下需要跳出循环，例如，实现音乐播放器循环模式的切歌功能等。Python 提供了控制循环的跳转语句：break 和 continue。下面将对跳转语句进行详细讲解。

3.5.1　break 语句

break 语句用于结束循环，若循环中使用了 break 语句，程序执行到 break 语句时会结束循环；若循环嵌套使用了 break 语句，程序在执行到 break 语句时会结束本层循环。break 语句通常与 if 语句配合使用，以便在条件满足时结束循环。

例如，在使用 for 循环遍历字符串 'Python' 时，遍历到字符 'o' 就使用 break 语句结束循环，具体代码如下：

```
for word in "Python":
    if word == 'o':
```

```
        break
    print(word, end=" ")
```
运行代码，结果如下所示：
```
P y t h
```
从以上输出结果可以看出，程序没有输出字符 'o' 及后面的字符，说明程序遍历到字符
'o' 时跳出了整个循环，即结束了循环。

3.5.2　continue 语句

continue 语句用于在满足条件的情况下跳出本次循环，该语句通常也与 if 语句配合使用。
例如，在使用 for 循环遍历字符串 'Python' 时，遍历到字符 'o' 时使用 continue 语句跳出本
次循环，具体代码如下：
```
for word in "Python":
    if word == 'o':
        continue
    print(word, end=" ")
```
运行代码，结果如下所示：
```
P y t h n
```
从以上输出结果可以看出，程序没有输出字符 'o'，说明满足字符为 'o' 的条件时跳过
了当次循环。

3.6　阶段案例——房贷计算器

案例详情

房贷计算器是支付宝平台中的一款在线计算工具，按用户选择的贷款类
型（商业贷款、公积金贷款、组合贷款）、贷款金额（万元）、期限（年）、利
率（%）可计算得出每月月供参考（元）、还款总额（元）、支付利息（元）这
些信息。关于这些信息的计算方式如下：

- 每月月供参考 = 贷款金额 × 月利率 ×（1+ 月利率）^{还款月数} ÷ [（1+ 月利率）^{还款月数} −1]。
- 还款总额 = 每月月供参考 × 期限 ×12。
- 支付利息 = 还款总额 − 贷款金额 ×10 000。

以上计算方式中月利率（月利率 = 利率 ÷12）指以月为计息周期计算的利息。不同贷款
类型的利率是不同的：对于商业贷款而言，5 年以下（含 5 年）的贷款利率是 4.75%，5 年以
上的贷款利率是 4.90%；对于公积金贷款而言，5 年以下（含 5 年）的贷款利率是 2.75%，5
年以上的贷款利率是 3.25%。

本案例要求编写程序，根据以上计算方式开发一个房贷计算器。

3.7　本章小结

本章主要讲解了流程控制的相关知识，包括条件语句、循环语句、跳转语句，并提供多
个实训案例供读者练习流程控制语句的用法。通过学习本章的内容，读者应能掌握程序的执
行流程和流程控制语句的用法，为后续的学习打好扎实的基础。

3.8 习题

一、填空题

1. _____语句是最简单的条件语句。

2. Python 中的循环语句有_____循环和_____循环。

3. 将 while 语句循环条件的值设为_____，则程序进入无限循环。

4. _____循环一般用于实现遍历循环。

5. _____语句可以跳出本次循环，执行下一次循环。

二、判断题

1. if-else 语句可以处理多个分支条件。（　　）

2. if 语句不支持嵌套使用。（　　）

3. elif 可以单独使用。（　　）

4. break 语句用于结束循环。（　　）

5. for 循环只能遍历字符串。（　　）

三、选择题

1. 下列选项中的语句，运行后会输出 1、2、3 的是（　　）。

A.

```
for i in range(3):
    print(i)
```

B.

```
for i in range(2):
    print(i + 1)
```

C.

```
nums = [0, 1, 2]
for i in nums:
    print(i + 1)
```

D.

```
i = 1
while i < 3:
    print(i)
    i = i + 1
```

2. 现有如下代码：

```
sum = 0
for i in range(100):
    if(i % 10):
        continue
    sum = sum + i
print(sum)
```

运行代码，输出的结果为（　　）。

A. 5 050　　　　　　　B. 4 950　　　　　C. 450　　　　　　D. 45

3. 已知 x=10，y=20，z=30，以下代码执行后 x、y、z 的值分别为（　　）。

```
if x < y:
    z = x
    x = y
    y = z
```

A. 10，20，30　　　　　　　　　B. 10，20，20

C. 20，10，10　　　　　　　　　D. 20，10，30

4. 已知 x 与 y 的关系如表 3-1 所示。

表 3-1　x 与 y 的关系

x	y
$x<0$	$x-1$
$x=0$	x
$x>0$	$x+1$

以下选项中，可以正确地表达 x 与 y 之间关系的是（　）。

A.
```
y = x + 1
if x >= 0:
    if x == 0:
        y = x
    else:
        y = x - 1
```

B.
```
y = x - 1
if x! = 0:
    if x > 0:
        y = x + 1
    else:
        y = x
```

C.
```
if x <= 0:
    if x < 0:
        y = x - 1
    else:
        y = x
else:
    y = x + 1
```

D.
```
y = x
if x <= 0:
    if x < 0:
        y = x - 1
    else:
        y = x + 1
```

5. 下列语句中，可以跳出循环结构的是（　）。

A. continue 语句　　　　　　B. break 语句　　　　　　C. if 语句　　　D. while 语句

四、简答题

1. 简述 break 语句和 continue 语句的区别。

2. 简述 while 语句和 for 语句的区别。

五、编程题

1. 编写程序，实现利用 while 循环输出 100 以内偶数的功能。

2. 编写程序，实现判断用户输入的数是正数还是负数的功能。

3. 编写程序，实现输出 100 以内质数的功能。

第4章

字符串

拓展阅读

学习目标

★掌握字符串的定义方法

★掌握字符串的格式化方法

★掌握字符串的常见操作

在使用浏览器登录网站时需要先输入账户和密码，之后浏览器将账号和密码传递给服务器，服务器把本次输入的密码与之前保存的密码进行对比，两处密码相同则认为本次输入的密码正确，否则认为密码错误。在以上场景中，用户的账户和密码都需要被存储，但用户的密码由字母、数字和字符组成，前面介绍的数据类型显然不太合适，那么 Python 中什么类型能存储账户、密码这样的数据呢？答案是字符串。本章将对字符串的相关知识进行详细讲解。

4.1 字符串介绍

字符串是由字母、符号或数字组成的字符序列，Python 支持使用单引号、双引号和三引号定义字符串，其中单引号和双引号通常用于定义单行字符串，三引号通常用于定义多行字符串，示例代码如下：

```
print('使用单引号定义的字符串')
print("使用双引号定义的字符串")
print("""使用三引号定义的
            字符串""")
```

运行代码，结果如下所示：

```
使用单引号定义的字符串
使用双引号定义的字符串
使用三引号定义的
            字符串
```

引号除了可以定义字符串外，还可以作为字符串的组成部分。例如，英文语句 'let's learn Python' 中包含了一个单引号。此时若使用单引号进行定义，Python 解释器会将"let's learn Python"中的单引号与定义字符串的第一个单引号进行配对，认为字符串包含的内容至此结束，因此会出现语法错误，示例代码如下：

```
print('let's learn Python')
```

运行代码，结果如下所示：

```
File "E:/python_study/grammar.py", line 1
  print('let's learn Python')
                 ^
SyntaxError: invalid syntax
```

当遇到以上情景时，可以选择字符串本身不包含的双引号或三引号来包裹字符串，示例代码如下：

```
print("let's learn Python")
print("""let's learn Python""")
```

运行代码，结果如下所示：

```
let's learn Python
let's learn Python
```

类似地，若字符串中包含双引号，则可以使用单引号或三引号包裹；若字符串中包含三引号，则可以使用双引号包裹，以确保 Python 解释器可按预期对引号进行配对。

除此之外，还可以利用反斜杠 "\" 对引号转义来实现以上功能。在字符串中的引号前添加 "\"，此时 Python 解释器会将 "\" 之后的引号视为一个普通字符，而非特殊符号。例如，使用单引号定义字符串 'let's learn Python'，在字符串内的单引号前添加 "\"，示例代码如下：

```
print('let\'s learn Python')
```

运行代码，结果如下所示：

```
let's learn Python
```

以上代码是对字符串中的单引号进行转义，此方法同样适用于对字符串中的双引号或反斜杠转义，示例代码如下：

```
print("How do you spell the word \"Python\"?")
print("E:\Python\\new_features.txt")
```

运行代码，结果如下所示：

```
How do you spell the word "Python"?
E:\Python\new_features.txt
```

▌▌多学一招：转义字符

一些普通字符与反斜杠组合后将失去原有意义，产生新的含义。类似这样的由 "\" 与普通字符组合而成的、具有特殊意义的字符就是转义字符。转义字符通常用于表示一些无法显示的字符，例如空格、回车等。Python 中常用的转义字符如表 4-1 所示。

表 4-1　Python 中常用的转义字符

转义字符	功能说明
\b	退格（Backspace）
\n	换行
\v	纵向制表符
\t	横向制表符
\r	回车

如果一段字符串中包含多个转义字符，但又不希望转义字符产生作用，此时可以使用原始字符串。即在字符串开始的引号之前添加 r 或 R，使它成为原始字符串。原始字符串完全忽略字符串中的转义字符，示例代码如下：

```
print(r' 转义字符中 :\n 表示换行 ;\r 表示回车 ;\b 表示退格 ')
```

运行代码，结果如下所示：

```
转义字符中 :\n 表示换行 ;\r 表示回车 ;\b 表示退格
```

4.2　格式化字符串

格式化字符串是指将指定的字符串转换为想要的格式。Python 中有 3 种格式化字符串的方式：使用 % 格式化、使用 format() 方法格式化和使用 f-string 格式化。下面将对格式化字符串的 3 种方式逐一进行讲解。

4.2.1　使用 % 格式化字符串

字符串具有一种特殊的内置操作，它可以使用 % 进行格式化，其使用格式如下：

```
format % values
```

以上格式中，format 表示一个字符串，该字符串中包含单个或多个为真实数据占位的格式符；values 表示单个或多个真实数据；% 代表执行格式化操作，即将 format 中的格式符替换为 values。

Python 中常见的格式符如表 4-2 所示。

表 4-2　Python 中常见的格式符

格式符	格式说明
%c	将对应的数据格式化为字符
%s	将对应的数据格式化为字符串
%d	将对应的数据格式化为整数
%u	将对应的数据格式化为无符号整型
%o	将对应的数据格式化为无符号八进制数
%x	将对应的数据格式化为无符号十六进制数
%f	将对应的数据格式化为浮点数，可指定小数点后的精度（默认保留 6 位小数）

表 4-2 中所列的格式符均由 % 和字符组成，其中 % 用于标识格式符的起始，它后面的字符表示真实数据被转换的类型。

下面使用 % 对字符串进行格式化，示例代码如下：

```
value = 10
format = '我今年 %d 岁。'
print(format % value)
```

以上代码中，变量 value 存储的数据为 10，在进行格式化时它会替换字符串 format 中的格式符 %d。

运行代码，结果如下所示：

```
我今年 10 岁。
```

需要注意的是，如果被替换的数据类型不能转换为格式符中指定的数据类型，那么程序会出现类型异常错误。示例代码如下：

```
value = '周一'
format = '今天是 %d。'
print(format % value)
```

运行代码，结果如下所示：

```
Traceback (most recent call last):
```

```
    File "E:/python_study/grammar.py", line 3, in <module>
        print(format % value)
    TypeError: %d format: a number is required, not str
```

字符串还可以通过多个格式符进行格式化。下面通过一个打印名片的示例来演示多个格式符格式化字符串，示例代码如下：

```
name = '张倩'
age = 27
address = '北京市昌平区'
print('---------------------')
print("姓名：%s" % name)
print("年龄：%d 岁 \n 家庭住址：%s" % (age, address))
print('---------------------')
```

运行代码，结果如下所示：

```
---------------------
姓名：张倩
年龄：27 岁
家庭住址：北京市昌平区
---------------------
```

需要说明的是，使用多个格式符进行格式化时替换的数据以元组形式存储。

4.2.2   使用 format() 方法格式化字符串

虽然使用 % 可以对字符串进行格式化，但是这种方式并不是很直观，一旦开发人员遗漏了替换数据或选择了不匹配的格式符，就会导致字符串格式化失败。为了能更直观、便捷地格式化字符串，Python 为字符串提供了一个格式化方法——format()。format() 方法的语法格式如下：

```
str.format(values)
```

以上格式中，str 表示需要被格式化的字符串，字符串中包含单个或多个为真实数据占位的符号 {}；values 表示单个或多个待替换的真实数据，多个数据之间以逗号分隔。

下面通过一个示例来演示如何使用 format() 方法格式化字符串，代码如下：

```
name = '张倩'
string = "姓名：{}"
print(string.format(name))
```

运行代码，结果如下所示：

```
姓名：张倩
```

从以上输出结果可以看出，字符串中的 {} 替换为变量 name 存储的数据 ' 张倩 '。由此可知，当使用 format() 方法格式化字符串时无须关注替换数据的类型。

字符串中可以包含多个 {} 符号，字符串被格式化时 Python 解释器默认会按从左到右的顺序将 {} 逐个替换为真实的数据，示例代码如下：

```
name = '张倩'
age = 25
string = "姓名：{}\n 年龄：{}"
print(string.format(name, age))
```

运行代码，结果如下所示：

```
姓名：张倩
年龄：25
```

从以上输出结果可以看出，字符串中的第 1 个 {} 替换为变量 name 存储的数据 ' 张倩 '，第 2 个 {} 替换为变量 age 存储的数据 25。

字符串的 {} 中可以明确地指定编号，格式化字符串时解释器会按编号取 values 中相应位置（索引）的值替换 {}，values 中元素的索引从 0 开始排序。示例代码如下：

```
name = '张倩'
age = 25
string = "姓名：{1}\n 年龄：{0}"
print(string.format(age, name))
```

运行代码，结果如下所示：

```
姓名：张倩
年龄：25
```

从以上输出结果可以看出，字符串中的第 1 个 {} 替换为 values 中索引 1 对应的 name 存储的数据 ' 张倩 '，第 2 个 {} 替换为 values 中索引 0 对应的 age 存储的数据 25。

字符串的 {} 中可以指定名称，字符串在被格式化时 Python 解释器会按真实数据绑定的名称替换 {} 中的变量。示例代码如下：

```
name = '张倩'
age = 25
weight = 65
string = "姓名：{name}\n 年龄：{age}\n 体重：{weight}kg"
print(string.format(name=name, weight=weight, age=age))
```

运行代码，结果如下所示：

```
姓名：张倩
年龄：25
体重：65kg
```

结合代码和输出结果可以看出，字符串中的 {} 依次替换为名称是 name、age、weight 的变量存储的数据 ' 张倩 '、25、65。

字符串中的 {} 可以指定替换的浮点型数据的精度，浮点型数据在被格式化时会按指定的精度进行替换。示例代码如下：

```
points = 19
total = 22
print(' 所占百分比：{:.2%}'.format(points/total))          # 保留两位小数
```

运行代码，结果如下所示：

```
所占百分比：86.36%
```

4.2.3 使用 f-string 格式化字符串

f-string 是一种更为简洁的格式化字符串的方式，它在形式上以 f 或 F 引领字符串，在字符串中使用 "{ 变量名 }" 标识被替换的真实数据和其所在位置。f-string 格式如下：

```
f('{ 变量名 }') 或 F('{ 变量名 }')
```

使用 f-string 格式化字符串的示例代码如下：

```
age = 20
gender = '男'
print(f' 年龄：{age}，性别：{gender}')
```

运行代码，结果如下所示：

```
年龄：20，性别：男
```

4.3 实训案例

4.3.1 进制转换

十进制是实际应用中最常用的计数方式，除此之外，还可以采用二进制、

案例详情

八进制或十六进制计数。本案例要求编写代码，实现将用户输入的十进制整数转换为指定进制的功能。

4.3.2 文本进度条

进度条一般以图形的方式显示已完成任务量和未完成任务量，并以动态文字的方式显示任务的完成度。本案例要求编写程序，实现图 4-1 所示的文本进度条。

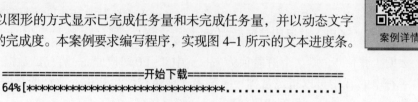

案例详情

```
========================开始下载========================
64%[********************************....................]
```

(a) 下载中

```
========================开始下载========================
100%[*************************************************]
========================下载完成========================
```

(b) 下载完成

图 4-1　文本进度条

4.4　字符串的常见操作

字符串的操作在实际应用中非常常见。Python 内置了很多字符串方法，使用这些方法可以轻松实现字符串的查找、替换、拼接、大小写转换等操作。但需要注意的是，字符串一旦创建便不可修改；若对字符串进行修改，就会生成新的字符串。

下面就结合 Python 内置方法对字符串的常见操作进行详细讲解。

4.4.1　字符串的查找与替换

为维护网络环境，一些平台会对网络上的内容进行替换。网络上的内容多为文本形式的字符串，查找与替换是实现文本过滤的基本操作。下面分别介绍如何实现字符串的查找与替换。

1. 字符串查找

Python 中提供了实现字符串查找操作的 find( ) 方法，该方法可查找字符串中是否包含子串，若包含子串则返回子串首次出现的索引位置，否则返回 –1。

find( ) 方法的语法格式如下所示：

```
str.find(sub[, start[, end]])
```

以上方法中各参数的含义如下。

- sub：指定要查找的子串。
- start：开始索引，默认为 0。
- end：结束索引，默认为字符串的长度。

例如，查找 't' 是否在字符串 'Python' 中，示例代码如下：

```
word = 't'
string = 'Python'
result = string.find(word)
print(result)
```

运行代码，结果如下所示：

```
2
```

以上输出结果为 2，说明字符 't' 在字符串 'Python' 中，且首次出现在索引为 2 的位置。

2. 字符串替换

Python 中提供了实现字符串替换操作的 replace() 方法，该方法可将当前字符串中的指定子串替换成新的子串，并返回替换后的新字符串。

replace() 方法的语法格式如下所示：

```
str.replace(old, new[, count])
```

以上方法中各参数的含义如下。

- old：被替换的旧子串。
- new：替换旧子串的新子串。
- count：表示替换旧字符串的次数，默认全部替换。

下面演示如何使用 replace() 方法实现字符串替换，示例代码如下：

```
string = "All things Are difficult before they Are easy."
new_string = string.replace("Are", "are")          # 不指定替换次数（全部替换）
print(new_string)
```

运行代码，结果如下所示：

```
All things are difficult before they are easy.
```

使用 replace() 方法指定替换次数，示例代码如下：

```
string = 'He said, "you have to go forward, Then turn left, ' \
         'Then go forward, and Then turn right."'
new_string = string.replace("Then", "then",2)       # 指定替换 2 次
print(new_string)
```

运行代码，结果如下所示：

```
He said, "you have to go forward, then turn left, then go forward, and Then
turn right."
```

4.4.2 字符串的分割与拼接

字符串的分割与拼接功能是处理文本数据时常用的功能，下面分别介绍如何实现字符串的分割与拼接。

1. 字符串分割

split() 方法可以按照指定分隔符对字符串进行分割，该方法会返回由分割后的子串组成的列表。

split() 方法的语法格式如下所示：

```
str.split(sep=None, maxsplit=-1)
```

以上方法中各参数的含义如下。

- sep：分隔符，默认为空字符。
- maxsplit：分割次数，默认值为 -1，表示不限制分割次数。

例如，分别以空字符、字母 m 和字母 e 为分隔符对字符串 "The more efforts you make, the more fortune you get." 进行分割，示例代码如下：

```
string_example = "The more efforts you make, the more fortune you get."
print(string_example.split())                   # 以空格作为分隔符
print(string_example.split('m'))                 # 以字母 m 作为分隔符
print(string_example.split('e', 2))              # 以字母 e 作为分割符，并分割 2 次
```

运行代码，结果如下所示：

```
['The', 'more', 'efforts', 'you', 'make,', 'the', 'more', 'fortune',
'you', 'get.']
['The ', 'ore efforts you ', 'ake, the ', 'ore fortune you get.']
['Th', ' mor', ' efforts you make, the more fortune you get.']
```

2. 字符串拼接

join( ) 方法使用指定的字符连接字符串并生成一个新的字符串。join( ) 方法的语法格式如下：

```
str.join(iterable)
```

以上格式中，参数 iterable 表示连接字符串的字符。

例如，使用 "*" 连接字符串 'Python' 中的各个字符，示例代码如下：

```
symbol = '*'
world = 'Python'
print(symbol.join(world))
```

运行代码，结果如下所示：

```
P*y*t*h*o*n
```

Python 中还可以使用运算符 "+" 拼接字符串，示例代码如下：

```
start = 'Py'
end = 'thon'
print(start + end)
```

运行代码，结果如下所示：

```
Python
```

4.4.3　删除字符串的指定字符

字符串头部或尾部中可能会包含一些无用的字符（如空格），在处理字符串之前往往需要先删除这些无用的字符。Python 中的 strip( )、lstrip( ) 和 rstrip( ) 方法可以删除字符串头部或尾部的指定字符。这 3 个方法的语法格式及功能说明如表 4-3 所示。

表 4-3　删除字符串指定字符的方法的语法格式及功能说明

方法	语法格式	功能说明
strip()	str.strip([chars])	移除字符串头部和尾部的指定字符
lstrip()	str.lstrip([chars])	移除字符串头部的指定字符
rstrip()	str.rstrip([chars])	移除字符串尾部的指定字符

表 4-3 中所列的每个方法都有一个参数 chars，该参数表示被移除的字符。

例如，分别移除字符串 ' Life is short, Use Python！' 中头部和尾部、头部、尾部的空格，示例代码如下：

```
old_string = ' Life is short, Use Python ！ '
strip_str = old_string.strip()              # 删除字符串头部和尾部的空格
lstrip_str = old_string.lstrip()            # 删除字符串头部的空格
rstrip_str = old_string.rstrip()            # 删除字符串尾部的空格
print(f'strip方法：{strip_str}')
print(f'lstrip方法：{lstrip_str}')
print(f'rstrip方法：{rstrip_str}')
```

运行代码，结果如下所示：

```
strip方法：Life is short, Use Python ！
lstrip方法：Life is short, Use Python ！
rstrip方法： Life is short, Use Python ！
```

4.4.4　字符串大小写转换

一些特定情况会对英文单词的大小写形式有要求。例如，表示特殊简称时全部字母大写，如 CBA；表示月份、周日、节假日时每个单词首字母大写，如 Monday。Python 中支持字符串中的字母大小写转换的方法有 upper( )、lower( )、capitalize( ) 和 title( )，这些方法的功能说明如表 4-4 所示。

表 4-4　字符串大小写转换方法的功能说明

方法	功能说明
upper()	将字符串中的小写字母全部转换为大写字母
lower()	将字符串中的大写字母全部转换为小写字母
capitalize()	将字符串中第 1 个字母转换为大写形式
title()	将字符串中每个单词的首字母转换为大写形式

例如，使用表 4-4 中提供的方法对字符串 'hello woRld' 进行大小写转换操作，示例代码如下：

```
old_string = 'hello woRld'
upper_str = old_string.upper()              # 字符串的字母转换为大写字母
lower_str = old_string.lower()              # 字符串的字母转换为小写字母
cap_str = old_string.capitalize()           # 字符串的首字母转换为大写字母
title_str = old_string.title()              # 每个单词的首字母转换为大写字母
print(f'upper 方法：{upper_str}')
print(f'lower 方法：{lower_str}')
print(f'capitalize 方法：{cap_str}')
print(f'title 方法：{title_str}')
```

运行代码，结果如下所示：

```
upper 方法：HELLO WORLD
lower 方法：hello world
capitalize 方法：Hello world
title 方法：Hello World
```

4.4.5　字符串对齐

在使用 Word 处理文档时有时需要对文档的格式进行调整，如标题居中显示、左对齐、右对齐等。Python 提供了 center( )、ljust( )、rjust( ) 这 3 个方法来设置字符串的对齐方式。这 3 个方法的语法格式及功能说明如表 4-5 所示。

表 4-5　字符串对齐方法的语法格式及功能说明

方法	语法格式	功能说明
center()	str.center(width[,fillchar])	返回长度为 width 的字符串，原字符串居中显示
ljust()	str.ljust(width[,fillchar])	返回长度为 width 的字符串，原字符串左对齐显示
rjust()	str.rjust(width[,fillchar])	返回长度为 width 的字符串，原字符串右对齐显示

表 4-5 所列的方法中都有相同的参数 width 和 fillchar，其中，参数 width 表示字符串的长度，如果参数 width 指定的长度小于或等于原字符串的长度，那么以上各方法会返回原字符串；参数 fillchar 表示参数 width 指定的长度大于原字符串长度时填充的字符，默认为空格。

下面使用表 4-5 中的方法对字符串 'hello world' 进行对齐操作，示例代码如下：

```
sentence = 'hello world'
center_str = sentence.center(13,'-')          # 长度为 13, 居中显示, 使用 - 补齐
ljust_str = sentence.ljust(13, '*')           # 长度为 13, 左对齐, 使用 * 补齐
rjust_str = sentence.rjust(13, '%')           # 长度为 13, 右对齐, 使用 % 补齐
print(f" 居中显示：{center_str}")
print(f" 左对齐显示：{ljust_str}")
print(f" 右对齐显示：{rjust_str}")
```

运行代码，结果如下所示：

```
居中显示：-hello world-
左对齐显示：hello world**
右对齐显示：%%hello world
```

4.5　实训案例

4.5.1　敏感词替换

敏感词通常是指带有敏感政治倾向、暴力倾向、不健康色彩的词语或不文明的词语。对于文章中出现的敏感词，常用的处理方法是使用特殊符号（如 "*"）对敏感词进行替换。本案例要求编写代码，实现具有替换敏感词功能的程序。

案例详情

4.5.2　文字排版工具

文字排版工具是一款强大的文章自动排版工具，它会将文字按现代汉语习惯及发表出版要求进行规范编排。文字排版工具一般具备删除空格、英文标点替换、英文单词大写功能。本案例要求编写代码，实现具有上述功能的文字排版工具。

案例详情

4.6　本章小结

本章主要讲解了 Python 字符串的相关知识，包括什么是字符串、格式化字符串、字符串的常见操作，并提供多个实训案例供读者练习字符串的使用。通过学习本章的内容，希望读者能够掌握字符串的使用。

4.7　习题

一、填空题

1. 定义字符串可使用＿＿＿＿、＿＿＿＿和＿＿＿＿包裹。

2. 删除字符串中头部的空格，可以使用＿＿＿＿方法。

3. 拼接字符串可以使用＿＿＿＿方法和运算符＿＿＿＿。

二、判断题

1. 字符串中不可以包含特殊字符。（　　）

2. 无论是使用单引号还是双引号定义的字符串，使用 print( ) 输出的结果是一致的。（　　）

3. rjust( ) 方法用于将字符串的字符以右对齐方式进行显示。（　　）

4. find( ) 方法返回 −1 说明子串在指定的字符串中。（　　）

5. strip( ) 方法默认会删除字符串头、尾的空格。（　　）

6. 如果字符串中包含 3 对双引号，可以使用单引号包裹这个字符串。（　　）

三、选择题

1. Python 中使用（　　）可组成转义字符。

A. /　　　　　　　　　B. \　　　　　　　　　C. $　　　　　　　　　D. %

2. 下列选项中，用于格式化字符串的是（　　）。

A. %　　　　　　　　　B. format( )　　　　　　　C. f-string　　　　　　　D. 以上全部

3. 下列关于字符串的说法，错误的是（　　）。

A. 字符串创建后可以被修改

B. 字符串可以使用单引号、双引号和三引号定义

C. 转义字符 \n 表示换行

D. 格式符均由 % 和说明转换类型的字符组成

4. 下列方法中，可以将字符串中的字母全部转换为大写的是（　　）。

A. upper( )　　　　　　B. lower( )　　　　　　　C. title( )　　　　　　　D. capitalize( )

5. 下列选项中，不属于字符串的是（　　）。

A. "1"　　　　　　　　B. 'python'　　　　　　　C. """^"""　　　　　　　D. '1'.23

四、简答题

1. 请简述什么是字符串。

2. 请简述 Python 中格式化字符串的几种方式。

3. 请简述 Python 中字符串对齐的几种内置方法。

五、编程题

1. 编写程序，已知字符串 s = 'AbcDeFGhIJ'，计算该字符串中小写字母的数量。

2. 编写程序，检查字符串 "Life is short. I use python" 中是否包含字符串 "python"，若包含则替换为 "Python" 后输出新字符串，否则输出原字符串。

第5章

组合数据类型

★ 了解组合数据类型的分类

★ 熟悉序列类型的特点，可以熟练操作列表和元组

★ 熟悉集合类型的特点，掌握集合的基础操作

★ 熟悉映射类型的特点，可以熟练操作字典

拓展阅读

在大数据时代，程序中不仅要处理数字、字符串这些基础类型的数据，还需要处理一些混合数据。为此，Python 定义了可以表示混合数据的组合数据类型。使用组合数据类型定义和记录数据，不仅能使数据表示得更为清晰，也能极大简化程序员的开发工作，提升开发效率。本章将对 Python 中的组合数据类型进行详细讲解。

5.1 认识组合数据类型

组合数据类型可将多个相同类型或不同类型的数据组织为一个整体。根据数据组织方式的不同，Python 的组合数据类型可分成 3 类：序列类型、集合类型和映射类型。

1. 序列类型

序列类型来源于数学概念中的数列。数列是按一定顺序排成一列的一组数，每个数称为这个数列的项，每项不是在其他项之前，就是在其他项之后。存储 n 项元素的数列 $\{a_n\}$ 的定义如下：

$$\{a_n\} = a_0, a_1, a_2, \cdots, a_{n-1}$$

需要注意的是，数列的索引从 0 开始。通过索引 i 可以访问数列中的第 $i+1$ 项。例如通过 s_1 可获取数列 $\{S_n\}$ 中的第 2 项。

序列类型在数列的基础上进行了扩展，Python 中的序列支持双向索引：正向递增索引和反向递减索引，如图 5-1 所示。

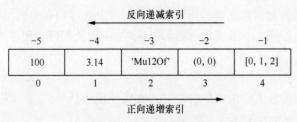

图 5-1 序列的索引体系

正向递增索引从左向右依次递增，第 1 个元素的索引为 0，第 2 个元素的索引为 1，以此类推；反向递减索引从右向左依次递减，从右数第 1 个元素的索引为 –1，第 2 个元素的索引为 –2，以此类推。

Python 中常用的序列类型主要有 3 种：字符串（str）、列表（list）和元组（tuple）。第 4 章已经详细讲解了字符串，本章将在 5.2 节和 5.3 节分别介绍列表和元组。

2. 集合类型

数学中的集合是指具有某种特定性质的对象汇总而成的集体，其中组成集合的对象称为该集合的元素。例如，成年人集合的每一个元素都是已满 18 周岁的人。

通常用大写字母（如 A、B、S）表示集合，用小写字母（如 a、b、c）表示集合中的元素。集合中的元素具有以下 3 个特征。

- 确定性：集合中的每个元素都是确定的。

- 互异性：集合中的元素互不相同。

- 无序性：集合中的元素没有顺序，若多个集合中的元素仅顺序不同，那么这些集合本质上是同一集合。

Python 集合与数学中集合的概念一致，也具备以上 3 个特性。Python 要求放入集合中的元素必须是不可变类型（Python 中的整型、浮点型、字符串类型和元组属于不可变类型，列表、字典和集合本身都属于可变的数据类型）。本章将在 5.5 节对 Python 中的集合进行介绍。

3. 映射类型

映射类型以键值对的形式存储元素，键值对中的键与值之间存在映射关系。在数学中，设 A、B 是两个非空集合，若按某个确定的对应法则 f，可使集合 A 中的任意一个元素 x 在集合 B 中都有唯一确定的对应元素 y，则称 f 为从集合 A 到集合 B 的一个映射。映射关系实例如图 5-2 所示。

字典（dict）是 Python 唯一的内置映射类型，字典的键必须遵循以下两个原则。

（1）每个键只能对应一个值，不允许同一个键在字典中重复出现。

（2）字典中的键是不可变类型。

本章将在 5.6 节对 Python 中的字典进行详细介绍。

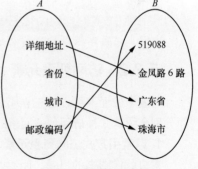

图 5-2 映射关系实例

5.2 列表

Python 利用内存中的一段连续空间存储列表。列表是 Python 中最灵活的序列类型，它没有长度的限制，可以包含任意元素。开发人员可以自由地对列表中的元素进行各种操作，包括访问、添加、排序、删除。本节将介绍如何创建列表，以及如何实现与列表相关的各种操作。

5.2.1　创建列表

Python 列表的创建方式非常简单，既可以直接使用中括号"[ ]"创建，也可以使用内置的 list( ) 函数创建，具体介绍如下。

1. 使用中括号"[ ]"创建列表

使用中括号"[ ]"可以创建列表，示例代码如下：

```
list_one = []                                         # 空列表
```

[ ] 中包括的是列表元素，列表元素可以是整型、浮点型、字符串等基本类型，也可以是列表、元组、字典等组合类型，还可以是其他自定义类型；列表元素的类型可以相同也可以不同；列表中的元素使用","分隔。示例代码如下：

```
list_two = ['p', 'y', 't', 'h', 'o', 'n']            # 列表中元素类型均为字符串类型
list_three = [1, 'a', '&', 2.3]                      # 列表中元素类型不同
list_four = [1, 'a', '&', 2.3, list_three]           # 列表内嵌了一个列表
```

2. 使用 list() 函数创建列表

list( ) 函数接收一个可迭代类型的数据，返回一个列表。示例代码如下：

```
li_one = list(1)                    # 因为 int 类型数据不是可迭代类型，所以列表创建失败
li_two = list('python')                      # 字符串类型是可迭代类型
li_three = list([1, 'python'])               # 列表类型是可迭代类型
```

> **多学一招：可迭代对象**
>
> 支持通过 for…in…语句迭代获取数据的对象就是可迭代对象。已学习过的字符串和列表类型的数据可以迭代，它们是可迭代对象，后续将会学习的集合、字典、文件类型的数据也是可迭代对象。
>
> 使用 isinstance( ) 函数可以判断目标是否为可迭代对象，示例代码如下：
>
> ```
> from collections.abc import Iterable
> ls = [3,4,5]
> print(isinstance(ls, Iterable))
> ```
>
> 运行代码，结果如下所示：
>
> ```
> True
> ```
>
> 由以上运行结果可知，列表 ls 是一个可迭代对象。

5.2.2　访问列表元素

列表中的元素可以通过索引和切片这 2 种方式进行访问，也可以在循环中依次访问。下面分别介绍这 3 种访问列表元素的方式。

1. 以索引方式访问列表元素

索引就像图书的目录，阅读时可以借助目录快速定位到书籍的指定内容，访问列表时则可以借助索引快速定位到列表中的元素。以索引方式访问列表元素的语法格式如下：

```
list[n]
```

以上语法格式表示访问列表 list 中索引为 n 的元素。

5.1 节已经说明了 Python 中的序列类型支持双向索引，其中正向索引从 0 开始，自左至右依次递增；反向索引从 –1 开始，自右向左依次递减。分别按正向索引和反向索引访问列表中的同一个元素，示例代码如下：

```
list_demo01 = ["Java", "C#", "Python", "PHP"]
print(list_demo01[1])                                        # 正向索引
print(list_demo01[-3])                                       # 反向索引
```

运行代码，结果如下所示：

```
C#
C#
```

2. 以切片方式访问列表元素

切片用于截取列表中的部分元素，获取一个新列表。切片的语法格式如下：

```
list[m:n:step]
```

以上语法格式表示按步长 step 获取列表 list 中索引 $m \sim n$ 对应的元素（不包括 list[n]），step 默认为 1；m 和 n 可以省略，若 m 省略，表示切片从列表首部开始，若 n 省略，表示切片到列表末尾结束。示例代码如下：

```
li_one = ['p', 'y', 't', 'h', 'o', 'n']
print(li_one[1:4:2])         # 按步长 2 获取 li_one 中索引 1~4 对应的元素
print(li_one[2:])            # 获取 li_one 中索引 2~ 末尾对应的元素
print(li_one[:3])            # 获取 li_one 中索引 0~3 对应的元素
print(li_one[:])             # 获取 li_one 中的所有元素
```

运行代码，结果如下所示：

```
['y', 'h']
['t', 'h', 'o', 'n']
['p', 'y', 't']
['p', 'y', 't', 'h', 'o', 'n']
```

3. 在循环中依次访问列表元素

列表是一个可迭代对象，在 for…in…语句中逐个访问列表中的元素，示例代码如下：

```
li_one = ['p', 'y', 't', 'h', 'o', 'n']
for li in li_one:
    print(li, end=' ')
```

运行代码，结果如下所示：

```
p y t h o n
```

> **多学一招：查询列表元素**
>
> Python 的成员运算符 in 和 not in 对列表同样适用，利用 in 可判断某个元素是否存在于列表，利用 not in 可判断某个元素是否不存在于列表。示例代码如下：
>
> ```
> li = [1,2,3,4]
> print(1 in li)
> print(5 not in li)
> ```
>
> 运行代码，结果如下所示：
>
> ```
> True
> True
> ```

5.2.3　添加列表元素

向列表中添加元素是一种非常常见的列表操作，Python 提供了 append( )、extend( ) 和 insert( ) 这 3 种方法以满足用户向列表中添加元素的不同需求。关于这些方法的具体介绍如下。

1. append() 方法

append( ) 方法用于在列表末尾添加新的元素，示例代码如下：

```
list_one = [1, 2, 3, 4]
list_one.append(5)
print(list_one)
```

运行代码，结果如下所示：

```
[1, 2, 3, 4, 5]
```

2. extend() 方法

extend( ) 方法用于在列表末尾一次性添加另一个列表中的所有元素，即使用新列表扩展原来的列表。示例代码如下：

```
list_str = ['a', 'b', 'c']
list_num = [1, 2, 3]
list_str.extend(list_num)
print(list_num)
print(list_str)
```

运行代码，结果如下所示：

```
[1, 2, 3]
['a', 'b', 'c', 1, 2, 3]
```

3. insert() 方法

insert( ) 方法用于按照索引将新元素插入列表的指定位置，示例代码如下：

```
names = ['baby', 'Lucy', 'Alise']
names.insert(2, 'Peter')                    # 将新元素 'Peter' 插入到 names 中索引为 2 的位置
print(names)
```

运行代码，结果如下所示：

```
['baby', 'Lucy', 'Peter', 'Alise']
```

5.2.4 元素排序

元素排序是将列表中的元素按照某种规定进行排列。Python 中常用的列表元素排序方法有 sort( )、sorted( )、reverse( )。下面分别介绍这些方法。

1. sort() 方法

sort( ) 方法用于按特定顺序对列表元素排序，该方法的语法格式如下：

```
sort(key=None, reverse=False)
```

以上格式中参数 key 用于指定排序规则，该参数可以是列表支持的函数，默认值为 None；参数 reverse 用于控制列表元素排序的方式，该参数可以取值 True 或者 False，取值为 True 表示降序排列，取值为 False（默认值）表示升序排列。

使用 sort( ) 方法对列表元素排序后，有序的元素会覆盖原来的列表元素，不产生新列表，示例代码如下：

```
li_one = [6, 2, 5, 3]
li_two = [7, 3, 5, 4]
li_three = ['python', 'java', 'php']
li_one.sort()                                            # 升序排列列表中的元素
li_two.sort(reverse=True)                                # 降序排列列表中的元素
# len() 函数可计算字符串的长度，按照列表中每个字符串元素的长度排序
li_three.sort(key=len)
print(li_one)
print(li_two)
print(li_three)
```

以上代码创建了 3 个列表 li_one、li_two 和 li_three，其中，列表 li_one 按照默认方式（升序）排列列表中的元素，列表 li_two 按照降序排列列表元素，列表 li_three 按照列表中每个元素字符串的长度进行排序。

运行代码，结果如下所示：

```
[2, 3, 5, 6]
[7, 5, 4, 3]
['php', 'java', 'python']
```

2. sorted() 方法

sorted( ) 方法用于按升序排列列表元素，该方法的返回值是升序排列后的新列表，排序操作不会对原列表产生影响。示例代码如下：

```
li_one = [4, 3, 2, 1]
li_two = sorted(li_one)
print(li_one)                                    # 原列表
print(li_two)                                    # 排序后的列表
```

运行代码，结果如下所示：

```
[4, 3, 2, 1]
[1, 2, 3, 4]
```

3. reverse() 方法

reverse() 方法用于逆置列表，即把原列表中的元素从右至左依次排列存放。示例代码如下：

```
li_one = ['a', 'b', 'c', 'd']
li_one.reverse()
print(li_one)
```

运行代码，结果如下所示：

```
['d', 'c', 'b', 'a']
```

5.2.5 删除列表元素

删除列表元素的常用方式有 del 语句、remove() 方法、pop() 方法和 clear() 方法，具体介绍如下。

1. del 语句

del 语句用于删除列表中指定位置的元素，示例代码如下：

```
names = ['baby', 'Lucy', 'Alise']
del names[0]                                      # 删除指定元素
print(names)
```

运行代码，结果如下所示：

```
['Lucy', 'Alise']
```

del 语句也可以删除整个列表，示例代码如下：

```
del names
```

此时再打印列表 names，程序会出现错误，错误信息具体如下：

```
Traceback (most recent call last):
  File "E:\python_study\first_proj\test.py", line 5, in <module>
    print(names)
NameError: name 'names' is not defined
```

2. remove() 方法

remove() 方法用于移除列表中的某个元素，若列表中有多个匹配的元素，remove() 只移除匹配到的第 1 个元素，示例代码如下：

```
chars = ['h', 'e', 'l', 'l', 'e']
chars.remove('e')                                 # 移除匹配到的第 1 个 'e'
print(chars)
```

运行代码，结果如下所示：

```
['h', 'l', 'l', 'e']
```

3. pop() 方法

pop() 方法用于移除列表中的某个元素，若未指定具体元素，则移除列表中的最后 1 个元素，示例代码如下：

```
numbers = [1, 2, 3, 4, 5]
print(numbers.pop())                    # 移除列表中的最后 1 个元素
print(numbers.pop(1))                   # 移除列表中索引为 1 的元素
print(numbers)
```

运行代码，结果如下所示：

```
5
2
[1, 3, 4]
```

4. clear() 方法

clear() 方法用于清空列表，示例代码如下：

```
names = [1,2,3]
names.clear()
print(names)
```

运行代码，结果如下所示：

```
[]
```

由以上结果可知，列表 names 被清空。

5.2.6　列表推导式

列表推导式是符合 Python 语法规则的复合表达式，它能以简洁的方式根据已有的列表构建满足特定需求的列表。由于列表使用 [ ] 创建，列表推导式用于生成列表，所以列表推导式放在 [ ] 中。列表推导式的基本格式如下：

```
[exp for x in list]
```

以上格式由表达式 exp 和之后的 for…in…语句组成。其中，for…in…用于遍历列表（或其他可迭代对象）；exp 用于在每层循环中对列表中的元素进行运算。

使用上面的列表推导式可方便地修改列表中的每个元素。例如，将一个列表中的每个元素都替换为它的平方，示例代码如下：

```
ls = [1,2,3,4,5,6,7,8]
ls = [data*data for data in ls]
print(ls)
```

运行代码，结果如下所示：

```
[1, 4, 9, 16, 25, 36, 49, 64]
```

除了上面介绍的基本格式外，列表推导式还可以结合 if 条件语句或嵌套 for 循环语句生成更灵活的列表。下面分别进行介绍。

1. 带有 if 语句的列表推导式

在基本列表推导式的 for 语句之后添加一个 if 语句，就组成了带有 if 语句的列表推导式，其格式如下：

```
[exp for x in list if cond]
```

上面格式的功能是：遍历列表，若列表中的元素 x 符合条件 cond，按表达式 exp 对其进行运算后将其添加到新列表中。

例如上例结果列表中只保留大于 4 的元素，示例代码如下：

```
ls = [data for data in ls if data>4]
print(ls)
```

运行代码，结果如下所示：

```
[9, 16, 25, 36, 49, 64]
```

2. 嵌套 for 循环语句的列表推导式

在基本列表推导式的 for 语句之后添加一个 for 语句，就实现了列表推导式的循环嵌套，具体格式如下：

```
[exp for x in list_1 for y in list_2]
```

以上格式中的 for 语句按从左至右的顺序分别是外层循环和内层循环。利用此格式可以根据 2 个列表快速生成一个新的列表。例如，取列表 1 和列表 2 中元素的和作为列表 3 的元素，示例代码如下：

```
ls_one = [1,2,3]
ls_two = [3,4,5]
ls_three = [x+y for x in ls_one for y in ls_two]
print(ls_three)
```

运行代码，结果如下所示：

```
[4, 5, 6, 5, 6, 7, 6, 7, 8]
```

3. 带有 if 语句和嵌套 for 循环语句的列表推导式

列表推导式中嵌套的 for 循环可以有多个，每个循环也都可以与 if 语句连用，其语法格式如下：

```
[exp for x in list_1 [if cond]
    for y in list_2 [if cond]
    ...
    for n in list_2 [if cond]]
```

此种格式比较复杂，应用不多，本书中仅列出简单介绍，有兴趣的读者可自行研究。

5.3　元组

元组的表现形式为一组包含在圆括号"()"中、由逗号分隔的元素，元组中元素的个数、类型不受限制。使用圆括号可以直接创建元组，示例代码如下：

```
t1 = ()                  # 空元组
t2 = (1,)                # 包含单个元素的元组
t3 = (1,2,3)             # 包含多个元素的元组
t4 = (1,'c',('e',2))     # 元组嵌套
```

需要注意的是，若元组中只有一个元素，该元素之后的"，"不能省略。

使用内置函数 tuple() 也可以创建元组，当函数的参数列表为空时该函数创建空元组，当参数为可迭代对象时该函数创建非空元组，示例代码如下：

```
t1 = tuple()          # 创建空元组
t2 = tuple([1,2,3])   # 利用列表创建元组 (1,2,3)
t3 = tuple('python')  # 利用字符串创建元组 ('p', 'y', 't', 'h', 'o', 'n')
t4 = tuple(range(5))  # 利用可迭代对象创建元组 (0,1,2,3,4)
```

与列表相同，Python 支持通过索引和切片访问元组的元素，也支持在循环中遍历元组，示例代码如下：

```
print(t2[1])            # 以索引方式访问元组元素
print(t3[2:5])          # 以切片方式访问元组元素
for data in t3:         # 在循环中遍历元组
    print(data,end='')
```

运行代码，结果如下所示：

```
2
('t', 'h', 'o')
p y t h o n
```

需要注意的是，元组是不可变类型，元组中的元素不能修改，即它不支持添加元素、删除元素和排序操作。

5.4 实训案例

5.4.1 十大歌手

为丰富校园文化生活，学校拟组织一场歌手大赛，从参赛选手中选拔出 10 名相对突出的学生，授予"校园十大歌手"称号。比赛设有评委组，每名选手演唱完毕后会由评委组的 10 名评委打分。为保证比赛公平公正、防止作弊和恶意打分，计算得分（即打分的平均分）时会先去掉最高分和最低分。

案例详情

本案例要求编写程序，实现根据需求计算每位选手得分的功能。

5.4.2 神奇魔方阵

魔方阵又称纵横图，是一种 n 行 n 列、由自然数 $1 \sim n \times n$ 组成的方阵，该方阵中的数符合以下规律。

案例详情

（1）方阵中的每个元素都不相等。

（2）每行、每列以及主、副对角线上的元素之和都相等。

本案例要求编写程序，输出一个 5 行 5 列的魔方阵。

5.5 集合

Python 的集合（set）本身是可变类型，但 Python 要求放入集合中的元素必须是不可变类型；集合类型与列表和元组的区别是：集合中的元素无序但必须唯一。本节分创建集合、集合的常见操作和集合推导式 3 个部分对集合进行介绍。

1. 创建集合

集合的表现形式为一组包含在大括号 "{}" 中由逗号 "," 分隔的元素。使用 "{}" 可以直接创建集合，示例代码如下：

```
s1 = {1}                    # 单元素集合
s2 = {1,'b',(2,5)}          # 多元素集合
```

使用内置函数 set() 也可以创建集合。该函数的参数列表可以为空，此时该函数创建一个空集合，示例代码如下：

```
s = set()
```

需要注意的是，使用 {} 不能创建空集合（不包含元素的 {} 创建的是空字典），空集合只能利用 set() 函数创建。

若使用 set() 函数创建非空集合，需为该函数传入可迭代对象，示例代码如下：

```
s1 = set([1,2,3])          # 传入列表
s2 = set((2,3,4))          # 传入元组
s3 = set('python')         # 传入字符串
s4 = set(range(5))         # 传入整数列表
```

2. 集合的常见操作

集合是可变的，集合中的元素可以动态增加或删除。Python 提供了一些内置方法来操作

集合，操作集合的常见方法如表 5–1 所示。

表 5–1　操作集合的常见方法

常见方法	说明
add(x)	向集合中添加元素 x，x 已存在时不做处理
remove(x)	删除集合中的元素 x，若 x 不存在则抛出 KeyError 异常
discard(x)	删除集合中的元素 x，若 x 不存在不做处理
pop()	随机返回集合中的一个元素，同时删除该元素；若集合为空，抛出 KeyError 异常
clear()	清空集合
copy()	复制集合，返回值为集合
isdisjoint(T)	判断集合与集合 T 是否没有相同的元素，没有返回 True，有则返回 False

使用表 5–1 中的方法操作本节创建的集合，示例代码如下：

```
s1.add('s')                           # 向集合 s1 中添加元素 s
s2.remove(3)                          # 删除集合 s2 中的元素 3
s3.discard('p')                       # 删除集合 s3 中的元素 p
data = s4.pop()                       # 随机返回集合 s4 中的元素
s3.clear()                            # 清空集合 s3
s5 = s2.copy()                        # 复制集合 s2 并赋值给 s5
s4.isdisjoint(s2)                     # 判断集合 s4 和 s2 是否有相同的元素
```

3. 集合推导式

集合也可以利用推导式创建，集合推导式的格式与列表推导式相似，区别在于集合推导式外侧为大括号"{}"，具体如下所示：

```
{exp for x in set if cond}
```

以上格式中遍历的可以是集合或其他可迭代对象。利用集合推导式在列表 ls 的基础上生成只包含偶数元素的集合，示例代码如下：

```
ls = [1,2,3,4,5,6,7,8]
s = {data for data in ls if data%2==0}
print(s)
```

运行代码，结果如下所示：

```
{8, 2, 4, 6}
```

集合推导式的更多格式可通过列表推导式类比，此处不再赘述。

5.6　字典

提到字典，相信大家都不会陌生，碰到不认识的字时，大家都会使用字典的部首表查找对应的汉字。Python 中的字典数据与我们平常使用的字典有类似的功能，它以"键值对"的形式组织数据，利用"键"快速查找"值"。通过"键"查找"值"的过程称为映射。Python 中的字典是典型的映射类型。本节将对 Python 中的字典进行介绍。

5.6.1　创建字典

字典的表现形式为一组包含在大括号"{}"中的键值对，每个键值对为一个字典元素，每个元素通过逗号","分隔，每对键值通过":"分隔，语法格式如下：

```
{键 1 : 值 1, 键 2 : 值 2,..., 键 N : 值 N}
```

字典的值可以是任意类型，但键不能是列表或字典类型。字典像集合一样使用 "{}" 包裹元素，它也具备类似集合的特点：字典元素无序，键 / 值必须唯一。

使用 "{}" 可以直接创建字典，示例代码如下：

```
d1 = {}                                              # 创建空字典
d2 = {'A' : '123', 'B' : '135', 'C' : '680'}
d3 = {'A' : 123, 12 : 'python'}
```

使用内置函数 dict() 也可以创建字典，示例代码如下：

```
d4 = dict()                                          # 创建空字典
d5 = dict({'A' : '123', 'B' : '135'})               # 创建非空字典
```

5.6.2　字典的访问

字典的值利用键访问，语法格式为：

```
字典变量 [ 键 ]
```

通过以上格式访问 5.6.1 节创建的字典中的元素，示例代码如下：

```
print(d2['A'])
print(d3[12])
```

运行代码，结果如下所示：

```
123
python
```

Python 提供了内置方法 get()，该方法根据键从字典中获取对应的值，若指定的键不存在则返回默认值（default）。get() 方法的语法格式如下：

```
d.get(key[, default])
```

示例代码如下：

```
print(d2.get('A'))
print(d3.get(12))
```

运行代码，结果如下所示：

```
123
python
```

字典涉及的数据分为键、值和元素（键值对），除了直接利用键访问值外，Python 还提供了用于访问字典中所有键、值和元素的内置方法 keys()、values() 和 items()，这些方法的示例代码如下：

```
dic = {'name' : 'Jack','age' : 23,'height' : 185}
print(dic.keys())                                    # 利用 keys() 方法获取所有键
print(dic.values())                                  # 利用 values() 方法获取所有值
print(dic.items())                                   # 利用 items() 方法获取所有元素
```

运行代码，结果如下所示：

```
dict_keys(['name', 'age', 'height'])
dict_values(['Jack', 23, 185])
dict_items([('name', 'Jack'), ('age', 23), ('height', 185)])
```

内置方法 keys()、values()、items() 的返回值都是可迭代对象，利用循环可以遍历这些对象。以遍历 keys() 的返回值为例，示例代码如下：

```
for key in dic.keys():
    print(key)
```

运行代码，结果如下所示：

```
name
age
height
```

5.6.3　字典元素的添加和修改

字典支持通过为指定的键赋值或使用 update() 方法添加和修改元素，下面分别介绍如何添加和修改字典元素。

1. 字典元素的添加

当字典中不存在某个键时，利用以下格式可在字典中新增一个元素：

```
字典变量 [ 键 ] = 值
```

示例代码如下：

```
add_dict = {'name' : 'Jack','age' : 23,'height' : 185}
add_dict['sco'] = 98                                      # 添加元素
print(add_dict)
```

以上代码通过为指定的键赋值实现了字典元素的添加。运行代码，结果如下所示：

```
{'name' : 'Jack', 'age' : 23, 'height' : 185, 'sco' : 98}
```

使用 update() 方法代替以上示例代码中添加元素的语句，示例代码如下：

```
add_dict.update(sco=98)                                   # 添加元素
```

以上代码可实现与 "add_dict['sco'] = 98" 相同的功能。

2. 字典元素的修改

修改字典元素的本质是通过键获取值，再重新对元素进行赋值。修改元素的操作与添加元素的操作相似，示例代码如下：

```
modify_dict = {'stu1' : ' 小明 ', 'stu2' : ' 小刚 ', 'stu3' : ' 小兰 '}
modify_dict.update(stu2=' 张强 ')                         # 使用 update() 方法修改元素
modify_dict['stu3'] = ' 刘婷 '                            # 通过指定键修改元素
print(modify_dict)
```

以上代码通过 update() 方法将 stu2 的值修改为 "张强"，通过指定键将 stu3 的值修改为 "刘婷"。

运行代码，结果如下所示：

```
{'stu1': ' 小明 ', 'stu2': ' 张强 ', 'stu3': ' 刘婷 ' }
```

5.6.4　字典元素的删除

Python 支持通过 pop()、popitem() 和 clear() 方法删除字典中的元素，下面分别介绍这 3 个方法的功能。

1. pop() 方法

pop() 方法可根据指定键删除字典中的指定元素，若删除成功，该方法返回目标元素的值。示例代码如下：

```
per_info = {'001' : ' 张三 ', '002' : ' 李四 ',
            '003' : ' 王五 ', '004' : ' 赵六 '}
print(per_info.pop('001'))                    # 使用 pop() 方法删除指定键为 001 的元素
print(per_info)
```

运行代码，结果如下所示：

```
张三
{'002' : ' 李四 ', '003' : ' 王五 ', '004' : ' 赵六 '}
```

由以上输出结果可知，元素 "'001' : ' 张三 '" 被成功删除。

2. popitem() 方法

使用 popitem() 方法可以随机删除字典中的元素。实际上 popitem() 之所以能随机删除元素，是因为字典元素本身无序，没有 "第 1 项" "最后 1 项" 之分。若删除成功，popitem() 方法返回被删除的元素，示例代码如下：

```
per_info = {'001' : '张三', '002' : '李四',
            '003' : '王五', '004' : '赵六'}
print(per_info.popitem())                      # 使用popitem()方法随机删除元素
print(per_info)
```

运行代码，结果如下所示：

```
('004', '赵六')
{'001' : '张三', '002' : '李四', '003' : '王五'}
```

3. clear() 方法

clear() 方法用于清空字典中的元素，示例代码如下：

```
per_info = {'001' : '张三', '002' : '李四',
            '003' : '王五', '004' : '赵六'}
per_info.clear()                               # 使用clear()方法清空字典中的元素
print(per_info)
```

运行代码，结果如下所示：

```
{}
```

由以上运行结果可知，字典 per_info 被清空，成为空字典。

5.6.5　字典推导式

字典推导式的格式、用法与列表推导式类似，区别在于字典推导式外侧为大括号 "{}"，且内部需包含键和值 2 个部分，具体格式如下：

```
{new_key : new_value for key,value in dict.items()}
```

利用字典推导式可快速交换字典中的键和值，示例代码如下：

```
old_dict = {'name' : 'Jack','age' : 23,'height' : 185}
new_dict = {value : key for key,value in old_dict.items()}
print(new_dict)
```

运行代码，结果如下所示：

```
{'Jack' : 'name', 23 : 'age', 185 : 'height'}
```

字典推导式也支持 if 语句和 for 循环嵌套语句，此处不再讲解，感兴趣的读者可自行学习。

5.7　实训案例

5.7.1　计票机制

已知某节目采用计票机制，选手获得的票数越多，排名就越靠前。本案例要求编写程序，接收选手的姓名和票数，输出排序后的成绩。

案例详情

5.7.2　手机通讯录

通讯录是记录了联系人姓名和联系方式的名录。手机通讯录是最常见的通讯录之一，人们可以在手机通讯录中通过姓名查看相关联系人的联系方式，也可以在其中新增、修改或删除联系人信息。

本案例要求编写程序，实现具备添加、查看、删除、修改和查找联系人信息功能的手机通讯录。

案例详情

5.8　组合数据类型应用运算符

2.6 节介绍的针对数字类型的运算符对组合数据类型同样适用，但考虑到组合数据类型与数字类型之间存在差异，本节就来介绍使用 +、*、in、not in 这几个运算符对组合数据类型进行运算时的规则。

1. "+" 运算符

Python 的字符串、列表和元组支持 "+" 运算符。与数字类型不同，组合数据类型相加不进行数值的累加，而是进行数据的拼接。示例代码如下：

```
str_one = "hello "
str_two = "world"
print(str_one + str_two)
list_one = [1,2,3]
list_two = [4,5,6]
print(list_one + list_two)
tuple_one = (1,2,3)
tuple_two = (3,4,5)
print(tuple_one + tuple_two)
```

运行代码，结果如下所示：

```
hello world
[1, 2, 3, 4, 5, 6]
(1, 2, 3, 3, 4, 5)
```

2. "*" 运算符

"*" 运算符的运算规则与 "+" 类似，字符串、列表和元组可以与整数进行乘法运算，运算之后产生的结果为与原数据整数倍的拼接。以列表类型为例，示例代码如下：

```
list_one = [1,2,3]
print(list_one*3)
[1, 2, 3, 1, 2, 3, 1, 2, 3]
```

3. "in" "not in" 运算符

"in" "not in" 运算符称为成员运算符，用于判断某个元素是否属于某个变量。Python 的字符串、列表、元组、集合和字典都支持成员运算符，以列表为例，示例代码如下：

```
list_one = [1,2,3]
print(1 in list_one)
print(1 not in list_one)
```

运行代码，结果如下所示：

```
True
False
```

5.9　本章小结

本章首先介绍了 Python 中的组合数据类型；然后分别介绍了 Python 中常用的组合数据类型——列表、元组、集合、字典的创建和使用，并提供了实训案例帮助大家巩固这些数据类型；最后介绍了组合数据类型应用运算符的相关知识。通过学习本章的内容，读者应能掌握并熟练运用 Python 中的组合数据类型。

5.10 习题

一、填空题

1. 使用 Python 内置的 _____ 函数可创建一个列表。

2. Python 中列表的元素可通过 _____ 或 _____ 2 种方式访问。

3. 使用 Python 内置的 _____ 函数可创建一个元组。

4. 字典元素由 _____ 和 _____ 组成。

5. 通过 Python 的内置方法 _____ 可以查看字典键的集合。

6. 调用 items() 方法可以查看字典中的所有 _____ 。

二、判断题

1. 列表只能存储同一类型的数据。（   ）

2. 元组支持增加、删除和修改元素的操作。（   ）

3. 列表的索引从 1 开始。（   ）

4. 字典中的键唯一。（   ）

5. 集合中的元素无序。（   ）

6. 字典中的元素可通过索引方式访问。（   ）

三、选择题

1. 下列方法中，可以对列表元素排序的是（   ）。

A. sort()   B. reverse()   C. max()   D. list()

2. 阅读下面的程序：

```
li_one = [2, 1, 5, 6]
print(sorted(li_one[:2]))
```

运行程序，输出结果是（   ）。

A. [1 ,2]   B. [2 ,1]   C. [1 ,2 ,5 ,6]   D. [6 ,5 ,2 ,1]

3. 下列选项中，默认删除列表最后一个元素的是（   ）。

A. del   B. remove()   C. pop()   D. extend()

4. 阅读下面程序：

```
lan_info = {'01' : 'Python', '02' : 'Java', '03' : 'PHP'}
lan_info.update({'03' : 'C++'})
print(lan_info)
```

运行程序，输出结果是（   ）。

A. {'01' : 'Python', '02' : 'Java', '03' : 'PHP'}

B. {'01' : 'Python', '02' : 'Java', '03' : 'C++'}

C. {'03' : 'C++','01' : 'Python', '02' : 'Java'}

D. {'01' : 'Python', '02' : 'Java'}

5. 阅读下面程序：

```
set_01 = {'a', 'c', 'b', 'a'}
set_01.add('d')
print(len(set_01))
```

运行程序，输出结果是（   ）。

A. 5   B. 3   C. 4   D. 2

四、简答题

1. 列举 Python 中常用的组合数据类型，并简单说明它们的异同。

2. 简单介绍删除字典元素的几种方式。

五、编程题

1. 已知列表 li_num1 = [4, 5, 2, 7] 和 li_num2 = [3, 6]，请将这两个列表合并为一个列表，并将合并后的列表中的元素按降序排列。

2. 已知元组 tu_num1 = ('p', 'y', 't', ['o', 'n'])，请向元组的最后一个列表中添加新元素 'h'。

3. 已知字符串 str= 'skdaskerkjsalkj'，请统计该字符串中各字母出现的次数。

4. 已知列表 li_one = [1,2,1,2,3,5,4,3,5,7,4,7,8]，请删除列表 li_one 中的重复数据。

第6章

函数

学习目标

拓展阅读

★ 了解函数的概念及使用优势

★ 掌握函数的定义和调用方法

★ 理解函数参数的几种传递方式和函数的返回值

★ 理解变量作用域，掌握局部变量和全局变量的用法

★ 掌握递归函数和匿名函数的使用方法

随着程序功能的提升，程序开发的难度和程序的复杂度越来越高，如果仍然按照前面各章编写代码的方式开发程序，程序代码的阅读和后期的管理与维护会给开发人员带来不少困扰。为了解决以上问题，也为了提高代码的复用性、更好地组织代码结构与逻辑，人们提出了函数这一概念。本章将对函数的相关知识进行讲解。

6.1　函数概述

在程序开发中，函数是组织好的、实现单一功能或相关联功能的代码段。在前面的章节中我们已经接触过一些函数，例如，可以打印语句的 print() 函数、可以接收用户输入的 input() 函数等。可以将函数视为一段有名字的代码，这类代码可以在需要的地方以"函数名 ()"的形式调用。

为了帮助大家更直观地理解使用函数的好处，下面分别以非函数和函数 2 种形式编写实现打印边长分别为 2、3、4 个星号的正方形程序的代码，具体如图 6-1 所示。

对比图 6-1（a）和图 6-1（b）的程序，显然使用函数的程序结构更加清晰、代码更加精简。

试想一下，若希望程序再打印一个边长为 5 个星号的正方形，应该如何解决呢？对于未使用函数的程序而言，需要复制上面打印任一图形的代码，将常量修改为 5，从而使冗余代码继续增加；对于使用函数的程序而言，只需要再次调用打印正方形的函数即可。

综上所述，相较之前的编程方法，使用函数来编程可使程序模块化，既减少了冗余代码，又让程序结构更为清晰；既能提高开发人员的编程效率，又方便后期的维护和扩展。

```
# 打印边长为2个星号的正方形
for i in range(2):
    for i in range(2):
        print("*", end=" ")
    print()

# 打印边长为3个星号的正方形
for i in range(3):
    for i in range(3):
        print("*", end=" ")
    print()

# 打印边长为4个星号的正方形
for i in range(4):
    for i in range(4):
        print("*", end=" ")
    print()
```

```
# 打印正方形的函数
def print_triangle(lenth):
    for i in range(lenth):
        for i in range(lenth):
            print("*", end=" ")
        print()

# 使用函数, 打印边长为2个星号的正方形
print_triangle(2)
# 使用函数, 打印边长为3个星号的正方形
print_triangle(3)
# 使用函数, 打印边长为4个星号的正方形
print_triangle(4)
```

（a）未使用函数的程序　　　　　　　　　　　（b）使用函数的程序

图 6-1　未使用和使用函数的程序

6.2　函数的定义和调用

函数的使用分为定义和调用 2 个部分，本节将对函数的定义和调用进行详细讲解。

6.2.1　定义函数

前面使用的 print() 函数和 input() 函数都是 Python 的内置函数，这些函数由 Python 定义。开发人员也可以根据自己的需求定义函数。Python 中使用 def 关键字来定义函数，其语法格式如下：

```
def 函数名([参数列表]):
    ["""文档字符串"""]
    函数体
    [return 语句]
```

以上语法格式的相关说明如下。

- def 关键字：函数的开始标志。
- 函数名：函数的唯一标识，遵循标识符的命名规则。
- 参数列表：负责接收传入函数中的数据，可以包含一个或多个参数，也可以为空。
- 冒号：函数体的开始标志。
- 文档字符串：由一对三引号包裹的、用于说明函数功能的字符串，可以省略。
- 函数体：实现函数功能的具体代码。
- return 语句：返回函数的处理结果给调用方，是函数的结束标志。若函数没有返回值，可以省略 return 语句。

例如，定义一个计算 2 个数之和的函数，代码如下：

```
def add():
    result = 11 + 22
    print(result)
```

以上定义的 add() 函数是一个无参函数，它只能计算 11 和 22 的和，具有很大的局限性。可以定义一个带有 2 个参数的 add_modify() 函数，使用该函数的参数接收外界传入的数据，计算任意 2 个数的和，示例代码如下：

```
def add_modify(a, b):
    result = a + b
    print(result)
```

6.2.2　调用函数

函数在定义完成后不会立刻执行，直到被程序调用时才会执行。调用函数的方式非常简单，其语法格式如下：

```
函数名([参数列表])
```

例如，调用 6.2.1 节中定义的 add() 与 add_modify() 函数，代码如下：

```
add()
add_modify(10, 20)
```

运行代码，结果如下所示：

```
33
30
```

实际上，程序在执行 "add_modify(10, 20)" 时经历了以下 4 个步骤。

（1）程序在调用函数的位置暂停执行。

（2）将数据 10、20 传递给函数参数。

（3）执行函数体中的语句。

（4）程序回到暂停处继续执行。

下面用一张图来描述程序执行 "add_modify(10, 20)" 的整个过程，如图 6-2 所示。

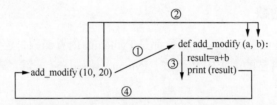

图 6-2　程序执行 "add_modify(10, 20)" 的过程

函数内部也可以调用其他函数，这被称为函数的嵌套调用。例如，在 add_modify() 函数内部增加调用 add() 函数的代码，修改后的函数定义代码如下：

```
def add_modify(a, b):
    result = a + b
    add()
    print(result)
```

运行函数调用代码 "add_modify(10, 20)"，结果如下所示：

```
33
30
```

下面来分析一下此时执行 "add_modify(10, 20)" 的过程，如图 6-3 所示。

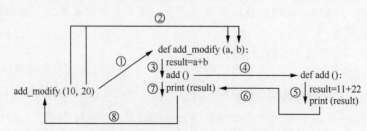

图 6-3　程序执行嵌套调用 add() 函数的过程

多学一招：函数的嵌套定义

函数在定义时可以在其内部嵌套定义另外一个函数，此时嵌套的函数称为外层函数，被嵌套的函数称为内层函数。例如，在 add_modify() 函数中定义 test() 函数，代码如下所示：

```
def add_modify(a, b):
    result = a + b
    print(result)
    def test():                              # 在函数中定义函数 test()
        print( "我是内层函数 ")
add_modify(10, 20)
```

运行代码，结果如下所示：

```
30
```

由以上运行结果可知，程序没有执行内层函数的打印语句，只输出了外层函数的打印结果。

需要说明的是，函数外部无法直接调用内层函数，只能在外层函数中调用内层函数，从而执行 2 个函数的打印语句。例如，在 add_modify() 函数中调用 test() 函数，修改后的代码如下：

```
def add_modify(a, b):
    result = a + b
    print(result)
    def test():                              # 在函数中定义函数 test()
        print("我是内层函数 ")
    test()                                   # 在函数中调用函数 test()
add_modify(10, 20)
```

运行代码，结果如下所示：

```
30
我是内层函数
```

6.3 函数参数的传递

通常，将定义函数时设置的参数称为形式参数（简称为形参），将调用函数时传入的参数称为实际参数（简称为实参）。函数的参数传递是指将实际参数传递给形式参数的过程。函数参数的传递可以分为位置参数的传递、关键字参数的传递、默认参数的传递、参数的打包与解包及混合传递。下面将对函数参数的几种传递方式进行详细讲解。

6.3.1 位置参数的传递

函数在被调用时会将实参按照相应的位置依次传递给形参，即将第 1 个实参传递给第 1 个形参，将第 2 个实参传递给第 2 个形参，以此类推。

例如，定义一个获取 2 个数之间最大值的函数 get_max()，并调用 get_max() 函数，示例代码如下：

```
def get_max(a, b):
    if a > b:
        print(a,"是较大的值! ")
    else:
        print(b,"是较大的值! ")
get_max(8, 5)
```

以上函数执行后会将第 1 个实参 8 传递给第 1 个形参 a，第 2 个实参 5 传递给第 2 个形参 b。

运行代码，结果如下所示：

```
8 是较大的值!
```

6.3.2　关键字参数的传递

若函数的参数数量较多，开发者很难记住每个参数的作用，再按照位置传参是不可取的，此时可以使用关键字参数的方式传参。关键字参数的传递是通过"形参 = 实参"的格式将实参与形参相关联，将实参按照相应的关键字传递给形参。

例如，定义一个连接设备的函数 connect()，调用 connect() 函数，按关键字参数的方式传递实参，示例代码如下：

```
def connect(ip, port):
    print(f"设备 {ip}:{port} 连接! ")
connect(ip="127.0.0.1", port=8080)
```

以上代码执行后会将 "127.0.0.1" 传递给关联的形参 ip，将 8080 传递给关联的形参 port。

运行代码，结果如下所示：

```
设备 127.0.0.1:8080 连接!
```

大家此时可能会产生一个疑问，无论实参采用位置参数的方式传递，还是关键字参数的方式传递，每个形参都是有名称的，怎么区分用哪种方式传递呢？Python 3.8 中新增了仅限位置形参的语法，使用符号 "/" 来限定部分形参只接收采用位置参数传递方式的实参，示例代码如下：

```
def func(a, b, /, c):                          # / 指明前面的参数 a、 b 均为仅限位置形参
    print(a, b, c)
```

以上定义的 func() 函数中，符号 "/" 之前的 a、b 只能接收采用位置参数传递方式的实参；符号 "/" 之后的 c 为普通形参，可以接收采用位置参数传递方式或关键字参数传递方式的实参。

调用 func() 函数，示例代码如下：

```
# 错误的调用方式
# func(a=10, 20, 30)
# func(10, b=20, 30)
# 正确的调用方式
func(10, 20, c=30)
func(10, 20, 30)
```

运行代码，结果如下所示：

```
10 20 30
10 20 30
```

6.3.3　默认参数的传递

函数在定义时可以指定形参的默认值，故在被调用时可以选择是否给带有默认值的形参传值，若没有给带有默认值的形参传值，则直接使用该形参的默认值。

例如，定义一个连接具有指定端口号设备的函数，示例代码如下：

```
def connect(ip, port=8080):
    print(f"设备 {ip}:{port} 连接! ")
```

通过 2 种方式调用 connect() 函数，示例代码如下：

```
connect(ip="127.0.0.1")
connect(ip="127.0.0.1", port=3306)
```

第 1 次调用 connect() 函数时，"127.0.0.1" 会传递给关联的形参 ip，而形参 port 默认为 8080；第 2 次调用 connect() 函数时，"127.0.0.1" 会传递给关联的形参 ip，3306 会传递给关联的形参 port。

运行代码，结果如下所示：

```
设备 127.0.0.1:8080 连接!
设备 127.0.0.1:3306 连接!
```

6.3.4　参数的打包与解包

函数支持将实参以打包和解包的形式传递给形参。打包和解包的具体介绍如下。

1. 打包

如果函数在定义时无法确定需要接收多少个数据，那么可以在定义函数时为形参添加 "*" 或 "**"：如果形参的前面加上 "*"，那么它可以接收以元组形式打包的多个值；如果形参的前面加上 "**"，那么它可以接收以字典形式打包的多个值。

定义一个形参为 *args 的函数 test()，示例代码如下：

```
def test(*args):
    print(args)
```

调用 test() 函数时传入多个实参，多个实参会在打包后被传递给形参。示例代码如下：

```
test(11, 22, 33, 44, 55)
```

运行代码，结果如下所示：

```
(11, 22, 33, 44, 55)
```

由以上运行结果可知，Python 解释器将传给 test() 函数的所有值打包成元组后传递给了形参 *args。

定义一个形参为 **kwargs 的函数 test()，示例代码如下：

```
def test(**kwargs):
    print(kwargs)
```

调用 test() 函数时传入多个绑定关键字的实参，示例代码如下：

```
test(a=11, b=22, c=33, d=44, e=55)
```

运行代码，结果如下所示：

```
{'a' : 11, 'b' : 22, 'c' : 33, 'd' : 44, 'e' : 55}
```

由以上运行结果可知，Python 解释器将传给 test() 函数的所有具有关键字的实参打包成字典后传递给了形参 **kwargs。

需要说明的是，虽然函数中添加 "*" 或 "**" 的形参可以是符合命名规范的任意名称，但一般建议使用 *args 和 **kwargs。若函数没有接收到任何数据，参数 *args 和 **kwargs 为空，即它们为空元组或空字典。

2. 解包

如果函数在调用时接收的实参是元组类型的数据，那么可以使用 "*" 将元组拆分成多个值，并将每个值按照位置参数传递的方式赋值给形参；如果函数在调用时接收的实参是字典类型的数据，那么可以使用 "**" 将字典拆分成多个键值对，并将每个值按照关键字参数传递的方式赋值给与键名对应的形参。

定义一个带有 5 个形参的函数 test()，示例代码如下：

```
def test(a, b, c, d, e):
    print(a, b, c, d, e)
```

调用 test() 函数时传入一个包含 5 个元素的元组，并使用 "*" 对该元组执行解包操作，示例代码如下：

```
nums = (11, 22, 33, 44, 55)
test(*nums)
```

运行代码，结果如下所示：

```
11 22 33 44 55
```

由以上运行结果可知，元组被解包成多个值。

调用 test() 函数时传入一个包含 5 个元素的字典，并使用"**"对该字典执行解包操作，示例代码如下：

```
nums = {"a" : 11, "b" : 22, "c" : 33, "d" : 44, "e" : 55}
test(**nums)
```

运行代码，结果如下所示：

```
11 22 33 44 55
```

由以上运行结果可知，字典被解包成多个值。

6.3.5　混合传递

前面介绍的参数传递的方式在定义函数或调用函数时可以混合使用，但是需要遵循一定的优先级规则，这些方式按优先级从高到低依次为按位置参数传递、按关键字参数传递、按默认参数传递、按打包传递。

在定义函数时，带有默认值的参数必须位于普通参数（不带默认值或标识的参数）之后，带有"*"标识的参数必须位于带有默认值的参数之后，带有"**"标识的参数必须位于带有"*"标识的参数之后。

例如，定义一个混合了多种形式的参数的函数，代码如下：

```
def test(a, b, c=33, *args, **kwargs):
    print(a, b, c, args, kwargs)
```

调用 test() 函数，依次传入不同个数和形式的参数，示例代码如下：

```
test(1, 2)
test(1, 2, 3)
test(1, 2, 3, 4)
test(1, 2, 3, 4, e=5)
```

运行代码，结果如下所示：

```
1 2 33 () {}
1 2 3 () {}
1 2 3 (4,) {}
1 2 3 (4,) {'e' : 5}
```

test() 函数共有 5 个参数，以上代码多次调用 test() 函数并传入不同数量的参数，下面结合代码运行结果逐个说明函数调用过程中参数的传递情况。

（1）第 1 次调用 test() 函数时，该函数接收到实参 1 和实参 2，这 2 个实参被普通参数 a 和 b 接收；剩余 3 个形参 c、*args、**kwargs 没有接收到实参，都使用默认值（33、() 和 {}）。

（2）第 2 次调用 test() 函数时，该函数接收到实参 1 ～ 实参 3，前 3 个实参被普通参数 a、b 及带默认值的参数 c 接收；剩余 2 个形参 *args、**kwargs 没有接收到实参，都使用默认值，因此打印的结果为 () 和 {}。

（3）第 3 次调用 test() 函数时，该函数接收到实参 1 ～ 实参 4，前 4 个实参被形参 a、b、c、*args 接收；形参 **kwargs 没有接收到实参，打印的结果为 {}。

（4）第 4 次调用 test() 函数时，该函数接收到实参 1 ～ 实参 4 和形参 e 关联的实参 5，所有的实参被相应的形参接收。

6.4 函数的返回值

函数中的 return 语句会在函数结束时将数据返回给程序，同时让程序回到函数被调用的位置继续执行。

例如，定义一个过滤敏感词的函数，代码如下：

```
def filter_sensitive_words(words):
    if "山寨" in words:
        new_words = words.replace("山寨", "**")
        return new_words
```

以上示例中的 filter_sensitive_words() 函数会接收从外界传入的字符串，将该字符串中的 "山寨" 替换为 "**"，并使用 return 语句返回替换后的字符串。

调用 filter_sensitive_words() 函数，使用一个变量 result 保存返回值，示例代码如下：

```
result = filter_sensitive_words("这个手机是山寨版吧！")
print(result)
```

运行代码，结果如下所示：

```
这个手机是**版吧!
```

以上定义的函数只返回了一个值，如果函数使用 return 语句返回了多个值，那么这些值将被保存到元组中。

下面定义一个控制游戏角色位置的函数，该函数使用 return 语句返回游戏角色目前所处位置的 x 坐标和 y 坐标，示例代码如下：

```
def move(x, y, step):
    nx = x + step
    ny = y - step
    return nx, ny   # 使用 return 语句返回多个值
result = move(100, 100, 60)
print(result)
```

运行代码，结果如下所示：

```
(160, 40)
```

6.5 变量作用域

变量并非在程序的任意位置都可以被访问，其访问权限取决于变量定义的位置。变量的有效范围称为该变量的作用域。本节将对变量作用域的相关知识进行详细讲解。

6.5.1 局部变量和全局变量

根据作用域的不同，变量可以分为局部变量和全局变量。下面分别对局部变量和全局变量进行介绍。

1. 局部变量

局部变量是指在函数内部定义的变量，它只能在函数内部被使用，函数执行结束之后局部变量会被释放，此时无法进行访问。

例如，在 test_one() 函数中定义一个局部变量 number，分别在该函数内和函数外访问 number，代码如下：

```
def test_one():
    number = 10                                    # 局部变量
    print(number)                                  # 函数内部访问局部变量
test_one()
print(number)                                      # 函数外部访问局部变量
```

运行代码，结果如下所示：

```
10
Traceback (most recent call last):
  File "E:/python_study/grammar.py", line 5, in <module>
    print(number)
NameError: name 'number' is not defined
```

结合代码运行结果进行分析，程序在定义了 test_one() 函数后调用了该函数（给局部变量 number 赋值 10，并且打印 number 的值），结果成功访问了 number；接下来程序在 test_one() 函数外直接用 print() 函数访问局部变量 number，出现了异常信息，说明函数外部无法访问局部变量。

不同函数内部可以包含同名的局部变量，这些局部变量的关系类似于不同目录下同名文件的关系，它们相互独立、互不影响。例如，test_one() 函数中定义一个局部变量 number，test_two() 函数中也定义一个局部变量 number，分别在每个函数的内部访问 number，代码如下：

```
def test_one():
    number = 10
    print(number)                                  # 访问 test_one() 函数的局部变量 number
def test_two():
    number = 20
    print(number)                                  # 访问 test_two() 函数的局部变量 number
test_one()
test_two()
```

运行代码，结果如下所示：

```
10
20
```

结合代码运行结果进行分析，程序在执行 test_one() 函数时访问了其对应的局部变量 number，并且打印了 number 的值 10；程序在执行 test_two() 函数时访问了其对应的局部变量 number，并且打印了 number 的值 20，说明不同函数的变量之间互不影响。

2. 全局变量

全局变量可以在整个程序的范围内起作用，它不会受函数范围的影响。例如，test_one() 函数外定义了一个全局变量 number，分别在该函数内外访问全局变量 number，代码如下：

```
number = 10                                        # 全局变量
def test_one():
    print(number)                                  # 函数内部访问全局变量
test_one()
print(number)                                      # 函数外部访问全局变量
```

运行代码，结果如下所示：

```
10
10
```

结合代码运行结果进行分析，程序在执行 test_one() 函数时成功访问了全局变量 number，并且打印了 number 的值；程序在执行完 test_one() 函数后再次成功访问了全局变量 number，并且打印了 number 的值。由此可知，全局变量可以在程序的任意位置被访问。

需要注意的是，全局变量在函数内部只能被访问，而无法直接修改。下面对 test_one() 函数进行修改，添加一条为 number 重新赋值的语句，修改后的代码如下：

```
                                                # 定义全局变量
number = 10
def test_one():
    print(number)                               # 在函数内部访问全局变量
    number += 1                                 # 在函数内部直接修改全局变量
test_one()
print(number)
```

运行代码，结果如下所示：

```
Traceback (most recent call last):
 File "E:/python_study/grammar.py", line 10, in <module>
   test_one()
 File "E:/python_study/grammar.py", line 6, in test_one
   print(number)   # 在函数内部访问全局变量
UnboundLocalError: local variable 'number' referenced before assignment
```

程序开头的位置已经声明过全局变量，但以上错误信息却说程序中使用了未声明的变量 number，这是为什么呢？这是因为函数内部的变量 number 视为局部变量，而在执行"number+=1"这行代码之前并未声明过局部变量 number。由此可知，函数内部只能访问全局变量，而无法直接修改全局变量。

▐ 多学一招：LEGB原则

LEGB 是程序中搜索变量时所遵循的原则，该原则中的每个字母指代一种作用域，具体如下。

（1）L（Local）：局部作用域。例如，局部变量和形参生效的区域。

（2）E（Enclosing）：嵌套作用域。例如，嵌套定义的函数中外层函数声明的变量生效的区域。

（3）G（Global）：全局作用域。例如，全局变量生效的区域。

（4）B（Built-in）：内置作用域。例如，内置模块声明的变量生效的区域。

Python 在搜索变量时会按照"L-E-G-B"这个顺序依次在这 4 种区域中搜索变量：若搜索到变量则终止搜索，使用搜索到的变量；若搜索完 L、E、G、B 这 4 种区域仍无法找到变量，程序将抛出异常。

6.5.2　global 和 nonlocal 关键字

函数内部无法直接修改全局变量或在嵌套函数的外层函数声明的变量，但可以使用 global 或 nonlocal 关键字修饰变量以间接修改以上变量。本节分别介绍 global 和 nonlocal 关键字的用法。

1. global 关键字

使用 global 关键字可以将局部变量声明为全局变量，其使用方法如下：

```
global 变量
```

如此便可以在函数内部修改全局变量。下面对 6.5.1 节的最后一个示例进行修改，先在 test_one() 函数中使用 global 关键字声明全局变量 number，然后在函数中重新给 number 赋值，修改后的代码如下：

```
number = 10                                          # 定义全局变量
def test_one():
    global number                                    # 使用 global 声明变量 number 为全局变量
    number += 1
    print(number)
test_one()
print(number)
```

运行代码，结果如下所示：

```
11
11
```

由结果可知代码能正常运行，说明使用 global 关键字修饰后可以在函数中修改全局变量。

2. nonlocal 关键字

使用 nonlocal 关键字可以在局部作用域中修改嵌套作用域中声明的变量，其使用方法如下：

```
nonlocal 变量
```

假设有如下代码：

```
def test():
    number = 10
    def test_in():
        nonlocal number
        number = 20
    test_in()
    print(number)
test()
```

以上定义的 test() 函数中嵌套了函数 test_in()，test() 函数中声明了一个变量 number，而在 test_in() 函数中使用 nonlocal 关键字修饰了变量 number，并修改了 number 的值，调用 test_in() 函数后输出变量 number 的值。

运行代码，结果如下所示：

```
20
```

从程序的运行结果可以看出，程序在执行 test_in() 函数时成功地修改了变量 number，并且打印了修改后 number 的值。

6.6　实训案例

6.6.1　角谷猜想

角谷猜想又称冰雹猜想，是由日本数学家角谷静夫发现的一种数学现象，它的具体内容是：以一个正整数 n 为例，如果 n 为偶数，就将它变为 $n/2$，如果除后变为奇数，则将它乘 3 加 1（即 $3n+1$）。不断重复这样的运算，经过有限步后，必然会得到 1。据日本和美国的数学家攻关研究，所有小于 $7 \times 1\,011$ 的自然数，都符合这个规律。

案例详情

本案例要求编写代码，计算用户输入的数据按照以上规律经多少次运算后可变为 1。

6.6.2　饮品自动售货机

随着无人新零售经济的崛起，商场、车站、大厦等各种场所都引入了无

案例详情

人饮品自动售货机，方便人们选购自己想要的饮品。购买者选择想要的饮品，通过投币或扫码的方式支付，支付成功后从出货口取出饮品。本案例要求编写代码，利用函数实现具有显示饮品信息、计算销售总额等功能的程序。

6.7 特殊形式的函数

除了前面按标准定义的函数外，Python 还提供了两种具有特殊形式的函数：递归函数和匿名函数。本节将对递归函数和匿名函数进行详细讲解。

6.7.1 递归函数

函数在定义时可以直接或间接地调用其他函数。若函数内部调用了自身，则这个函数被称为递归函数。递归函数通常用于解决结构相似的问题，它采用递归的方式，将一个复杂的大型问题转化为与原问题结构相似的、规模较小的若干子问题，之后对最小化的子问题求解，从而得到原问题的解。

递归函数在定义时需要满足 2 个基本条件：一个是递归公式，另一个是边界条件。其中，递归公式是求解原问题或相似的子问题的结构；边界条件是最小化的子问题，也是递归终止的条件。

递归函数的执行可以分为以下 2 个阶段。

（1）递推：递归本次的执行都基于上一次的运算结果。

（2）回溯：遇到终止条件时，则沿着递推往回一级一级地把值返回来。

递归函数的一般定义格式如下所示：

```
def 函数名 ([参数列表]):
    if 边界条件:
        return 结果
    else:
        return 递归公式
```

递归最经典的应用便是阶乘。在数学中，求正整数 $n!$（n 的阶乘）问题根据 n 的取值可以分为以下 2 种情况。

（1）当 $n=1$ 时，所得的结果为 1。

（2）当 $n>1$ 时，所得的结果为 $n \times (n-1)!$。

那么利用递归求解阶乘时，$n=1$ 是边界条件，$n \times (n-1)!$ 是递归公式。

编写代码实现 $n!$ 求解，示例代码如下：

```
def func(num):
    if num == 1:
        return 1
    else:
        return num * func(num - 1)
num = int(input("请输入一个整数："))
result = func(num)
print(f"{num}!=%d" % result)
```

运行代码，按提示输入整数 5，结果如下所示：

```
请输入一个整数：5
5!=120
```

func(5) 的求解过程如图 6-4 所示。

```
def func (5):
    if num==1:
        return 1
    else:
        return 5 * func (4)
                def func (4):
                    if num==1:
                        return 1
                    else:
                        return 4 * func (3)
                                def func (3):
                                    if num==1:
                                        return 1
                                    else:
                                        return 3 * func (2)
                                                def func (2):
                                                    if num==1:
                                                        return 1
                                                    else:
                                                        return 2 * func (1)
                                                                def func (1):
                                                                    if num==1:
                                                                        return 1
```

图 6-4　func(5) 的求解过程

结合图 6-4 分析 func(5) 的求解过程可知：程序将求解 func(5) 转化为求解 5*func(4)，想要得到 func(5) 的结果，必须先得到 func(4) 的结果；func(4) 求解又会被转换为 4*func(3)，同样地想要得到 func(4) 的结果必须先得到 func(3) 的结果。以此类推，直到程序开始求解 2*func(1)，此时触发临界条件，func(1) 的值可以直接计算，之后结果开始向上层层传递，直到最终返回 func(5) 的位置，求得 5!。

6.7.2　匿名函数

匿名函数是一类无须定义标识符的函数，它与普通函数一样可以在程序的任何位置使用。Python 中使用 lambda 关键字定义匿名函数，它的语法格式如下：

```
lambda <形式参数列表> : <表达式>
```

结合以上语法格式可知，匿名函数与普通函数主要有以下区别。

（1）普通函数在定义时有名称，而匿名函数没有名称。

（2）普通函数的函数体中包含多条语句，而匿名函数的函数体只能是一个表达式。

（3）普通函数可以实现比较复杂的功能，而匿名函数可实现的功能比较简单。

（4）普通函数能被其他程序使用，而匿名函数不能被其他程序使用。

定义好的匿名函数不能直接使用，最好使用一个变量保存它，以便后期可以随时使用这个函数。例如，定义一个计算数值平方的匿名函数，并赋值给一个变量，具体代码如下：

```
# 定义匿名函数，并将它返回的函数对象赋值给变量 temp
temp = lambda x : pow(x, 2)
```

此时，变量 temp 可以作为匿名函数的临时名称来调用函数，示例代码如下：

```
print(temp(10))
```

运行代码，结果如下所示：

```
100
```

6.8 实训案例

6.8.1 兔子数列

兔子数列又称斐波那契数列、黄金分割数列，它由数学家列昂纳多·斐波那契以兔子繁殖的例子引出，故此得名。兔子繁殖的故事如下。

兔子一般在出生 2 个月之后就有了繁殖能力，每对兔子每月可以繁殖 1 对小兔子，假如所有的兔子都不会死，试问一年以后一共有多少对兔子？

本案例要求编写代码，利用递归实现根据月份计算兔子总数量的功能。

6.8.2 归并排序

归并排序是一种基于归并算法的排序方法，该方法采用"分治"策略：先将待排序的序列划分成若干长度为 1 的子序列，依次将 2 个相邻子序列排序后合并成长度为 2 的子序列；再依次将 2 个相邻子序列排序后合并成长度为 4 的子序列，直至合并成最初长度的序列为止，得到一个排序后的序列。例如，列表 [8, 4, 5, 7, 1, 3, 6, 2] 的元素采用归并排序的方法进行排列的过程如图 6-5 所示。

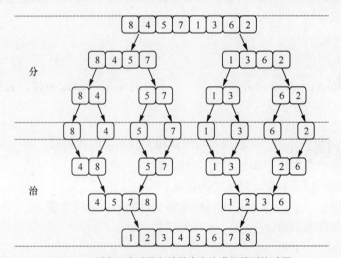

图 6-5 列表元素采用归并排序方法进行排列的过程

本案例要求编写代码，利用递归实现归并排序算法。

6.9 阶段案例——学生管理系统

学生信息是高等院校的一项重要数据资源，具有数量庞大、更新频繁等特点，给管理人员带来了不少的工作量。随着计算机应用的普及，人们使用计算机设计了针对学生信息特点及实际需要的学生管理系统，使用该系统可以高效、规范地管理大量的学生信息，减轻了管理人员的工作负担。本案例要求开发一个具有添加、删除、修改、查询学生信息及退出系统功能的简易版学生管理系统，该系统的功能菜单如图 6-6 所示。

```
==============================
学生管理系统 V10.0
1.添加学生信息
2.删除学生信息
3.修改学生信息
4.查询所有学生信息
0.退出系统
==============================
```

图 6-6　学生管理系统的功能菜单

6.10　本章小结

本章主要讲解了函数的相关知识，包括函数概述、函数的定义和调用、函数参数的传递、函数的返回值、变量作用域、特殊形式的函数，此外本章结合实训案例与阶段案例供读者练习函数的用法。通过学习本章的内容，读者应能深刻体会到函数的便捷之处，在实际开发中能熟练地应用函数。

6.11　习题

一、填空题

1._____ 是组织好的、实现单一功能或相关联功能的代码段。

2.匿名函数是一类无须定义 _____ 的函数。

3.若函数内部调用了自身，则这个函数被称为 _____。

4.Python 使用 _____ 关键字可以将局部变量声明为全局变量。

5.全局变量是指在函数 _____ 定义的变量。

二、判断题

1.函数在定义完成后会立刻执行。（　　）

2.变量在程序的任意位置都可以被访问。（　　）

3.使用函数可以提高代码的复用性。（　　）

4.在任何函数内部都可以直接访问和修改全局变量。（　　）

5.函数的位置参数有严格的位置关系。（　　）

三、选择题

1.下列关于函数的说法中，描述错误的是（　　）。

A.函数可以减少重复的代码，使程序更加模块化

B.不同的函数中可以使用相同名字的变量

C.调用函数时，实参的传递顺序与形参的顺序可以不同

D.匿名函数与使用 def 关键字定义的函数没有区别

2. Python 使用（　　）关键字定义一个匿名函数。

A. function　　　　　B. func　　　　　C. def　　　　　D. lambda

3. Python 使用（　　）关键字自定义一个函数。

A. function　　　　　B. func　　　　　C. def　　　　　D. lambda

4. 请阅读下面的代码：

```python
num_one = 12
def sum(num_two):
    global num_one
    num_one = 90
    return num_one + num_two
print(sum(10))
```

运行代码，输出结果为（　　）。

A. 102　　　　　　　B. 100　　　　　C. 22　　　　　D. 12

5. 请阅读下面的代码：

```python
def many_param(num_one, num_two, *args):
    print(args)
many_param(11, 22, 33, 44, 55)
```

运行代码，输出结果为（　　）。

A.（11,22,33）　　　B.（22,33,44）　　C.（33,44,55）　　D.（11,22）

四、简答题

1. 简述位置参数传递、关键字参数传递、默认参数传递的区别。

2. 简述函数参数混合传递的规则。

3. 简述局部变量和全局变量的区别。

五、编程题

1. 编写函数，输出 1 ～ 100 中偶数之和。

2. 编写函数，计算 $20 \times 19 \times 18 \times \cdots \times 3$ 的结果。

3. 编写函数，判断用户输入的整数是否为回文数。回文数是一个正向和逆向都相同的整数，如 123454321、9889。

4. 编写函数，判断用户输入的 3 个数字是否能构成三角形的三条边。

5. 编写函数，求 2 个正整数的最小公倍数。

第 **7** 章

文件与数据格式化

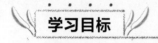
学习目标

拓展阅读

★ 了解计算机中文件的类型

★ 掌握文件的基本操作，可熟练管理文件与目录

★ 了解数据维度的概念，掌握常见数据的格式化方法

程序中使用变量保存运行时产生的临时数据，程序结束后，临时数据随之消失。但一些程序中的数据需要持久保存，例如游戏程序中角色的属性数据、装备数据、物品数据等。那么，有没有一种方法能够持久保存数据呢？答案是肯定的，计算机可以使用文件持久地保存数据。本章将从计算机中文件的定义、基本操作、管理方式与数据维度等多个方面对计算机中与数据持久存储相关的知识进行介绍。

7.1 文件概述

文件在计算机中应用广泛，计算机中的文件是以硬盘等外部介质为载体，存储在计算机中的数据的集合，文本文档、图片、程序、音频等都是文件。

类似于程序中使用的变量，计算机中的每个文件也有唯一确定的标识，以便识别和引用文件。文件标识分为路径、文件名主干和扩展名 3 个部分，Windows 操作系统中一个文件的完整标识如图 7-1 所示。

D:\itcast\chapter10\example.dat
路径　　　　　　　文件名主干 扩展名

图 7-1　Windows 操作系统中文件的完整标识

操作系统以文件为单位对数据进行管理，若想找到存放在外部介质上的数据，必须先按照文件标识找到指定的文件，再从文件中读取数据。根据图 7-1 所示的标识，可以找到 Windows 操作系统 D:\itcast\chapter10 路径下文件名主干为 example、扩展名为 .dat 的二进制文件。

根据数据的逻辑存储结构，人们将计算机中的文件分为文本文件和二进制文件。

文本文件专门存储文本字符数据，若一个文件中没有包含除文本字符外的其他数据，就认为它是一个文本文件。文本文件可以直接使用文字处理程序（如记事本）打开并正常阅读。

　　二进制文件是人们根据计算机中数据的逻辑存储结构为文件划分的类别之一，计算机中存储的图像、音频、视频、数据库、可执行文件等都属于二进制文件，这类文件不能直接使用文字处理程序正常读写，必须使用关联程序才能正确获取文件信息。

　　二进制文件和文本文件这 2 种类型的划分基于数据逻辑存储结构而非物理存储结构，计算机中的数据在物理层面都以二进制形式存储的。

▌多学一招：标准文件

　　Python 的 sys 模块中定义了 3 个标准文件，分别为 stdin（标准输入文件）、stdout（标准输出文件）和 stderr（标准错误文件）。标准输入文件对应输入设备，如键盘；标准输出文件和标准错误文件对应输出设备，如显示器。每个终端都有其对应的标准文件，这些文件在终端启动的同时打开。

　　在解释器中导入 sys 模块后便可对标准文件进行操作。以标准输出文件为例，向该文件中写入数据的示例代码如下：

```
import sys
file = sys.stdout
file.write("hello")
```

　　以上代码将标准输出文件赋给文件对象 file，又通过文件对象 file 调用内置方法 write() 向标准输出文件写数据。程序执行后，字符串"hello"将被写入标准输出文件（即打印到终端）。

7.2　文件的基础操作

　　文件的打开、关闭与读写是文件的基础操作，任何更复杂的文件操作都离不开这些操作。下面介绍这些基础操作。

7.2.1　文件的打开与关闭

　　将数据写入到文件之前需要先打开文件；数据写入完毕后需要将文件关闭以释放计算机内存。下面介绍如何在程序中打开和关闭文件。

1. 打开文件

　　在 Python 中可通过内置函数 open() 打开文件，该函数的语法格式如下：

```
open(file, mode='r', encoding=None)
```

open() 函数中的参数 file 用于接收文件名或文件路径；参数 encoding 用于指定文件的编码格式，常见的编码格式有 ascii、utf-8 等；参数 mode 用于设置文件的打开模式，常用的打开模式有 r、w、a，这些模式的含义分别如下。

●r：以只读的方式打开文件，参数 mode 的默认值。

●w：以只写的方式打开文件。

●a：以追加的方式打开文件。

　　以上模式可以单独使用，也可以与模式 b、模式 + 搭配使用。其中，模式 b 表示以二进制方式打开文件，模式 + 表示以更新的方式打开文件。常用的文件打开模式及其搭配如表 7-1 所示。

表 7-1   常用的文件打开模式及其搭配

打开模式	名称	描述
r/rb	只读模式	以只读方式打开文本文件 / 二进制文件，若文件不存在，文件打开失败
w/wb	只写模式	以只写方式打开文本文件 / 二进制文件，若文件已存在，则重写文件，否则创建新文件
a/ab	追加模式	以追加方式打开文本文件 / 二进制文件，只允许在该文件末尾追加数据，若文件不存在，则创建新文件
r+/rb+	读取（更新）模式	以读 / 写方式打开文本文件 / 二进制文件，若文件不存在，文件打开失败
w+/wb+	写入（更新）模式	以读 / 写方式打开文本文件 / 二进制文件，若文件已存在，则重写文件
a+/ab+	追加（更新）模式	以读 / 写方式打开文本文件 / 二进制文件，只允许在文件末尾追加数据，若文件不存在，则创建新文件

若 open() 函数调用成功，返回一个文件对象，示例如下：

```
file1 = open('E:\\a.txt')              # 以只读方式打开 E 盘的文本文件 a.txt
file2 = open('b.txt', 'w')             # 以只写方式打开当前目录的文本文件 b.txt
file3 = open('c.txt', 'w+')            # 以读 / 写方式打开当前目录的文本文件 c.txt
file4 = open('d.txt', 'wb+')           # 以读 / 写方式打开当前目录的二进制文件 d.txt
```

以只读模式打开文件时，若待打开的文件不存在，文件打开失败，程序会抛出异常。假设以上代码打开的文件 a.txt 不存在，具体异常信息如下：

```
Traceback (most recent call last):
  File "E:\python_study\first_proj\test.py", line 1, in <module>
    file1 = open('E:\\a.txt')
FileNotFoundError: [Errno 2] No such file or directory: 'E:\\a.txt'
```

2. 关闭文件

在 Python 中可通过 close() 方法关闭文件，也可以使用 with 语句实现文件的自动关闭。下面分别介绍这 2 种关闭文件的方式。

（1）close() 方法

close() 方法是文件对象的内置方法。使用 close() 方法关闭已打开的文件 file，示例如下：

```
file.close()
```

（2）with 语句

当打开与关闭之间的操作较多时，很容易遗漏文件关闭操作，为此 Python 引入 with 语句预定义清理操作、实现文件的自动关闭。

以打开与关闭文件 a.txt 为例，具体示例如下：

```
with open('a.txt') as f:
    pass                                                    # 一些操作
```

以上示例中 as 后的变量 f 用于接收 with 语句打开的文件对象。程序中无须再调用 close() 方法关闭文件，文件对象使用完毕后，with 语句会自动关闭文件。

||| **思考：为什么要及时关闭文件？**

虽然程序执行完毕后，系统会自动关闭由该程序打开的文件，但计算机中可打开的文件数量是有限的，每打开一个文件，可打开文件数量就减 1；打开的文件占用系统资源，若打开的文件过多，会降低系统性能；当文件以缓冲方式打开时，磁盘文件与内存间的读写并非即时的，若程序因异常关闭，可能产生数据丢失。因此，在编写代码时应在程序中主动关闭不再使用的文件。

7.2.2　文件的读写

Python 提供了一系列读写文件的方法，包括读取文件的 read()、readline()、readlines() 方法和写文件的 write()、writelines() 方法，下面结合这些方法分别介绍如何读写文件。

1. 读取文件

（1）read() 方法

read() 方法可以从指定文件中读取指定字节的数据，其语法格式如下：

```
read(n=-1)
```

以上格式中的参数 *n* 用于设置读取数据的字节数，若未提供或设置为 –1，则一次读取并返回文件中的所有数据。

以文件 file.txt 为例，读取该文件中指定长度数据的示例代码如下：

```
with open('file.txt', mode='r') as f:
    print(f.read(2))                              # 读取 2 个字节的数据
    print(f.read())                               # 读取剩余的全部数据
```

假设 file.txt 文件中的内容如下：

```
The old dog barks backwards without getting up.
I can remember when he was a pup.
```

运行代码，结果如下所示：

```
Th
e old dog barks backwards without getting up.
I can remember when he was a pup.
```

（2）readline() 方法

readline() 方法可以从指定文件中读取一行数据，其语法格式如下：

```
readline()
```

以 file.txt 文件为例，使用 readline() 方法读取该文件，示例代码如下：

```
with open('file.txt', mode='r', encoding='utf-8') as f:
    print(f.readline())
    print(f.readline())
```

运行代码，结果如下所示：

```
The old dog barks backwards without getting up.

I can remember when he was a pup.
```

（3）readlines() 方法

readlines() 方法可以一次性读取文件中的所有数据，若读取成功返回一个列表，文件中的每一行对应列表中的一个元素。readlines() 方法的语法格式如下：

```
readlines(hint=-1)
```

以上格式中，参数 hint 的单位为字节，它用于控制要读取的行数，如果行中数据的总大小超出了 hint 字节，readlines() 不会读取更多的行。

下面以 file.txt 文件为例，使用 readlines() 方法读取该文件，示例代码如下：

```
with open('file.txt', mode='r', encoding='utf-8') as f:
    print(f.readlines())                          # 使用 readlines() 方法读取数据
```

运行代码，结果如下所示：

```
['The old dog barks backwards without getting up.\n', 'I can remember when he was a pup.']
```

以上介绍的 3 个方法中，read()（参数缺省时）和 readlines() 方法都可一次读取文件中的全部数据，但因为计算机的内存是有限的，若文件较大，read() 和 readlines() 的一次读取便会耗尽系统内存，所以这 2 种操作都不够安全。为了保证读取安全，通常多次调用 read() 方法，每次读取 *n* 字节的数据。

2. 写文件

（1）write() 方法

write() 方法可以将指定字符串写入文件，其语法格式如下：

```
write(data)
```

以上格式中的参数 data 表示要写入文件的数据，若数据写入成功，write() 方法会返回本次写入文件的数据的字节数。

使用 write() 方法向 write_file.txt 文件中写入数据，示例代码如下：

```
string = "Here we are all, by day; by night."                    # 字符串
with open('write_file.txt', mode='w', encoding='utf-8') as f:
    size = f.write(string)                                        # 写入字符串
    print(size)                                                   # 打印字节数
```

运行代码，结果如下所示：

```
34
```

由以上结果可知，字符串数据成功写入文件。此时打开 write_file.txt 文件，可在该文件中看到字符串"Here we are all, by day; by night."，如图 7-2 所示。

Here we are all, by day; by night.

图 7-2　使用 write() 方法写入文件的字符串

（2）writelines() 方法

writelines() 方法用于将行列表写入文件，其语法格式如下：

```
writelines(lines)
```

以上格式中的参数 lines 表示要写入文件中的数据，该参数可以是一个字符串或字符串列表。需要说明的是，若写入文件的数据在文件中需要换行，应显式指定换行符。

使用 writelines() 方法向文件 write_file.txt 中写入数据，示例代码如下：

```
string = "Here we are all, by day;\nby night we're hurl'd By dreams, " \
         "each one into a several world."
with open('write_file.txt', mode='w', encoding='utf-8') as f:
    f.writelines(string)
```

运行代码，若没有输出信息，说明字符串被成功地写入文件。此时打开 write_file.txt 文件，可在其中看到写入的字符串，如图 7-3 所示。

Here we are all, by day;
by night we're hurl'd By dreams, each one into a several world.

图 7-3　使用 writelines() 方法写入文件的字符串

多学一招：字符与编码

文本文件支持多种编码方式，不同编码方式下字符与字节的对应关系不同，常见的编码方式以及字符与字节的对应关系如表 7-2 所示。

表 7-2　常见编码方式及字符与字节的对应关系

编码方式	语言	字符数	字节数
ASCII	中文	1	2
	英文	1	1
UTF-8	中文	1	3
	英文	1	1
Unicode	中文	1	2
	英文	1	2

续表

编码方式	语言	字符数	字节数
GBK	中文	1	2
	英文	1	1

7.2.3　文件的定位读写

7.2.2 节使用 read() 方法读取了文件 file.txt，结合代码与程序运行结果进行分析，可以发现 read() 方法第 1 次读取了 2 个字符，第 2 次从第 3 个字符"e"开始读取了剩余字符。之所以出现上述情况，是因为在文件的一次打开与关闭之间进行的读写操作是连续的，程序总是从上次读写的位置继续向下进行读写操作。实际上，每个文件对象都有一个称为"文件读写位置"的属性，该属性会记录当前读写的位置。

文件读写位置默认为 0，即读写位置默认在文件首部。Python 提供了一些获取与修改文件读写位置的方法，以实现文件的定位读写，下面对这些方法进行讲解。

1. tell() 方法

tell() 方法用于获取文件当前的读写位置。以操作文件 file.txt 为例，tell() 的用法如下：

```
with open('file.txt') as f:
    print(f.tell())          # 获取文件读写位置
    print(f.read(5))         # 利用 read() 方法移动文件读写位置
    print(f.tell())          # 再次获取文件读写位置
```

运行代码，结果如下所示：

```
0
5
```

由代码运行结果可知，tell() 方法第 1 次获取到的文件读写位置为 0，第 2 次获取的文件读写位置为 5。

2. seek() 方法

程序一般顺序读取文件中的内容，但并非每次读写都需从当前位置开始。Python 提供了 seek() 方法，使用该方法可控制文件的读写位置，实现文件的随机读写。seek() 方法的语法格式如下：

```
seek(offset, from)
```

seek() 方法中的参数 offset 表示偏移量，即读写位置需要移动的字节数；from 用于指定文件的读写位置，该参数的取值为 0、1、2，它们代表的含义分别如下。

●0：表示文件开头。

●1：表示使用当前读写位置。

●2：表示文件末尾。

seek() 方法调用成功后会返回当前读写位置。

以操作文件 file.txt 为例，seek() 的用法示例如下：

```
with open('file.txt') as f:
    f.tell()                 # 获取文件读写位置
    loc = f.seek(5,0)        # 相对文件首部移动 5 字节
    print(loc)               # 打印当前文件读写位置
```

运行代码，结果如下所示：

```
5
```

需要注意的是，在 Python 3 中，若打开的是文本文件，那么 seek() 方法只允许相对于文件首部移动文件读写位置；若在参数 from 值为 1 或 2 的情况下移动文本文件的读写位置，程

序会产生错误。具体示例如下 :

```
with open('file.txt') as f:                    # 打开文本文件
    f.seek(5,0)                                 # 相对文件首部移动 5 字节
    f.seek(3,1)
```

运行代码,结果如下所示 :

```
Traceback (most recent call last):
 File "E:\python_study\first_proj\test.py", line 3, in <module>
    f.seek(3,1)
io.UnsupportedOperation: can't do nonzero cur-relative seeks
```

若要相对当前读写位置或文件末尾进行位移操作,需以二进制形式打开文件,示例如下 :

```
with open('file.txt','rb') as f:
    f.seek(5,0)
    f.seek(3,1)
```

7.3 文件与目录管理

对于用户而言,文件和目录以不同的形式展现,但对计算机而言,目录是文件属性信息的集合,它本质上也是一种文件。除 Python 的内置方法外,os 模块中也定义了与文件操作相关的函数,利用这些函数可以实现删除文件、文件重命名、创建 / 删除目录、获取当前目录、更改默认目录与获取目录列表等操作。本节将对 os 模块中的常用函数进行讲解。

1. 删除文件——remove() 函数

使用 os 模块中的 remove() 函数可删除文件,该函数要求目标文件存在,其语法格式如下 :

```
remove ( 文件名 )
```

调用 remove() 函数处理文件,指定的文件将会被删除。例如,调用 remove() 删除文件 a.txt,示例代码如下 :

```
import os
os.remove('a.txt')
```

2. 文件重命名——rename() 函数

使用 os 模块中的 rename() 函数可以更改文件名,该函数要求目标文件存在,其语法格式如下 :

```
rename ( 原文件名 , 新文件名 )
```

rename() 函数的用法示例如下 :

```
os.renmae('a.txt', 'test.txt')
```

经以上操作后,当前路径下的文件 a.txt 被重命名为 test.txt。

3. 创建 / 删除目录——mkdir()/rmdir() 函数

os 模块中的 mkdir() 函数用于创建目录,rmdir() 函数用于删除目录,这 2 个函数的参数都是目录名。下面演示这 2 个函数的用法。

(1) mkdir()

mkdir() 函数用于在当前目录下创建目录,示例代码如下 :

```
os.mkdir('dir')
```

经以上操作后,默认路径下会新建目录 dir。需要注意的是,待创建的目录不能与已有目录重名,否则将创建失败。

(2) rmdir()

rmdir() 函数用于删除目录,示例代码如下 :

```
os.rmdir('dir')
```

经以上操作后，当前路径下的目录 dir 将被删除。

4. 获取当前目录——getcwd() 函数

当前目录即 Python 当前的工作路径。os 模块中的 getcwd() 函数用于获取当前目录，调用该函数可获取当前工作目录的绝对路径。示例代码如下：

```
print(os.getcwd())
```

运行代码，结果如下所示（实际路径以各人程序所在路径为准，此处仅为示例）：

```
E:\python_study\first_proj
```

5. 更改默认目录——chdir() 函数

os 模块中的 chdir() 函数用于更改默认目录。若在对文件或文件夹进行操作时传入的是文件名而非路径名，Python 解释器会从默认目录中查找指定文件，或将新建的文件放在默认目录下。若没有特别设置，当前目录即为默认目录。

使用 chdir() 函数更改默认目录为 "E:\"，再次使用 getcwd() 函数获取当前目录，示例代码如下：

```
os.chdir('E:\\')                                    # 更改默认目录为 E:\
print(os.getcwd())                                  # 获取当前工作目录
```

运行代码，结果如下所示：

```
'E:\'
```

对比前文使用 getcwd() 函数获取的工作目录与以上代码使用 getcwd() 函数获取的工作目录可知，调用 chdir() 函数后工作目录发生了变化。

6. 获取文件名列表——listdir() 函数

实际应用中常常需要先获取指定目录下的所有文件，再对目标文件进行相应操作。os 模块中提供了 listdir() 函数，使用该函数可方便快捷地获取指定目录下所有文件的文件名列表。示例代码如下：

```
dirs = os.listdir('./')                             # 获取文件名列表
print(dirs)                                         # 打印获取到的文件名列表
```

运行代码，结果如下所示（实际结果以各人目录结构为准，此处仅为示例）：

```
['$RECYCLE.BIN',
...
'XShell',
'个人',
'工作',
'笔记',
'迅雷下载']
```

7.4　实训案例

7.4.1　信息安全策略——文件备份

当今是信息时代，信息在当今社会占据的地位不言而喻，信息安全更是当前人们重视的问题之一。人们考虑从传输和存储 2 个方面来保障信息的安全，备份是在存储工作中保障信息安全的有效方式。本案例要求编写程序，实现一个具有备份文件与文件夹功能的备份工具。

案例详情

7.4.2　用户账户管理

某些网站要求访问者在访问网站内容之前必须先进行登录；若访问者没有该网站的账

号，则需要先进行注册。访问者注册完账号后，网站的服务器会保存账号信息，以便访问者下次访问网站时网站可根据保存的信息验证访问者的身份。为保障账户安全，访问者可时常修改账号密码；若访问者决定不再访问此网站，可以选择注销账户。

案例详情

　　本案例要求实现包含用户注册、登录、修改密码和注销功能的用户账户管理程序（要求程序使用文件存储用户的账户信息）。

7.5　数据维度与数据格式化

　　从广义上讲，维度是与事物"有联系"的概念的数量。根据"有联系"的概念的数量，事物可分为不同维度，例如与线有联系的概念为长度，因此线为一维事物；与长方形面积有联系的概念为长度和宽度，因此面积为二维事物；与长方体体积有联系的概念为长度、宽度和高度，因此体积为三维事物。

　　在计算机中，根据组织数据时与数据"有联系"的参数的数量，数据可分为不同维度。本节将对数据维度和数据格式化相关的知识进行讲解。

7.5.1　基于维度的数据分类

　　根据组织数据时与数据有联系的参数的数量，数据可分为一维数据、二维数据和多维数据。

1. 一维数据

　　一维数据是具有对等关系的一组线性数据，对应数学之中的集合和一维数组，在 Python 语法中，一维列表、一维元组和一维集合都是一维数据。可通过逗号、空格等符号分隔一维数据中的各个元素。例如，我国 2018 年公布的 15 个"新一线"城市便是一组一维数据，通过逗号分隔此组数据，具体如下所示：

成都, 杭州, 重庆, 武汉, 苏州, 西安, 天津, 南京, 郑州, 长沙, 沈阳, 青岛, 宁波, 东莞, 无锡

2. 二维数据

　　二维数据关联参数的数量为 2，此种数据对应数学之中的矩阵和二维数组，在 Python 语法中，二维列表、二维元组等都是二维数据。表格是日常生活中最常见的二维数据的组织形式，因此二维数据也称为表格数据。例如，班级发布的成绩表就是一种表格数据，如图 7-4 所示。

姓名	语文	数学	英语	理综
刘婧	124	137	145	260
张华	116	143	139	263
邢昭林	120	130	148	255
鞠依依	115	145	131	240
黄丽萍	123	108	121	235
赵越	132	100	112	210

图 7-4　表格数据示例——某高三班级的考试成绩（部分）

3. 多维数据

　　多维数据利用键值对等简单的二元关系展示数据间的复杂结构，Python 中字典类型的数据是多维数据。多维数据在网络应用中非常常见，计算机中常见的多维数据格式有 HTML（Hypertext Marked Language，超文本标记语言）、JSON（JavaScript Object Notation，JS 对象简谱）

等。使用 JSON 格式描述多个高三班级的考试成绩，示例如下：

```
"高三一班考试成绩":[
                        {"姓名": "刘婧",
                         "语文": "124",
                         "数学": "137",
                         "英语": "145",
                         "理综": "260" };
                        {"姓名": "张华",
                         "语文": "116",
                         "数学": "143",
                         "英语": "139",
                         "理综": "263" };
                         ...
                    ]
```

7.5.2　一维数据和二维数据的存储与读写

程序中与数据相关的操作分为数据的存储与读写，本节将对如何存储与读写不同维度的数据进行讲解。

1. 数据存储

数据通常存储在文件中。为了方便后续的读写操作，数据通常需要按照约定的组织方式进行存储。

一维数据呈线性排列，一般用特殊字符分隔，具体示例如下。

● 使用空格分隔：成都 杭州 重庆 武汉 苏州 西安 天津。

● 使用逗号分隔：成都，杭州，重庆，武汉，苏州，西安，天津。

● 使用 & 分隔：成都 & 杭州 & 重庆 & 武汉 & 苏州 & 西安 & 天津。

如上所示，在存储一维数据时可使用不同的特殊字符分隔数据元素，但有以下几点需要注意。

（1）同一文件或同组文件一般使用同一分隔符分隔。

（2）分隔数据的分隔符不应出现在数据中。

（3）分隔符为英文半角符号，一般不使用中文符号作为分隔符。

二维数据可视为多条一维数据的集合，当二维数据只有一个元素时，这个二维数据就是一维数据。国际上通用的一维数据和二维数据存储格式为 CSV（Comma-Separated Value，逗号分隔值）。CSV 文件以纯文本形式存储表格数据，文件的每一行对应表格中的一条数据记录，每条记录由一个或多个字段组成，字段之间使用逗号（英文、半角）分隔。因为字段之间可能使用除逗号外的其他分隔符，所以 CSV 也称为字符分隔值。具体示例如下：

```
姓名,语文,数学,英语,理综
刘婧,124,137,145,260
张华,116,143,139,263
邢昭林,120,130,148,255
鞠依依,115,145,131,240
黄丽萍,123,108,121,235
赵越,132,100,112,210
```

CSV 广泛应用于不同体系结构下网络应用程序之间表格信息的交换中，它本身并无明确格式标准，具体标准一般由传输双方协商决定。

2. 数据读取

计算机中采用 CSV 格式存储的数据其文件后缀名一般为 .csv，此种文件在 Windows 平台中可通过办公软件 Excel 或记事本打开。将以上示例中 CSV 格式的数据存储到当前路径下的 score.csv 文件中，通过 Python 程序读取该文件中的数据并以列表形式打印，具体代码如下：

```python
csv_file = open('score.csv')
lines = []
for line in csv_file:
    line = line.replace('\n','')
    lines.append(line.split(','))
print(lines)
csv_file.close()
```

以上程序打开文件 score.csv 后通过对文件对象进行迭代，在循环中逐条获取文件中的记录，根据分隔符","分隔记录，将记录存储到列表 lines 中，最后在终端打印列表 lines。

运行程序，结果如下所示：

```
[['姓名', '语文', '数学', '英语', '理综'], ['刘婧', '124', '137', '145', '260'],['张华',
'116', '143', '139', '263'], ['邢昭林', '120', '130', '148', '255'], ['鞠依依', '115', '145',
'131', '240'], ['黄丽萍', '123', '108', '121', '235'], ['赵越', '132', '100', '112', '210']]
```

3. 数据写入

将一维数据、二维数据写入文件中，即按照数据的组织形式，在文件中添加新的数据。在保存学生成绩的文件 score.csv 中写入每名学生的总分，具体代码如下：

```python
csv_file = open('score.csv')
file_new = open('count.csv','w+')
lines = []
for line in csv_file:
    line = line.replace('\n','')
    lines.append(line.split(','))
# 添加表头字段
lines[0].append('总分')
# 添加总分
for i in range(len(lines)-1):
    idx = i+1
    sun_score = 0
    for j in range(len(lines[idx])) :
        if lines[idx][j].isnumeric():
            sun_score += int(lines[idx][j])
    lines[idx].append(str(sun_score))
for line in lines:
    print(line)
    file_new.write(','.join(line)+'\n')
csv_file.close()
file_new.close()
```

执行以上代码，程序执行完成后当前目录中将新建写有学生每科成绩与总分的文件 count.csv，使用 Excel 打开该文件，文件中的内容如图 7-5 所示。

姓名	语文	数学	英语	理综	总分
刘婧	124	137	145	260	666
张华	116	143	139	263	661
邢昭林	120	130	148	255	653
鞠依依	115	145	131	240	631
黄丽萍	123	108	121	235	587
赵越	132	100	112	210	554

图 7-5　count.csv 文件内容

由图 7-5 可知，程序成功将总分写入了文件中。

7.5.3 多维数据的格式化

二维数据是一维数据的集合，以此类推，三维数据是二维数据的集合，四维数据是三维数据的集合。但按照此种层层嵌套的方式组织数据，多维数据的表示会非常复杂。为了直观地表示多维数据，也为了方便组织和操作多维数据，三维及以上的多维数据统一采用键值对的形式进行格式化。

网络平台上传递的数据大多是高维数据，网络中常见的高维数据格式——JSON 是一种轻量级的数据交换格式，本质上是一种被格式化的字符串，既易于人们阅读和编写，也易于机器解析和生成。JSON 语法是 JavaScript 语法的子集，JavaScript 语言中一切都是对象，因此 JSON 也以对象的形式表示数据。

JSON 格式的数据遵循以下语法规则。

（1）数据存储在键值对（key：value）中，例如 " 姓名 ":" 张华 "。

（2）数据的字段由逗号分隔，例如 " 姓名 " : " 张华 "，" 语文 " : "116"。

（3）一个大括号保存一个 JSON 对象，例如 {" 姓名 " : " 张华 "，" 语文 " : "116"}。

（4）一个中括号保存一个数组，例如 [{" 姓名 " : " 张华 "，" 语文 " : "116"}]。

假设目前有存储了高三二班考试成绩的 JSON 数据，具体如下所示：

```
" 高三二班考试成绩 " : [
                    {" 姓名 " : " 陈诚 ",
                     " 语文 " : "124",
                     " 数学 " : "127",
                     " 英语 " : "145",
                     " 理综 " : "259" };
                    {" 姓名 " : " 黄思 ",
                     " 语文 " : "116",
                     " 数学 " : "143",
                     " 英语 " : "119",
                     " 理综 " : "273" };
                     …
                    ]
```

以上数据是一个键值对，它的 key 为"高三二班考试成绩"，之后跟着以冒号分隔的 value。此 value 本身是一个数组，该数组中存储了多名学生的成绩，通过中括号组织，其中的元素通过分号";"分隔；作为数组元素的学生成绩的每项属性亦为键值对，每项属性通过逗号","分隔。

除 JSON 外，网络平台也会使用 XML（可扩展标记语言）、HTML 等格式组织多维数据，XML 和 HTML 格式通过标签组织数据。例如，将学生成绩以 XML 格式存储，具体如下所示：

```
< 高三二班考试成绩 >
   < 姓名 > 陈诚 </ 姓名 >< 语文 >124</ 语文 >< 数学 >127< 数学 />< 英语 >145< 英语 />< 理综 >259< 理综 />
   < 姓名 > 黄思 </ 姓名 >< 语文 >116</ 语文 >< 数学 >143< 数学 />< 英语 >119< 英语 />< 理综 >273< 理综 />
   …
</ 高三二班考试成绩 >
```

对比 JSON 格式与 XML、HTML 格式可知，JSON 格式组织的多维数据更为直观，且数据属性的 key 只需存储一次，在网络中进行数据交换时耗费的流量更少。

7.6 本章小结

本章主要介绍了文件与数据格式化的相关知识，包括文件的概念、文件的基本操作、文件与目录管理、数据维度与数据格式化。通过学习本章的内容，读者应能对计算机中的文件有一个基本的认识，可熟练操作文件和管理目录，并掌握常见的数据维度的格式化操作。

7.7 习题

一、填空题

1. 打开文件对文件进行读写后，应调用 ＿＿＿＿＿ 方法关闭文件以释放资源。

2. seek() 方法用于指定文件的读写位置，该方法的 ＿＿＿＿＿ 参数表示要偏移的字节数。

3. readlines() 方法读取整个文件内容后会返回一个 ＿＿＿＿＿。

4. os 模块中的 mkdir() 函数用于 ＿＿＿＿＿。

5. 在读写文件的过程中，＿＿＿＿＿ 方法可以获取当前的读写位置。

二、判断题

1. 文件打开的默认方式是只读。（   ）

2. 以读写方式打开一个文件，若文件已存在，文件内容会被清空。（   ）

3. 使用 write() 方法写入文件时，数据会追加到文件的末尾。（   ）

4. 实际开发中，目录操作需要使用 os 模块中的函数。（   ）

5. 使用 read() 方法只能一次性读取文件中的所有数据。（   ）

三、选择题

1. 打开一个已有文件，在文件末尾添加信息，正确的打开模式为（   ）。

A. r   B. w   C. a   D. w+

2. 假设文件不存在，如果使用 open() 方法打开文件会报错，那么该文件的打开模式是下列哪种？（   ）

A. r   B. w   C. a   D. w+

3. 假设 file 是文本文件对象，下列哪个选项可读取 file 的一行内容？（   ）

A. file.read()   B. file.read(200)

C. file.readline()   D. file.readlines()

4. 下列方法中，用于向文件中写入数据的是（   ）。

A. open()   B. write()   C. close()   D. read()

5. 下列方法中，用于获取当前目录的是（   ）。

A. open()   B. write()   C. getcwd()   D. read()

6. 下列代码要打开的文件应该在（   ）。

```
f = open('itheima.txt', 'w')
```

A. C 盘根目录   B. D 盘根目录   C. Python 安装目录   D. 程序所在目录

7. 若文本文件 abc.txt 中的内容如下：

```
abcdef
```

阅读下面的程序：

```
file = open('abc.txt', 'r')
data = file.readline()
data_list = list(data)
print(data_list)
```

以上程序的执行结果为（　　）。

A. ['abcdef']

B. ['abcdef\n']

C. ['a', 'b', 'c', 'd', 'e', 'f']

D. ['a', 'b', 'c', 'd', 'e', 'f', '\n']

四、简答题

1. 请简述文本文件和二进制文件的区别。

2. 请简述读取文件 3 种方法 read()、readline()、readlines() 的区别。

五、编程题

1. 读取一个文件，打印除以字符 # 开头的行之外的所有行。

2. 编写程序，实现文件备份功能。

3. 编写程序，读取一个存储若干数字的文件，对其中的数字排序后输出。

第 **8** 章

面向对象

拓展阅读

★理解面向对象编程思想

★明确类和对象的关系，可独立设计和使用类

★理解类的属性和方法

★掌握构造方法和析构方法的使用

★理解面向对象的三大特性：封装、继承、多态，并能将其熟练地运用到程序开发中

★掌握运算符的重载方法

面向对象是程序开发领域的重要思想，这种思想模拟了人类认识客观世界的思维方式，将开发中遇到的事物皆看作对象。Python 支持面向对象编程，且 3.x 版的 Python 源码全部基于面向对象设计，因此了解面向对象编程思想对 Python 学习而言非常重要。本章将对面向对象的相关知识进行详细讲解。

8.1　面向对象概述

提到面向对象，自然会联想到面向过程。面向过程是早期开发语言中大量使用的编程思想，基于这种思想开发程序时一般会先分析解决问题的步骤，使用函数实现每个步骤的功能，之后按步骤依次调用函数。面向过程只考虑函数中封装的代码逻辑，而不会考虑函数的归属关系。

面向对象与面向过程不同，它关注的不是解决问题的过程，基于面向对象思想开发程序时会先分析问题，从中提炼出多个对象，将不同对象各自的特征和行为进行封装，之后通过控制对象的行为来解决问题。

下面通过一个五子棋游戏带领大家感受面向过程编程和面向对象编程的区别。

1. 基于面向过程的分析

五子棋游戏的过程可以拆分为以下步骤。

（1）开始游戏。

（2）绘制棋盘画面。

（3）落黑子。

（4）绘制棋盘落子画面。

（5）判断输赢：赢则结束游戏，否则向下执行。

（6）落白子。

（7）绘制棋盘落子画面。

（8）判断输赢：赢则结束游戏，否则返回步骤（2）。

以上每个步骤的操作都可以封装为一个函数，按以上步骤逐个调用函数，即可实现一个五子棋游戏。五子棋游戏的过程如图 8-1 所示。

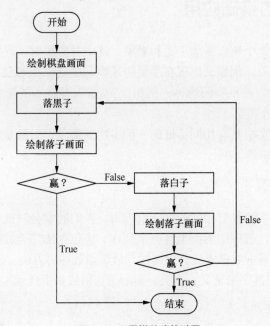

图 8-1 五子棋游戏的过程

2. 基于面向对象的分析

五子棋游戏以空棋盘开局，由执黑子的玩家优先在空棋盘上落子，执白子的玩家随后落子，如此黑白玩家交替落子，棋盘实时更新游戏画面，规则系统时刻判断棋盘的输赢情况。根据以上分析可知，五子棋游戏中可以提炼出 3 类对象：玩家、棋盘和规则系统。

（1）玩家：黑白双方，负责决定落子的位置。

（2）棋盘：负责绘制当前游戏的画面，向玩家反馈棋盘的状况。

（3）规则系统：负责判断游戏的输赢。

以上每类对象各自具有的特征和行为如表 8-1 所示。

表 8-1 五子棋游戏 3 类对象的特征和行为

对象	玩家	棋盘	规则系统
特征	棋子（黑或白子）	棋盘数据	无
行为	落子	显示棋盘 更新棋盘	判定胜负

每类对象都有自身的特征和行为，主程序通过对象去控制行为，每个对象既互相独立，

又保持互相协作。

面向对象保证了功能的统一性。例如，五子棋游戏要加入悔棋的功能，基于面向过程思想开发的程序需要改动输入、判断、显示等一系列步骤，甚至还要大规模地调整步骤之间的逻辑，这显然是非常麻烦的；在基于面向对象思想进行开发时，因为棋盘对象保存了游戏的画面，所以仅仅给棋盘对象增加回溯行为，玩家和规则系统对象不需要做任何调整。由此可见，面向对象编程更便于后续代码的维护和功能扩展。

8.2　类与对象的基础应用

面向对象编程中有 2 个核心概念：类和对象，其中对象映射了现实生活中真实存在的事物，它可以看得见摸得着，例如，你现在手里的这本书就是一个对象；类是抽象的，它是对一群具有相同特征和行为的事物的统称，例如，"书是人类进步的阶梯"中提到的书并不具体指哪一本，它就是一个类。

简单地说，类是现实中具有相同特征的一些事物的抽象，对象是类的实例。本节将对类的定义和使用进行详细讲解。

8.2.1　类的定义

现实生活中，一类事物具有相似的特征或行为，人们通常会对这一类事物进行命名以便区别于其他事物。同理，程序中的类也有一个名称，也包含描述类特征的数据成员，以及描述类行为的成员函数，其中数据成员称为属性，成员函数称为方法。

Python 使用 class 关键字来定义一个类。类的语法格式如下所示：

```
class 类名：
    属性名 = 属性值
    def 方法名 (self):
        方法体
```

以上格式中的 class 关键字标识类的开始；类名代表类的标识符，使用大驼峰命名法，首字母一般为大写字母；冒号是必不可少的；冒号之后跟着属性和方法，属性类似于前面章节中所学的变量，方法类似于前面章节中所学的函数，但方法参数列表中的第 1 个参数是一个指代对象的默认参数 self。

下面定义一个表示轿车的 Car 类，该类中包含描述轿车车轮数量的属性 wheels 和描述轿车行驶行为的方法 drive()，示例代码如下：

```
class Car:
    wheels = 4                                          # 属性
    def drive(self):                                    # 方法
        print（'行驶'）
```

8.2.2　对象的创建与使用

设计图可以帮助人们理解车的结构，但驾驶员若想驾驶汽车，必须要有一辆根据设计图生产的汽车。类和对象的关系就好比以上示例中的设计图和汽车。同理，程序若想要使用类，则需要根据类创建一个对象。

创建对象的语法格式如下所示：

```
对象名 = 类名 ()
```

例如，根据 8.2.1 节定义的 Car 类创建一个对象，代码如下：

```
car = Car()
```

对象的使用本质上就是对类或对象成员的使用，即访问属性或调用方法。访问属性或调用方法的语法格式如下所示：

```
对象名 . 属性名                                          # 访问属性
对象名 . 方法名 ()                                        # 调用方法
```

例如，使用 car 对象访问 wheels 属性，以及调用 drive() 方法，代码如下：

```
print(car.wheels)                                       # 访问属性
car.drive()                                             # 调用方法
```

运行代码，结果如下所示：

```
4
行驶
```

8.3　类的成员

类的成员包括属性和方法，默认它们可以在类的外部被访问或调用，但考虑到数据安全问题，有时需要将其设置为私有成员，限制类外部对其进行访问或调用。本节将从属性、方法和私有成员这 3 个方面对类的成员进行详细讲解。

8.3.1　属性

属性按声明的方式可以分为两类：类属性和实例属性。下面结合示例分别介绍类属性和实例属性。

1. 类属性

类属性是声明在类内部、方法外部的属性。例如，8.2 节示例中 Car 类内部声明的 wheels 属性就是一个类属性。类属性可以通过类或对象进行访问，但只能通过类进行修改。

例如，定义一个只包含类属性的 Car 类，创建 Car 类的对象，并分别通过类和对象访问、修改类属性，代码如下：

```
car = Car()
print(Car.wheels)                                       # 通过类 Car 访问类属性
print(car.wheels)                                       # 通过对象 car 访问类属性
Car.wheels = 3                                          # 通过类 Car 修改类属性 wheels
print(Car.wheels)
print(car.wheels)
car.wheels = 4                                          # 通过对象 car 修改类属性 wheels
print(Car.wheels)
print(car.wheels)
```

以上代码首先创建了一个 Car 类的对象 car，然后分别通过类 Car 和对象 car 访问类属性，之后通过类 Car 修改类属性 wheels 的值，并分别通过类 Car 和对象 car 访问类属性，最后通过对象 car 修改类属性 wheels 的值，分别通过类 Car 和对象 car 访问类属性。

运行代码，结果如下所示：

```
4
4
3
3
```

```
3
4
```

分析输出结果中的前 2 个数据可知，Car 类和 car 对象成功访问了类属性，结果都为 4；分析中间的 2 个数据可知，Car 类成功地修改了类属性的值，因此 Car 类和 car 对象访问的结果变为 3；分析最后的 2 个数据可知，Car 类访问的类属性的值仍然是 3，而 car 对象访问的结果为 4，说明 car 对象不能修改类属性的值。

大家此时可能会有一个疑问：为什么通过 car 对象最后一次访问类属性的值为 4？程序之所以出现这个问题，是因为此处"car.wheels = 4"语句的作用等于添加了一个与类属性同名的实例属性（见"实例属性（3）的介绍"）。

2. 实例属性

实例属性是在方法内部声明的属性，Python 支持动态添加实例属性。下面从访问实例属性、修改实例属性和动态添加实例属性 3 个方面对实例属性进行介绍。

（1）访问实例属性

实例属性只能通过对象进行访问。例如，定义一个包含方法和实例属性的类 Car，创建 Car 类的对象，并访问实例属性，代码如下：

```
class Car:
    def drive(self):
        self.wheels = 4                              # 添加实例属性
car = Car()                                          # 创建对象 car
car.drive()
print(car.wheels)                                    # 通过对象 car 访问实例属性
print(Car.wheels)                                    # 通过类 Car 访问实例属性
```

以上代码首先定义了 Car 类，该类中包含一个 drive() 方法，drive() 方法中使用 self 关键字添加了一个实例属性 wheels；然后创建了一个 Car 类的对象 car，对象 car 调用 drive() 方法为 Car 类添加实例属性；最后分别通过对象 car 和类 Car 访问实例属性。

运行代码，结果如下所示：

```
4
Traceback (most recent call last):
  File "E:/python_study/grammar.py", line 7, in <module>
    print(Car.wheels)                                # 通过类 Car 访问实例属性
AttributeError: type object 'Car' has no attribute 'wheels'
```

分析以上运行结果：程序通过对象 car 成功访问了实例属性，通过类 Car 访问实例属性时出现了错误，说明实例属性只能通过对象访问，不能通过类访问。

（2）修改实例属性

实例属性通过对象进行修改。例如，在以上示例中插入修改实例的代码，具体如下：

```
class Car:
    def drive(self):
        self.wheels = 4                              # 添加实例属性
car = Car()                                          # 创建对象 car
car.drive()
car.wheels = 3                                       # 修改实例属性
print(car.wheels)                                    # 通过对象 car 访问实例属性
```

运行代码，结果如下所示：

```
3
```

（3）动态添加实例属性

Python 支持在类的外部使用对象动态地添加实例属性。例如，在以上示例的末尾动态添加实例属性 color，增加的代码如下：

```
car.color = " 红色 "                                    # 动态地添加实例属性
print(car.color)
```

运行代码，结果如下所示：

```
3
红色
```

从以上结果可以看出，程序成功添加了实例属性，并通过对象访问了新增加的实例属性。

8.3.2　方法

Python 中的方法按定义方式和用途可以分为 3 类：实例方法、类方法和静态方法。

1. 实例方法

实例方法形似函数，但它定义在类内部、以 self 为第 1 个形参。例如，8.2.2 节中声明的 drive() 就是一个实例方法。实例方法中的 self 参数代表对象本身，它会在实例方法被调用时自动接收由系统传递的调用该方法的对象。

实例方法只能通过对象调用。例如，定义一个包含实例方法 drive() 的类 Car，创建 Car 类的对象，分别通过对象和类调用实例方法，代码如下：

```
class Car:
    def drive(self):                                    # 实例方法
        print(" 我是实例方法 ")
car = Car()
car.drive()                                             # 通过对象调用实例方法
Car.drive()                                             # 通过类调用实例方法
```

运行代码，结果如下所示：

```
我是实例方法
Traceback (most recent call last):
  File "E:/python_study/grammar.py", line 6, in <module>
    Car.drive()                                         # 通过类调用实例方法
TypeError: drive() missing 1 required positional argument: 'self'
```

从以上结果可以看出，程序通过对象成功调用了实例方法，通过类则无法调用实例方法。

2. 类方法

类方法是定义在类内部、使用装饰器 @classmethod 修饰的方法。类方法的语法格式如下所示：

```
@classmethod
def 类方法名 (cls):
    方法体
```

类方法中参数列表的第 1 个参数为 cls，代表类本身，它会在类方法被调用时自动接收由系统传递的调用该方法的类。

例如，定义一个包含类方法 stop() 的 Car 类，代码如下：

```
class Car:
    @classmethod
    def stop(cls):                                      # 类方法
        print(" 我是类方法 ")
```

类方法可以通过类和对象调用，示例代码如下：

```
car = Car()
car.stop()                                              # 通过对象调用类方法
Car.stop()                                              # 通过类调用类方法
```

运行代码，结果如下所示：

```
我是类方法
我是类方法
```

从以上结果可以看出，程序通过对象和类成功调用了类方法。

类方法中可以使用 cls 访问和修改类属性的值。例如，定义一个包含类属性、类方法的 Car 类，并在类方法中用 cls 访问和修改类属性，然后创建 Car 类的对象 car，对象 car 调用类方法。代码如下：

```python
class Car:
    wheels = 3                              # 类属性
    @classmethod
    def stop(cls):                          # 类方法
        print(cls.wheels)                   # 使用 cls 访问类属性
        cls.wheels = 4                      # 使用 cls 修改类属性
        print(cls.wheels)
car = Car()
car.stop()
```

运行代码，结果如下所示：

```
3
4
```

从以上结果可以看出，程序在类方法 stop() 中成功访问和修改了类属性 wheels 的值。

3. 静态方法

静态方法是定义在类内部、使用装饰器 @staticmethod 修饰的方法。静态方法的语法格式如下所示：

```python
@staticmethod
def 静态方法名():
    方法体
```

与实例方法和类方法相比，静态方法没有任何默认参数，它适用于与类无关的操作，或者无须使用类成员的操作，常见于一些工具类中。

例如，定义一个包含静态方法的 Car 类，代码如下：

```python
class Car:
    @staticmethod
    def test():                            # 静态方法
        print( "我是静态方法")
```

静态方法可以通过类和对象调用。例如，创建 Car 类的对象 car，分别通过对象和类调用静态方法，代码如下：

```python
car = Car()
car.test()                                 # 通过对象调用静态方法
Car.test()                                 # 通过类调用静态方法
```

运行代码，结果如下所示：

```
我是静态方法
我是静态方法
```

静态方法内部不能直接访问属性或方法，但可以使用类名访问类属性或调用类方法，示例代码如下：

```python
class Car:
    wheels = 3                             # 类属性
    @staticmethod
    def test():
        print("我是静态方法")
        print(f"类属性的值为 {Car.wheels}")    # 静态方法中访问类属性
car = Car()
car.test()
```

运行代码，结果如下所示：

```
我是静态方法
```

类属性的值为 3

8.3.3　私有成员

　　类的成员默认是公有成员，可以在类的外部通过类或对象随意访问，这样显然不够安全。为了保证类中数据的安全，Python 支持将公有成员改为私有成员，在一定程度上限制在类的外部对类成员的访问。

　　Python 通过在类成员的名称前面添加双下画线（__）的方式来表示私有成员，语法格式如下：

```
__属性名
__方法名
```

　　例如，定义一个包含私有属性 __wheels 和私有方法 __drive() 的 Car 类，代码如下：

```python
class Car:
    __wheels = 4                        # 私有属性
    def __drive(self):                  # 私有方法
        print("行驶")
```

　　以上示例中定义的 2 个私有成员在类的内部可以直接访问，在类的外部不能直接访问，但可以通过调用类的公有方法的方式进行访问。

　　在以上定义的 Car 类中增加一个公有方法 test()，并在公有方法 test() 中访问私有属性 __wheels、调用私有方法 __drive()，修改后的代码如下：

```python
class Car:
    __wheels = 4                        # 私有属性
    def __drive(self):                  # 私有方法
        print("行驶")
    def test(self):
        print(f"轿车有{self.__wheels}个车轮")   # 公有方法中访问私有属性
        self.__drive()                        # 公有方法中调用私有方法
```

　　创建 Car 类的对象 car，通过对象 car 访问私有属性，并分别调用私有方法 __drive() 和公有方法 test()，示例代码如下：

```python
car = Car()
print(car.__wheels)                     # 类外部访问私有属性
car.__drive()                           # 类外部调用私有方法
car.test()
```

　　运行代码，结果如下所示：

```
Traceback (most recent call last):
  File "E:/python_study/grammar.py", line 9, in <module>
    print(car.__wheels)                 # 类外部访问私有属性
AttributeError: 'Car' object has no attribute '__wheels'
```

　　以上输出的错误信息显示 Car 类的对象中没有 __wheels 属性，说明在类的外部无法访问私有属性。

　　注释代码"print(car.__wheels)"，继续运行后又出现如下错误信息：

```
AttributeError: 'Car' object has no attribute '__drive'
```

　　以上错误信息显示 Car 类的对象中没有 __drive() 方法，说明在类的外部无法访问私有方法。

　　注释代码"car.__drive()"，继续运行代码，结果如下所示：

```
轿车有 4 个车轮
行驶
```

　　从以上输出结果可以看出，在类的外部通过公有方法 test() 成功访问了私有属性 __wheels，并调用了私有方法 __drive()。

　　由此可知，类的私有成员只能在类的内部直接访问，但可以在类的外部通过类的公有方法间接访问。

8.4   特殊方法

除了 8.3 节介绍的 3 个方法外，类中还有 2 个特殊的方法：构造方法和析构方法，这 2 个方法都是系统内置方法。本节将对构造方法和析构方法的使用进行详细讲解。

8.4.1   构造方法

构造方法（即 __init__() 方法）是类中定义的特殊方法，该方法负责在创建对象时对对象进行初始化。每个类默认都有一个 __init__() 方法，如果一个类中显式地定义了 __init__() 方法，那么创建对象时调用显式定义的 __init__() 方法；否则调用默认的 __init__() 方法。

__init__() 方法可以分为无参构造方法和有参构造方法。

（1）当使用无参构造方法创建对象时，所有对象的属性都有相同的初始值。

（2）当使用有参构造方法创建对象时，所有对象的属性可以有不同的初始值。

下面定义一个包含无参构造方法和实例方法 drive() 的 Car 类，分别创建 2 个 Car 类的对象 car_one 和 car_two，通过对象 car_one 和 car_two 调用 drive() 方法，示例代码如下：

```
class Car:
    def __init__(self):                              # 无参构造方法
        self.color = "红色"
    def drive(self):
        print(f" 车的颜色为：{self.color}")
car_one = Car()                                      # 创建对象并初始化
car_one.drive()
car_two = Car()                                      # 创建对象并初始化
car_two.drive()
```

运行代码，结果如下所示：

```
车的颜色为：红色
车的颜色为：红色
```

从以上结果可以看出，对象 car_one 和 car_two 在调用 drive() 方法时都成功访问了 color 属性，说明系统在创建这 2 个对象的同时也调用 __init__() 方法对其进行了初始化。

下面定义一个包含有参构造方法和实例方法 drive() 的 Car 类，分别创建 Car 类的对象 car_one 和 car_two，通过对象 car_one 和 car_two 调用 drive() 方法，示例代码如下：

```
class Car:
    def __init__(self, color):                       # 有参构造方法
        self.color = color                           # 将形参赋值给属性
    def drive(self):
        print(f" 车的颜色为：{self.color}")
car_one = Car("红色")                                # 创建对象，并根据实参初始化属性
car_one.drive()
car_two = Car("蓝色")                                # 创建对象，并根据实参初始化属性
car_two.drive()
```

运行代码，结果如下所示：

```
车的颜色为：红色
车的颜色为：蓝色
```

从以上结果可以看出，对象 car_one 和 car_two 在调用 drive() 方法时都成功访问了 color 属性，且它们的属性具有不同的初始值。

8.4.2　析构方法

析构方法（即 __del__() 方法）是销毁对象时系统自动调用的特殊方法。每个类默认都有一个 __del__() 方法。如果一个类中显式地定义了 __del__() 方法，那么销毁该类的对象时会调用显式定义的 _del__() 方法；如果一个类中没有定义 __del__() 方法，那么销毁该类的对象时会调用默认的 __del__() 方法。

下面定义一个包含构造方法和析构方法的 Car 类，然后创建 Car 类的对象，之后分别在 del 语句执行前后访问 Car 类的对象的属性，示例代码如下：

```python
class Car:
    def __init__(self):
        self.color = "蓝色"
        print("对象被创建")
    def __del__(self):                          # 析构方法
        print("对象被销毁")
car = Car()
print(car.color)
del car                                         # 使用 del 语句删除对象的引用
print(car.color)
```

以上示例首先定义一个 Car 类，Car 类中包含构造方法和析构方法，其中构造方法中添加了一个 color 属性；然后创建 Car 类的对象 car，访问对象 car 的 color 属性；最后使用 del 语句删除对象 car 的引用，删除后再次访问对象 car 的 color 属性。

运行代码，结果如下所示：

```
对象被创建
蓝色
对象被销毁
Traceback (most recent call last):
  File "E:/python_study/grammar.py", line 10, in <module>
    print(car.color)
NameError: name 'car' is not defined
```

从以上结果可以看出，程序在删除 Car 类的对象 car 之前成功访问了 color 属性；在删除 Car 类的对象 car 后调用了析构方法，打印 "对象被销毁" 语句；在销毁 Car 类的对象 car 后因无法使用 Car 类的对象访问属性而出现错误信息。

多学一招：销毁对象

与文件类似，每个对象都会占用系统的一部分内存，使用之后若不及时销毁，会浪费系统资源。那么对象什么时候销毁呢？Python 通过引用计数器记录所有对象的引用（可以理解为对象所占内存的别名）数量，一旦某个对象的引用计数器的值为 0，系统就会销毁这个对象，收回对象所占用的内存空间。

8.5　实训案例

8.5.1　好友管理系统

如今的社交软件层出不穷，虽然功能千变万化，但都具有好友管理系统的基本功能，包括添加好友、删除好友、备注好友、展示好友、好友分组等功能。下面是一个简单的好友管理系统的功能菜单，如图 8-2 所示。

案例详情

```
** 欢迎使用好友管理系统 **
1：添加好友
2：删除好友
3：备注好友
4：展示好友
5：好友分组
6：退出
请选择功能
```

图 8-2　好友管理系统的功能菜单

图 8-2 所示的好友管理系统中有 6 个功能，每个功能都对应一个序号，用户可根据下方提示"请选择功能"选择序号执行相应的操作，内容如下。

- 添加好友：用户根据提示"请输入要添加的好友："输入要添加好友的姓名，添加后会提示"好友添加成功"。

- 删除好友：用户根据提示"请输入删除好友姓名："输入要删除好友的姓名，删除后提示"删除成功"。

- 备注好友：用户根据提示"请输入要修改的好友姓名："和"请输入修改后的好友姓名："分别输入修改前和修改后的好友姓名，修改后会提示"备注成功"。

- 展示好友：展示用户功能分为展示所有好友和展示分组中的好友，如果用户选择展示所有好友，那么程序将好友列表中的所有好友进行展示；如果用户选择展示分组好友，那么程序根据用户选择的分组名展示此分组中的所有好友。

- 好友分组：好友分组功能用于将好友划分为不同的组，执行好友分组功能会提示用户是否创建新的分组。

- 退出：关闭好友管理系统。

本案例要求编写程序，实现一个基于面向对象思想的、具有上所述功能的好友管理系统。

8.5.2　生词本

背单词是英语学习中最基础的一环，不少用户在背诵单词的过程中会记录生词，以不断拓展自己的词汇量。生词本是一款专门为用户背单词而设计的软件，它有背单词、添加新单词、删除单词、查找单词、清空生词本、退出生词本这些基本功能。本案例要求编写代码，实现一个基于面向对象思想的、具有上述功能的生词本程序。

案例详情

8.6　封装

封装是面向对象的重要特性之一，它的基本思想是对外隐藏类的细节，提供用于访问类成员的公开接口。类的外部无须知道类的实现细节，只需要使用公开接口便可访问类的内容，故在一定程度上保证了类内数据的安全。

为了契合封装思想，在定义类时需要满足以下 2 点要求。

（1）将属性声明为私有属性。

（2）添加 2 个供外界调用的公有方法，分别用于设置或获取私有属性的值。

下面结合以上 2 点要求定义一个 Person 类，示例代码如下：

```
class Person:
    def __init__(self, name):
        self.name = name                       # 姓名
        self.__age = 1                         # 年龄，默认为 1 岁，私有属性
    # 设置私有属性值的方法
    def set_age(self, new_age):
        if 0 < new_age <= 120:                 # 判断年龄是否合法
            self.__age = new_age
    # 获取私有属性值的方法
    def get_age(self):
        return self.__age
```

以上示例定义的 Person 类中包含公有属性 name、私有属性 __age、公有方法 set_age() 和 get_age()，其中 __age 属性的默认值为 1，set_age() 方法为外界提供了设置 __age 属性值的接口，get_age() 方法为外界提供了获取 __age 属性的值的接口。

Person 类定义完成后，创建 Person 类的对象 person，通过对象 person 调用 set_age() 方法设置 __age 属性的值为 20，然后通过对象 person 调用 get_age() 方法获取 __age 属性的值。示例代码如下：

```
person = Person("小明")
person.set_age(20)
print(f"年龄为{person.get_age()}岁")
```

运行代码，结果如下所示：

```
年龄为 20 岁
```

结合示例代码和结果进行分析：程序获取的私有属性 __age 值为 20，说明属性值设置成功。由此可知，程序只能通过类提供的 2 个公有方法访问私有属性，这既保证了类的属性的安全性，又避免了随意给属性赋值的现象。

8.7 继承

"龙生龙，凤生凤，老鼠的儿子会打洞。"这句话将动物界中的继承关系表现得淋漓尽致。继承是面向对象的重要特性之一，它主要用于描述类与类之间的关系，在不改变原有类的基础上扩展原有类的功能。若类与类之间具有继承关系，被继承的类称为父类或基类，继承其他类的类称为子类或派生类，子类会自动拥有父类的公有成员。本节将对继承的相关知识进行详细讲解。

8.7.1 单继承

单继承即子类只继承一个父类。现实生活中，波斯猫、折耳猫、短毛猫都属于猫类，它们之间存在的继承关系即为单继承，如图 8-3 所示。

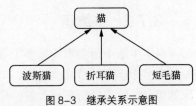

图 8-3　继承关系示意图

Python 中单继承的语法格式如下所示：

```
class 子类名(父类名):
```

子类继承父类的同时会自动拥有父类的公有成员。若在定义类时不指明该类的父类，那么该类默认继承基类 object。

下面定义一个猫类 Cat 和一个继承 Cat 类的折耳猫类 ScottishFold，代码如下：

```
class Cat(object):
```

```
    def __init__(self, color):
        self.color = color
    def walk(self):
        print(" 走猫步 ~ ")
# 定义继承 Cat 类的 ScottishFold 类
class ScottishFold(Cat):
    pass
fold = ScottishFold(" 灰色 ")                              # 创建子类的对象
print(f"{fold.color} 的折耳猫 ")                           # 子类访问从父类继承的属性
fold.walk()                                               # 子类调用从父类继承的方法
```

以上示例首先定义了一个类 Cat，Cat 类中包含 color 属性和 walk() 方法；然后定义了一个继承 Cat 类的子类 ScottishFold，ScottishFold 类中没有任何属性和方法；最后创建了 ScottishFold 类的对象 fold，使用 fold 对象访问 color 属性、调用 walk() 方法。

运行代码，结果如下所示：

```
灰色的折耳猫
走猫步 ~
```

从以上结果可以看出，程序使用子类的对象成功访问了父类的属性和方法，说明子类继承父类后会自动拥有父类的公有成员。

需要注意的是，子类不会拥有父类的私有成员，也不能访问父类的私有成员。在以上示例的 Cat 类中增加一个私有属性 __age 和一个私有方法 __test()，修改后 Cat 类的代码如下所示：

```
class Cat(object):
    def __init__(self, color):
        self.color = color
        self.__age = 1
    def walk(self):
        print(" 走猫步 ~ ")
    def __test(self):
        print(" 父类的私有方法 ")
```

在示例末尾增加访问私有属性和调用私有方法的代码：

```
print(fold.__age)                                         # 子类访问父类的私有属性
fold.__test()                                             # 子类调用父类的私有方法
```

运行代码，出现如下所示的错误信息：

```
AttributeError: 'ScottishFold' object has no attribute '__age'
```

注释访问私有属性的代码，继续运行代码，出现如下所示的错误信息：

```
AttributeError: 'ScottishFold' object has no attribute '__test'
```

由以上 2 次错误信息可知，子类继承父类后不会拥有父类的私有成员。

8.7.2　多继承

现实生活中很多事物是多个事物的组合，它们同时具有多个事物的特征或行为，例如沙发床是沙发与床的组合，既可以折叠成沙发的形状，也可以展开成床的形状；房车是房屋和汽车的组合，既具有房屋的居住行为，也具有汽车的行驶行为，它们的继承关系如图 8-4 所示。

程序中的一个类也可以继承多个类，即子类具有多个父类，也自动拥有所有父类的公有成员。Python 中多继承的语法格式如下所示：

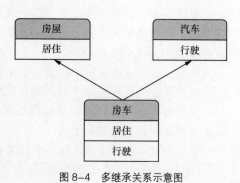

图 8-4　多继承关系示意图

```
class 子类名 ( 父类名 1, 父类名 2, ...):
```

例如，定义一个表示房屋的类 House、一个表示汽车的类 Car 和一个继承 House 和 Car
的子类 TouringCar，代码如下：

```
# 定义一个表示房屋的类 House
class House(object):
    def live(self):                                    # 居住
        print(" 供人居住 ")
# 定义一个表示汽车的类 Car
class Car(object):
    def drive(self):                                   # 行驶
        print(" 行驶 ")
# 定义一个表示房车的类，继承 House 类和 Car 类
class TouringCar(House, Car):
    pass
tour_car = TouringCar()
tour_car.live()                                        # 子类对象调用父类 House 的方法
tour_car.drive()                                       # 子类对象调用父类 Car 的方法
```

以上示例首先定义了包含 live() 方法的类 House 和包含 drive() 方法的类 Car；然后定
义了一个继承 House 类、Car 类，但自身未额外定义成员的子类 TouringCar；最后创建了
TouringCar 类的对象 tour_car，并使用 tour_car 对象依次调用 live() 和 drive() 方法。

运行代码，结果如下所示：

```
供人居住
行驶
```

从以上结果可以看出，子类继承多个父类后自动拥有了多个父类的公有成员。

试想一下，如果 House 类和 Car 类中有一个同名的方法，那么子类会调用哪个父类的同
名方法呢？如果子类继承的多个父类是平行关系的类，那么子类先继承哪个类，便会先调用
哪个类的方法。

在本节定义的 House 类和 Car 类中分别添加一个 test() 方法，各类中添加的代码具体如下。

House 类：

```
def test(self):
    print("House 类测试 ")
```

Car 类：

```
def test(self):
    print("Car 类测试 ")
```

在本节示例代码末尾添加调用 test() 方法的代码，如下所示：

```
tour_car.test()        # 子类对象调用 2 个父类的同名方法
```

运行代码，结果如下所示：

```
供人居住
行驶
House 类测试
```

从以上结果可以看出，子类调用了先继承的 House 类的 test() 方法。

8.7.3　重写

现实生活中，每个人见面时都会跟对方有礼貌地打招呼，但不同国家的人打招呼的表达
方式有所不同，例如英国人打招呼时会说 "hello"，而中国人打招呼时会问 "吃了吗"。程序中，
子类会原封不动地继承父类的方法，但子类有时需要按照自己的需求对继承来的方法进行调
整，即在子类中重写从父类继承来的方法。

Python 中实现方法重写的方式非常简单，只要在子类中定义与父类方法同名的方法，

然后在方法中按照子类需求重新编写功能代码即可。例如，定义一个表示人的类 Person 和一个继承了 Person 类的、表示中国人的子类 Chinese，在 Chinese 类中重写 Person 类的方法，代码如下：

```
# 定义一个表示人的类
class Person(object):
    def say_hello(self):
        print("打招呼! ")
# 定义一个表示中国人的类
class Chinese(Person):
    def say_hello(self):                        # 重写的方法
        print("吃了吗? ")
```

若子类重写了父类的方法，子类对象默认调用的是子类重写的方法。在以上示例的末尾补充创建子类对象和调用 say_hello() 方法的代码，具体如下所示：

```
chinese = Chinese()
chinese.say_hello()                             # 子类调用重写的方法
```

运行代码，结果如下所示：

```
吃了吗?
```

从以上结果可以看出，chinese 对象调用的是子类 Chinese 重写的 say_hello() 方法。

子类重写了父类的方法后，无法直接访问父类的同名方法，但可以使用 super() 函数间接调用父类中重写前的方法。

下面对上述示例进行修改，在 Chinese 类的 say_hello() 方法中调用父类的 say_hello() 方法，修改后的 Chinese 类的定义如下：

```
class Chinese(Person):
    def say_hello(self):
        super().say_hello()                     # 调用父类重写前的方法
    print("吃了吗? ")
```

运行代码，结果如下所示：

```
打招呼!
吃了吗?
```

从以上结果可以看出，程序调用的是父类的 say_hello() 方法，说明子类通过 super() 函数成功调用了父类重写前的方法。

8.8　多态

多态是面向对象的重要特性之一，它的直接表现是让不同类的同一功能可以通过同一个接口调用，并表现出不同的行为。例如，定义一个猫类 Cat 和一个狗类 Dog，为这 2 个类都定义 shout() 方法，示例代码如下：

```
class Cat:
    def shout(self):
        print("喵喵喵~")
class Dog:
    def shout(self):
        print("汪汪汪! ")
```

定义一个接口，通过这个接口调用 Cat 类和 Dog 类中的 shout() 方法，示例代码如下：

```
...
def shout(obj):
    obj.shout()
```

```
cat = Cat()
dog = Dog()
shout(cat)
shout(dog)
```

运行代码，结果如下所示：

```
喵喵喵~
汪汪汪!
```

以上示例通过同一个接口 shout() 调用了 Cat 类和 Dog 类的 shout() 方法，同一操作获取不同结果，体现了面向对象中多态这一特性。

利用多态这一特性编写代码不会影响类的内部设计，但可以提高代码的兼容性，让代码的调度更加灵活。

8.9　运算符重载

运算符重载是指赋予内置运算符新的功能，使内置运算符能适应更多的数据类型。当定义一个类时，如果这个类中重写了 Python 基类 object 内置的有关运算符的特殊方法，那么该特殊方法对应的运算符将支持对该类的实例进行运算。

基类 object 中提供的一些特殊方法及其对应的运算符如表 8-2 所示。

表 8-2　特殊方法及其对应的运算符

特殊方法	运算符
__add__()	+
__sub__()	−
__mul__()	*
__truediv__()	/
__mod__()	%
__pow__()	**
__contains__()	in
__eq__()、__ne__()、__lt__()、__le__()、__gt__()、__ge__()	==、!=、<、<=、>、>=
__and__()、__or__()、__invert__()、__xor__()	&、|、~、^
__iadd__()、__isub__()、__imul__()、__itruediv__()	+=、-=、*=、/=

下面定义一个表示计算器的 Calculator 类，并重写该类的特殊方法 __add__()、__sub__()、__mul__()、__truediv__()，使运算符 +、−、*、/ 能够支持针对 Calculator 对象的运算，具体代码如下：

```
# 定义一个表示计算器的类
class Calculator(object):
    def __init__(self, number):              # 记录数值
        self.number = number
    def __add__(self, other):                # 重载运算符+
        self.number = self.number + other
        return self.number
```

```
    def __sub__(self, other):                          # 重载运算符 -
        self.number = self.number - other
        return self.number
    def __mul__(self, other):                          # 重载运算符 *
        self.number = self.number * other
        return self.number
    def __truediv__(self, other):                      # 重载运算符 /
        self.number = self.number / other
        return self.number
```

创建 Calculator 类的对象 calculator，让该对象使用运算符与一个数分别执行加减乘除操作，具体如下所示：

```
calculator = Calculator(10)
print(calculator + 5)                          # calculator 对象与数值相加
print(calculator - 5)                          # calculator 对象与数值相减
print(calculator * 5)                          # calculator 对象与数值相乘
print(calculator / 5)                          # calculator 对象与数值相除
```

运行代码，结果如下所示：

```
15
10
50
10.0
```

从以上结果可以看出，对运算符进行重载后，自定义类 Calculator 也可以进行四则运算。

8.10   实训案例

8.10.1   人机猜拳游戏

相信大家对猜拳游戏都不陌生。猜拳游戏又称"猜丁壳"，是一个古老、简单、常用于解决争议的游戏。猜拳游戏一般包含 3 种手势：石头、剪刀、布，判定规则为石头胜剪刀，剪刀胜布，布胜石头。本案例要求编写代码，实现基于面向对象思想的人机猜拳游戏。

8.10.2   自定义列表

列表是 Python 内置的数据类型，可以灵活地增加、删除、修改、查找其中的元素，但即使列表只包含数值，它仍不支持与数字类型进行四则运算。为使列表支持四则运算，可以自定义一个列表类，在该类中重载运算符，使列表中各元素分别与数值相加、相减、相乘或相除后所得的结果组成该列表的新元素。本案例要求编写代码，重载运算符，使列表支持四则运算。

8.11   阶段案例——银行管理系统

银行管理系统是一个集开户、查询、取款、存款、转账、锁定、解锁、退出等一系列业务于一体的管理系统，随着计算机技术在金融行业的广泛应用，银行企业采用管理系统替代了传统手工记账的方式，这极大地缩短了用户办理基础储蓄业务的时间，提升了银行企业的形象。

　　假设现有一银行管理系统，该系统的"欢迎登录银行管理系统"界面和"功能菜单"界面分别如图 8-5 和图 8-6 所示。

```
**************************************
***                               ***
***                               ***
***      欢迎登录银行管理系统        ***
***                               ***
***                               ***
**************************************
```

图 8-5　"欢迎登录银行管理系统"界面

```
******************************************
***                                    ***
***   1. 开户（1）         2. 查询（2）   ***
***   3. 取款（3）         4. 存款（4）   ***
***   5. 转账（5）         6. 锁定（6）   ***
***   7. 解锁（7）                      ***
***                                    ***
***   退出（Q）                         ***
***                                    ***
******************************************
```

图 8-6　"功能菜单"界面

　　银行管理系统启动后会显示"欢迎登录银行管理系统"界面，并要求工作人员按照提示输入管理员的账户和密码，输入正确的账户和密码后方可进入"功能菜单"界面，否则直接退出银行管理系统。管理员信息输入正确和输入错误的提示信息如图 8-7 所示。

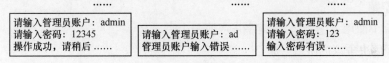

图 8-7　管理员信息输入正确和输入错误的提示信息

　　图 8-6 所示的"功能菜单"界面显示了银行管理系统的全部功能，包括开户、查询、取款、存款、转账、锁定、解锁和退出，每个功能的介绍如下。

　　● 开户功能：用户根据提示依次输入姓名、身份证号、手机号、预存金额、密码等信息，输入无误后会获取系统随机生成的一个不重复的由 6 位数字组成的卡号。

　　● 查询功能：用户根据提示输入正确的卡号、密码后，可以查询卡中余额，若连续 3 次输入错误的密码，则卡号会被锁定。

　　● 取款功能：用户根据提示输入正确的卡号、密码后，可以看到系统显示的卡中余额，之后输入取款金额，会看到系统显示取款后的卡中余额。如果用户连续 3 次输入错误的密码，那么用户的卡号会被锁定；如果用户输入的取款金额大于卡中余额或小于 0，那么系统进行提示并返回"功能菜单"界面。

　　● 存款功能：用户根据提示输入正确的卡号、密码后，可以看到系统显示的卡中余额，之后输入存款金额，会看到系统显示取款后的卡中余额。如果用户输入的存款金额小于 0，那么系统进行提示并返回"功能菜单"界面。

　　● 转账功能：用户根据提示分别输入转出卡号和转入卡号，之后输入转账金额，并再次确认是否执行转账功能，确定执行转账功能后，转出卡与转入卡做相应金额计算；取消转账功能后，回退到之前的操作。如果用户连续 3 次输入错误的密码，那么用户的卡号会被锁定。

● 锁定功能：用户根据提示输入卡号、密码后，会看到系统显示的锁定成功的信息。锁定的卡号不能进行查询、取款、存款、转账等操作。

● 解锁功能：用户根据提示输入卡号、密码后，会看到系统显示的解锁成功的信息。解锁的卡号可以重新进行查询、取款、存款、转账等操作。

● 退出功能：工作人员根据提示输入管理员的账户和密码，如果输入了错误的账户或密码，会返回到系统的"功能菜单"界面；如果输入正确的账户和密码，那么会退出系统。

本案例要求编写程序，实现一个基于面向对象的、具有上述功能的银行管理系统。

8.12　本章小结

本章主要讲解了面向对象的相关知识，包括面向对象的概念、类与对象的基础应用、类的成员、特殊方法、封装、继承、多态、运算符重载，并结合多个实训案例供读者练习面向对象的编程技巧。通过学习本章的内容，读者应能理解面向对象的思想与特性，掌握面向对象编程的技巧，为以后的程序开发奠定扎实的面向对象思维基础。

8.13　习题

一、填空题

1. Python 中使用 _____ 关键字来声明一个类。

2. 类的成员包括 _____ 和 _____。

3. Python 可以通过在类成员名称之前添加 _____ 的方式将公有成员改为私有成员。

4. 被继承的类称为 _____，继承其他类的类称为 _____。

5. 子类中使用 _____ 函数可以调用父类的方法。

二、判断题

1. Python 通过类可以创建对象，有且只有一个对象。（　　）

2. 实例方法可以由类和对象调用。（　　）

3. 子类能继承父类全部的属性和方法。（　　）

4. 创建类的对象时，系统会自动调用构造方法进行初始化。（　　）

5. 子类中不能重新实现从父类继承的方法。（　　）

三、选择题

1. 下列关于类的说法，错误的是（　　）。

A. 类中可以定义私有方法和属性　　　　　B. 类方法的第一个参数是 cls

C. 实例方法的第一个参数是 self　　　　　D. 类的实例无法访问类属性

2. 下列方法中，只能由对象调用的是（　　）。

A. 类方法　　　　　B. 实例方法　　　　　C. 静态方法　　　　　D. 析构方法

3.下列方法中，负责初始化属性的是（　　）。

A. __del__()　　　　　　B. __init__()　　　　　　　C. __init()　　　　　　　D. __add__()

4.下列选项中，不属于面向对象三大重要特性的是（　　）。

A.抽象　　　　　　　B.封装　　　　　　　　C.继承　　　　　　　D.多态

5.请阅读下面的代码：

```
class Test:
    count = 21
    def print_num(self):
        count = 20
        self.count += 20
        print(count)
test = Test()
test.print_num()
```

运行代码，输出结果为（　　）。

A. 20　　　　　　　B. 40　　　　　　　C. 21　　　　　　　D. 41

四、简答题

1.简述实例方法、类方法、静态方法的区别。

2.简述构造方法和析构方法的特点。

3.简述面向对象的三大特性。

五、编程题

1.设计一个 Circle（圆）类，该类中包括属性 radius（半径），还包括 __init__()、get_perimeter()（求周长）和 get_area()（求面积）共 3 个方法。设计完成后，创建 Circle 类的对象求圆的周长和面积。

2.设计一个 Course（课程）类，该类中包括 number（编号）、name（名称）、teacher（任课教师）、location（上课地点）共 4 个属性，其中 location 是私有属性；还包括 __init__()、show_info()（显示课程信息）共 2 个方法。设计完成后，创建 Course 类的对象显示课程的信息。

第9章

异常

拓展阅读

学习目标

★ 了解异常的概念和类型，熟悉常见的几种异常
★ 了解捕获异常的几种方式，熟悉 raise 语句和 assert 语句
★ 掌握程序中传递异常的方法
★ 掌握自定义异常与使用自定义异常的方法

无论是编写程序的过程中，还是后续程序运行时都可能出现异常，开发人员和运维人员需要辨别程序的异常，明确这些异常是源于程序本身的设计问题，还是由外界环境的变化引起的，以便有针对性地处理异常。为了帮助开发人员和运维人员处理异常，Python 提供了功能强大的异常处理机制，本章就对异常的相关内容进行详细讲解。

9.1 异常概述

9.1.1 认识异常

程序运行出现异常时，若程序中没有设置异常处理功能，解释器会采用系统的默认方式处理异常，即返回异常信息、终止程序。

异常信息中通常包含异常代码所在行号、异常的类型和异常的描述信息。以四则运算为例：我们知道在四则运算中 0 不能作为除数进行计算，同样，若程序中以 0 作为除数，程序运行时相关代码便会引发异常。因除数为 0 而产生异常的相关信息如下：

```
Traceback (most recent call last):
  File "E:/python_study/grammar.py", line 1, in <module>
    print(1/0)
ZeroDivisionError: division by zero
```

以上信息中的第 2 ~ 3 行指出了异常所在行号与此行的代码；第 4 行说明了本次异常的类型和异常的描述。根据异常描述 "division by zero" 和异常位置，我们很快便能判断出此次异常是由于 "print(1 / 0)" 这行代码中将 0 作为除数产生的。

9.1.2 异常的类型

Python 程序运行出错时产生的每个异常类型都对应一个类，程序运行时出现的异常大多继承自 Exception 类，Exception 类又继承自异常类的基类 BaseException。下面通过一张图来说明 Python 中异常类的继承关系，如图 9-1 所示。

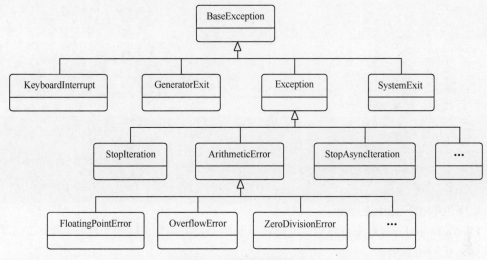

图 9-1　异常类的继承关系

由图 9-1 可知，BaseException 类是所有异常类型的基类，它派生了 4 个子类：Exception、KeyboardInterrupt、GeneratorExit 和 SystemExit。其中，Exception 是所有内置的、非系统退出的异常的基类；KeyboardInterrupt 是用户中断执行时会产生的异常；GeneratorExit 表示生成器退出异常；SystemExit 表示 Python 解释器退出异常。

Exception 类内置了众多常见的异常。下面通过示例介绍几种程序中经常出现的异常，具体示例如下。

1. NameError

NameError 是程序中使用了未定义的变量时引发的异常。例如，访问一个未定义过的变量 test，代码如下：

```
print(test)
```

运行代码，结果如下所示：

```
Traceback (most recent call last):
  File "E:/python_study/grammar.py", line 1, in <module>
    print(test)
NameError: name 'test' is not defined
```

2. IndexError

IndexError 是程序越界访问时引发的异常。例如，访问空列表 num_list 索引为 0 的数据，代码如下：

```
num_list = []
print(num_list[0])
```

运行代码，结果如下所示：

```
Traceback (most recent call last):
  File "E:/python_study/grammar.py", line 2, in <module>
    print(num_list[0])
```

```
IndexError: list index out of range
```

3. AttributeError

AttributeError 是使用对象访问不存在的属性引发的异常。例如，Car 类中动态添加了 2 个属性 color 和 brand，使用 Car 类的对象依次访问 color、brand 属性和不存在的 name 属性，代码如下：

```
class Car(object):
    pass
car = Car()
car.color = "黑色"
car.brand = '五菱'
print(car.color)
print(car.brand)
print(car.name)
```

运行代码，结果如下所示：

```
黑色
五菱
Traceback (most recent call last):
  File "E:/python_study/grammar.py", line 8, in <module>
    print(car.name)
AttributeError: 'Car' object has no attribute 'name'
```

4. FileNotFoundError

FileNotFoundError 是未找到指定文件或目录时引发的异常。例如，打开一个本地不存在的文件，代码如下：

```
file = open("test.txt")
```

运行代码，结果如下所示：

```
Traceback (most recent call last):
  File "E:/python_study/grammar.py", line 1, in <module>
    file = open("test.txt")
FileNotFoundError: [Errno 2] No such file or directory: 'test.txt'
```

9.2　异常捕获语句

Python 程序在运行时检测到异常会直接崩溃，这种系统默认的异常处理方式并不友好。不过 Python 既可以直接通过 try-except 语句实现简单的异常捕获与处理的功能，也可以将 try-except 语句与 else 或 finally 子句组合，从而实现更强大的异常捕获与处理的功能。本节将对异常捕获语句的相关内容进行详细讲解。

9.2.1　使用 try-except 语句捕获异常

try-except 语句的语法格式如下：

```
try:
    可能出错的代码
except [异常类型 [as error]]:                    # 将捕获到的异常对象赋值给 error
    捕获异常后的处理代码
```

以上格式中 try 子句之后为可能出错的代码，也就是需要被监控的代码；except 子句中可以指定异常类型，若指定了异常类型，该子句只对与指定异常类型相匹配的异常进行处理，否则处理 try 语句捕获的所有异常；except 子句中的 as 关键字用于将捕获到的异常对象赋给

error；except 子句后的代码是处理异常时执行的代码。

try-except 语句的执行过程为：优先执行 try 子句中可能出错的代码。若 try 子句中没有出现异常，忽略 except 子句继续向下执行；若 try 子句中出现异常，忽略 try 子句的剩余代码，转而执行 except 子句：若程序出现的异常类型与 except 子句中指定的异常类型匹配，使用 error 记录异常信息，执行 except 子句中的代码，否则按系统默认的方式终止程序。

try-except 语句可以捕获与处理程序的单个、多个或全部异常，下面逐一介绍。

1. 捕获单个异常

捕获单个异常的方式比较简单，在 except 之后指定捕获的单个异常类型即可，示例代码如下：

```
num_one = int(input("请输入被除数："))
num_two = int(input("请输入除数："))
try:
    print("结果为 ", num_one / num_two)
except ZeroDivisionError:
    print("出错了 ")
```

以上代码在 try 子句中捕获 2 个整数相除可能出现的异常，由于变量 num_two 有不确定性，可能会导致程序引发 ZeroDivisionError 异常；except 子句中明确指定捕获 ZeroDivisionError 异常，故程序只有捕获到 ZeroDivisionError 异常后才会执行 except 子句的打印语句。

执行程序，输入被除数 1 和除数 0，输出结果如下：

```
请输入被除数：1
请输入除数：0
出错了
```

以上示例的输出结果仅表明出现了错误，但没有明确地说明该异常产生的具体原因。这里可以在异常类型之后使用 as 关键字来获取异常的具体信息，修改后的代码如下：

```
num_one = int(input("请输入被除数："))
num_two = int(input("请输入除数："))
try:
    print("结果为 ", num_one / num_two)
except ZeroDivisionError as error:
    print("出错了，原因：", error)
```

运行代码，输入数据，结果如下所示：

```
请输入被除数：1
请输入除数：0
出错了，原因： division by zero
```

2. 捕获多个异常

捕获多个异常需要在 except 之后以元组的形式指定多个异常类型，示例代码如下：

```
try:
    num_one = int(input("请输入被除数："))
    num_two = int(input("请输入除数："))
    print("结果为 ", num_one / num_two)
except (ZeroDivisionError, ValueError) as error:
    print("出错了，原因：", error)
```

以上代码的 try 子句中执行除法运算时，可能会因除数为 0 使程序引发 ZeroDivisionError 异常，也可能会因除数为非数值使程序引发 ValueError 异常；except 子句中明确指定了捕获 ZeroDivisionError 或 ValueError 异常，因此程序在检测到 ZeroDivisionError 异常或 ValueError 异常后会执行 except 子句的打印语句。

运行代码，输入数据，结果如下所示：

```
请输入被除数：1
```

```
请输入除数：0
出错了，原因：division by zero
```

再次运行代码，输入如下数据，结果如下所示：

```
请输入被除数：1
请输入除数：p
出错了，原因：invalid literal for int() with base 10: 'p'
```

由 2 次输出的结果可知，程序可以成功捕获 ZeroDivisionError 或 ValueError 异常。

3. 捕获全部异常

如果要捕获程序中所有的异常，那么可以将 except 之后的异常类型设置为 Exception 或省略不写。需要注意的是，若省略异常类型，except 子句中无法获取异常的具体信息。示例代码如下：

```python
try:
    num_one = int(input("请输入被除数："))
    num_two = int(input("请输入除数："))
    print("结果为 ", num_one / num_two)
except Exception as error:
    print("出错了，原因：", error)
```

运行代码，输入如下数据，结果如下所示：

```
请输入被除数：1
请输入除数：p
出错了，原因：invalid literal for int() with base 10: 'p'
```

再次运行代码，输入不同数据，结果如下所示：

```
请输入被除数：1
请输入除数：0
出错了，原因：division by zero
```

9.2.2　异常结构中的 else 子句

else 子句可以与 try-except 语句组合成 try-except-else 结构，若 try 监控的代码没有异常，程序会执行 else 子句后的代码。try-except-else 结构的语法格式如下：

```python
try:
    可能出错的代码
except [异常类型 [as error]]:                         # 将捕获到的异常对象赋值给 error
    捕获异常后的处理代码
    else:
    没有异常的处理代码
```

例如，执行除法运算时，分别使用 try-except 语句和 else 子句，处理除数为 0 和非 0 的情况，示例代码如下：

```python
first_num = int(input("请输入被除数："))
second_num = int(input("请输入除数："))
try:
    res = first_num / second_num
except ZeroDivisionError as error:
    print('异常原因：', error)
else:
    print(res)
```

以上示例在 try 子句中计算 first_num 和 second_num 相除的结果，在 except 子句中指定捕获 ZeroDivisionError 异常，在 else 子句中打印两数相除的结果。

运行代码，输入数据，结果如下所示：

```
请输入被除数：10
请输入除数：1
```

```
10.0
```
由以上输出结果可知，程序没有出现异常，执行了打印两数相除结果的代码。

9.2.3　异常结构中的 finally 子句

finally 子句可以与 try–except 一起使用，语法格式如下：

```
try:
    可能出错的代码
except [异常类型 [as error]]:                          # 将捕获到的异常对象赋值给 error
    捕获异常后的处理代码
finally:
    一定执行的代码
```

无论 try 子句监控的代码是否产生异常，finally 子句都会被执行，基于此特性，在实际应用程序中，finally 子句多用于预设资源的清理操作，如关闭文件、关闭网络连接、关闭数据库连接等。

使用 finally 子句清理文件资源，示例代码如下：

```
try:
    file = open('./file.txt', mode='r', encoding='utf-8')
    print(file.read())
except FileNotFoundError as error:
    print(error)
finally:
    file.close()
    print('文件已关闭')
```

运行代码，结果如下所示：

```
Python 快速编程入门
文件已关闭
```

9.3　抛出异常

Python 程序中的异常不仅可以自动触发，还可以由开发人员使用 raise 语句和 assert 语句主动抛出。本节将对抛出异常的内容进行详细讲解。

9.3.1　使用 raise 语句抛出异常

在 Python 中使用 raise 语句可以显式地抛出异常，raise 语句的语法格式如下：

```
raise 异常类                    # 格式 1：使用异常类名引发指定的异常
raise 异常类对象                 # 格式 2：使用异常类的对象引发指定的异常
raise                          # 格式 3：使用刚出现过的异常重新引发异常
```

以上 3 种格式都是通过 raise 语句抛出异常。第 1 种格式和第 2 种格式是对等的，都会引发指定类型的异常。其中，第 1 种格式会隐式创建一个该异常类型的对象，第 2 种格式是最常见的形式，它会直接提供一个该异常类型的对象；第 3 种格式用于重新引发刚刚发生的异常。

为了帮助大家更好地理解如何使用 raise 语句抛出异常，下面对上述的 3 种格式进行介绍。

1. 使用异常类引发异常

使用 "raise 异常类" 语句可以引发该语句中异常类对应的异常，示例代码如下：

```
raise IndexError
```

运行代码，结果如下所示：

```
Traceback (most recent call last):
  File "E:/python_study/grammar.py", line 1, in <module>
    raise IndexError
IndexError
```

"raise 异常类"语句在执行时会先隐式地创建该语句中异常类的实例，然后才引发异常。

2. 使用异常类对象引发异常

使用"raise 异常类对象"语句可以引发该语句中异常类对象对应的异常，示例代码如下：

```
raise IndexError()
```

运行代码，结果如下所示：

```
Traceback (most recent call last):
  File "E:/python_study/grammar.py", line 1, in <module>
    raise IndexError()
IndexError
```

以上代码中 raise 之后的 "IndexError()" 用于创建异常类对象。创建异常类对象时还通过字符串指定异常的具体信息，示例代码如下：

```
raise IndexError('索引下标超出范围')                          # 抛出异常及其具体信息
```

运行代码，结果如下所示：

```
Traceback (most recent call last):
  File "E:/python_study/grammar.py", line 1, in <module>
    raise IndexError('索引下标超出范围')                      # 抛出异常及其具体信息
IndexError: 索引下标超出范围
```

3. 重新引发异常

使用不带任何参数的 "raise" 语句可以引发刚刚发生过的异常，示例代码如下：

```
try:
    raise IndexError('索引下标超出范围')
except:
    raise
```

以上示例中的 try 语句执行后会出现因 raise 语句引发的 IndexError 异常，except 子句会被执行；except 子句后的代码又使用 raise 语句抛出刚刚发生的 IndexError 异常，最终程序因再次抛出异常而终止执行。

运行代码，结果如下所示：

```
Traceback (most recent call last):
  File "E:/python_study/grammar.py", line 2, in <module>
    raise IndexError('索引下标超出范围')
IndexError: 索引下标超出范围
```

9.3.2　使用 assert 语句抛出异常

assert 语句又称为断言语句，其语法格式如下所示：

```
assert 表达式 [, 异常信息 ]
```

以上语法格式的 assert 后面紧跟一个表达式，表达式的值为 False 时触发 AssertionError 异常，值为 True 时不做任何操作；表达式之后可以使用字符串来描述异常信息。

assert 语句可以帮助程序开发者在开发阶段调试程序，以保证程序能够正确运行。下面使用断言语句判断用户输入的除数是否为 0，示例代码如下：

```
num_one = int(input("请输入被除数："))
num_two = int(input("请输入除数："))
assert num_two != 0, '除数不能为0'                          # assert 语句判定 num_two 不等于 0
result = num_one / num_two
print(num_one, '/', num_two, '=', result)
```

以上代码首先会接收用户输入的 2 个数 num_one 和 num_two，并将 num_one 和 num_two 分别作为被除数和除数；然后使用 assert 语句判定 num_two 不等于 0，若不等于 0 则进行除法运算，否则会引发 AssertionError 异常，并提示"除数不能为 0"；最后输出 num_one 除以 num_two 的结果。

运行代码，输入数据，结果如下所示：

```
请输入被除数：1
请输入除数：0
Traceback (most recent call last):
  File "E:/python_study/grammar.py", line 3, in <module>
    assert num_two != 0, '除数不能为 0'  # assert 语句判定 num_two 不等于 0
AssertionError: 除数不能为 0
```

9.3.3　异常的传递

如果程序中的异常没有被处理，默认情况下会将该异常传递到上一级，如果上一级仍然没有处理异常，那么会继续向上传递，直至异常被处理或程序崩溃。

下面通过一个计算正方形面积的示例来演示异常的传递，该示例由 get_width()、calc_area() 和 show_area() 共 3 个函数组成。其中，get_width() 函数用于计算正方形边长，calc_area() 函数用于计算正方形面积，show_area() 函数用于输出正方形的面积。具体代码如下：

```
def get_width():                                # 计算边长
    print("get_width 开始执行 ")
    num = int(input("请输入除数："))
    width_len = 10 / num
    print("get_width 执行结束 ")
    return width_len
def calc_area():                                # 计算正方形面积
    print("calc_area 开始执行 ")
    width_len = get_width()
    print("calc_area 执行结束 ")
    return width_len * width_len
def show_area():                                # 输出正方形面积
    try:
        print("show_area 开始执行 ")
        area_val = calc_area()
        print(f" 正方形的面积是：{area_val}")
        print("show_area 执行结束 ")
    except ZeroDivisionError as e:
        print(f" 捕捉到异常:{e}")
show_area()
```

以上定义的函数 show_area() 为程序入口，该函数中调用了 calc_area() 函数，calc_area() 函数中又调用了 get_width() 函数。

get_width() 函数使用变量 num 接收用户输入的除数，通过语句 width_len = 10/num 计算正方形的边长，如果用户输入的除数值为 0，那么程序会引发 ZeroDivisionError 异常。因为 get_width() 函数中并没有捕获异常的语句，所以 get_width() 函数中引发的异常向上传递到 calc_area() 函数，calc_area() 函数中也没有捕获异常的语句，只能将异常继续向上传递到 show_area() 函数。

show_area() 函数中设置了异常捕获语句 try-except，它在接收到由 calc_area() 函数传递的异常后，会通过 try-except 捕获并处理异常。

运行代码，输入数据，结果如下所示：

```
show_area 开始执行
calc_area 开始执行
get_width 开始执行
请输入除数：0
捕捉到异常:division by zero
```

9.4　自定义异常

虽然 Python 提供了许多内置的异常类，但是在实际开发过程中可能出现的问题难以预料，有时开发人员需要自定义异常类，以满足当前程序的需要。例如，在设计用户注册账户功能时需要限定用户名或密码等信息的类型和长度。自定义异常的方法比较简单，只需要创建一个继承 Exception 类或 Exception 子类的类（类名一般以"Error"为结尾）即可。

下面通过一个用户注册的密码长度限制的示例来演示自定义异常，示例代码如下：

```
class ShortInputError(Exception):
    ''' 自定义异常类 '''
    def __init__(self, length, atleast):
        self.length = length                          # 输入的密码长度
        self.atleast = atleast                        # 限制的密码长度
try:
    text = input("请输入密码：")
    if len(text) < 3:
        raise ShortInputError(len(text), 3)
except ShortInputError as result:
    print("ShortInputError：输入的长度是 %d，  长度至少应是 %d" %
        (result.length, result.atleast))
else:
    print("密码设置成功")
```

以上代码首先定义了一个继承 Exception 的 ShortInputError 类，并在 ShortInputError 类中添加了 2 个属性 length 和 atleast，其中 length 表示用户实际输入的密码长度，atleast 表示程序限制的密码长度；然后通过 try-except 语句试图捕获与处理因用户输入不符合长度的密码而引发的 ShortInputError 异常，若输入的密码长度小于 3，则会抛出 ShortInputError 异常，否则提示"密码设置成功"。

运行代码，输入 123，结果如下所示：

```
请输入密码：123
密码设置成功
```

再次运行代码，输入 1，结果如下所示：

```
请输入密码：1
ShortInputError：输入的长度是 1，  长度至少应是 3
```

9.5　实训案例

9.5.1　头像格式检测

通常，在网站上传头像时需要按照网站的要求上传指定格式的图片文件，若上传非指定的文件格式会出现错误提示。例如，某网站只允许用户上传

案例详情

JPG、PNG 和 JPEG 格式的文件，若上传其他格式的文件，则提示用户格式错误。本案例要求编写代码，通过异常捕获语句实现用户上传头像格式检测的功能。

9.5.2　商品数量检测

案例详情

网络购物给人们的生活带来了极大的便利，它通过网络商城供用户选购商品，采用快递的形式送货上门。用户在进行网购时，需要同时选择商品和数量，只有输入的商品数量不小于 1（默认值设为 1）才符合规则，小于 1 则提示错误信息。本案例要求编写代码，实现具有检测商品数量是否符合规则的程序。

9.6　本章小结

本章主要讲解了 Python 异常的相关知识，包括异常的概念和类型、异常捕获语句、如何抛出异常和自定义异常，同时给出实训案例以巩固读者对异常的用法。通过学习本章的内容，读者应掌握如何处理和使用异常。

9.7　习题

一、填空题

1. Python 中所有异常都是 _____ 的子类。

2. 当程序中使用了一个未定义的变量时会引发 _____ 异常。

3. 自定义异常需要继承 _____ 类。

4. 若不满足 assert 语句中的表达式会引发 _____ 异常。

二、判断题

1. try-except 语句中只能有一个 except 子句。（　　）

2. finally 子句在任何情况下都会被执行。（　　）

3. raise 语句可以抛出指定的异常。（　　）

4. 断言语句中表达式的值为 True 时会触发 AssertionError 异常。（　　）

5. try-except 语句可以有多个 finally 子句。（　　）

三、选择题

1. 下列选项中，关于异常的描述错误的是（　　）。

A. 错误就是异常，异常就是错误

B. 异常是程序运行时产生的

C. IndexError 是 Exception 的子类

D. except 子句一定位于 else 和 finally 子句之前

2. 当 try 子句中的代码没有任何错误时，一定不会执行（　　）子句。

A. try　　　　　　　B. except　　　　　　　C. else　　　　　　D. finally

3. 若执行代码"1/0"，会引发什么异常？（　　）

A. ZeroDivisionError   B. NameError   C. KeyError   D. IndexError

4. 在完整的异常捕获语句中，各子句的顺序为（   ）。

A. try → except → else → finally   B. try → else → except → finally

C. try → except → finally → else   D. try → else → finally → except

5. 下列代码运行后会引发（   ）异常。

```
num_li = [1, 2, 3]
print(num_li[3])
```

A. SyntaxError   B. IndexError   C. KeyError   D. NameError

四、简答题

1. 请简述什么是异常。

2. 请简述本章介绍的 4 种 Exception 类异常并说明其产生的原因。

3. 请写出 raise 语句抛出异常的 3 种格式，并简单介绍每种格式的功能。

五、编程题

1. 编写程序，按用户输入的半径计算圆的面积，若半径为负值则抛出异常（圆的面积公式：$S=\pi r^2$）。

2. 编写程序，按用户输入的三角形 3 条边判断能否构成直角三角形，若能构成则计算三角形的面积和周长，否则引发异常。

第 <big>10</big> 章

Python 计算生态与常用库

拓展阅读

★了解 Python 计算生态及 Python 在各应用领域的常用库

★掌握 Python 生态库的构建与发布方法

★掌握 time、random、turtle 库的基本用法

★了解 jieba、wordcloud、pygame 库的基本用法

Python 自诞生至今逐步建立起全球最大的编程计算生态，Python 计算生态离不开各种 Python 库（Library）的支撑。本章将简单介绍 Python 计算生态、Python 生态库的构建与发布，以及常用的 Python 库。

10.1 Python 计算生态概览

Python 计算生态涵盖网络爬虫、数据分析、文本处理、数据可视化、机器学习、图形用户界面、Web 开发、网络应用开发、游戏开发、图形艺术、图像处理等多个领域。下面结合各个领域常用的 Python 库，带领大家简单了解 Python 的计算生态。

1. 网络爬虫

网络爬虫是一种按照一定的规则自动从网络上抓取信息的程序或者脚本，它可以代替人工完成很多工作，例如批量搜集网络上的数据资源，为数据平台提供数据支撑。

Python 作为一种简单、高效的脚本语言，在网络爬虫领域得到了广泛应用。网络爬虫程序涉及 HTTP 请求、Web 信息提取、网页数据解析等操作，Python 计算生态通过 requests、python-goose、re、beautifulsoup4、scrapy、pyspider 等库为这些操作提供了强有力的支持，这些库各自的功能如表 10-1 所示。

表 10-1 Python 计算生态之网络爬虫库

库名	功能说明
requests	requests 提供了简单易用的类 HTTP 协议，支持连接池、SSL（安全套接字协议）、Cookies，是目前 Python 最主要且功能最丰富的网络爬虫功能库
python-goose	python-goose 专用于从文章、视频类型的 Web 页面中提取数据

续表

库名	功能说明
re	re 提供了定义和解析正则表达式的一系列通用功能，除网络爬虫外，还适用于各类需要解析数据的场景
beautifulsoup4	beautifulsoup4 用于从 HTML、XML 等 Web 页面中提取数据，它提供了一些便捷的、Python 式的用于提取数据的函数
scrapy	scrapy 支持快速、高层次和批量的屏幕抓取，定时的 Web 抓取，以及结构性数据的抓取，是一款优秀的网络爬虫框架
pyspider	pyspider 也是一款爬虫框架，它支持数据库后端、消息队列、优先级、分布式架构等功能，与 scrapy 相比，它灵活便捷，更适合小规模的抓取工作

2. 数据分析

数据分析是指用适当的统计分析方法对收集来的大量数据进行汇总与分析，以最大化地发挥数据的作用。Python 计算生态通过 numpy、pandas、scipy 库为数据分析领域提供支持，这些库各自的功能如表 10-2 所示。

表 10-2　Python 计算生态之数据分析库

库名	功能说明
numpy	数据分析离不开科学计算，numpy 提供了一个表示 N 维数组的 ndarray 对象，通过 ndarray 对象可以便捷地存储和处理大型矩阵。numpy 也定义了实现线性代数、傅里叶变换和随机数功能的函数，能高效地完成科学计算
pandas	pandas 是一个基于 numpy 开发的、用于分析结构化数据的工具集，它为解决数据分析任务而生，同时提供数据挖掘和数据清洗功能
scipy	scipy 是 Python 科学计算程序中会使用的核心库，它易于计算 numpy 矩阵，可以处理插值、积分、优化等问题，也能处理图像和信号、求解常微分方程取值

3. 文本处理

文本处理指对文本内容的处理，包括文本内容的分类、文本特征的提取、文本内容的转换等。Python 计算生态通过 jieba、nltk、PyPDF2、python-docx 等库为文本处理领域提供支持，这些库各自的功能如表 10-3 所示。

表 10-3　Python 计算生态之文本处理库

库名	功能说明
jieba	jieba 是一个优秀的 Python 中文分词库，它支持精确模式、全模式和搜索引擎模式这 3 种分词模式，支持繁体分词、自定义字典，可有效标注词性，从文本中提取关键词
nltk	nltk 提供了用于访问超过 50 个语料库和词汇资源的接口，支持文本分类、标记、解析，并具有语法、语义分析等功能，简单、易用且高效，是优秀的 Python 自然语言处理库
PyPDF2	PyPDF2 是一个专业用于处理 PDF 文档的 Python 库，它支持 PDF 文件信息的提取、文件内容的按页拆分与合并，以及页面裁剪、内容加密与解密等功能
python-docx	python-docx 是一个用于处理 Word 文件的 Python 库，它支持 Word 文件中的标题、段落、分页符、图片、表格、文字等信息的管理，使用简单

4. 数据可视化

数据可视化是一门研究数据视觉表现形式的科学技术，它旨在有效传达数据信息的同时兼顾信息传达的美学形式，二者缺一不可。Python 计算生态主要通过 matplotlib、seaborn、mayavi 等库为数据可视化领域提供支持，这些库各自的功能如表 10-4 所示。

表 10-4 Python 计算生态之数据可视化库

库名	功能说明
matplotlib	matplotlib 是一个基于 numpy 开发的 2D Python 绘图库，该库提供了上百种图形化的数据展示形式。matplotlib 库中的 pyplot 包内包含一系列具有类似 MATLAB 中绘图功能的函数，利用 matplotlib.pyplot，开发者只须编写少量代码便可生成可视化图表
seaborn	seaborn 在 matplotlib 的基础上进行了更高级的封装，支持 numpy 和 pandas，但其调用比 matplotlib 更简单，效果更丰富，多数情况下可利用 seaborn 绘制具有吸引力的图表
mayavi	mayavi 是一个用于实现可视化功能的 3D Python 绘图库，它包含用于实现图形可视化和处理图形操作的 mlab 模块，支持 numpy 库

5. 机器学习

机器学习是一门涉及概率论、统计学、逼近论、凸分析、算法复杂度理论等多门学科的多领域交叉学科，该学科旨在研究计算机如何模拟或实现人类的学习行为，以获取新的知识和技能并重新组织已有知识结构、不断改善自身。机器学习是人工智能的核心，是使计算机具有智能的根本途径。

Python 计算生态主要通过 scikit-learn、tensorflow、mxnet 库为机器学习领域提供支持，这些库各自的功能如表 10-5 所示。

表 10-5 Python 计算生态之机器学习库

库名	功能说明
scikit-learn	scikit-learn 支持分类、回归、聚类、数据降维、模型选择、数据预处理，它提供了一批调用机器学习方法的接口，是目前 Python 机器学习领域中最优秀的免费库
tensorflow	tensorflow 是一款以数据流图为基础，由谷歌人工智能团队开发和维护、免费且开源的机器学习计算框架，该框架支撑谷歌人工智能应用，提供了各类应用程序接口
mxnet	mxnet 是一个轻量级分布式可移植深度学习库，它支持多机、多节点、多 GPU 计算，提供可扩展的神经网络以及深度学习计算功能，可用于自动驾驶、语音识别等领域

6. 图形用户界面

图形用户界面（Graphical User Interface，GUI）是指采用图形方式显示的计算机的用户界面，该界面允许用户使用鼠标、键盘等输入设备操纵屏幕上的图标或菜单选项，以选择命令、调用文件、启动程序或执行一些其他的日常任务。Python 计算生态通过 PyQt5、wxPython、PyGObject 库为图形用户界面领域提供支持，这些库各自的功能如表 10-6 所示。

表 10-6　Python 计算生态之图形用户界面库

库名	功能说明
PyQt5	PyQt5 库是 Python 与强大的 GUI 库——Qt 的融合，它提供了 Qt 开发框架的 Python 接口，拥有超过 300 个类、将近 6 000 个函数和方法，可开发功能强大的图形用户界面
wxPython	wxPython 是跨平台库 WxWidgets 的 Python 版本，该库开源、支持跨平台，允许 Python 开发人员创建完整的、功能健全的图形用户界面
PyGObject	PyGObject 绑定了 Linux 下最著名的图形库 GTK3+，该库简单易用、功能强大、设计灵活，具有良好的设计理念和可扩展性

7. Web 开发

Web 开发是指基于浏览器而非桌面进行的程序开发。Python 计算生态通过 django、tornado、flask、twisted 等库为 Web 开发领域提供支持，这些库各自的功能如表 10-7 所示。

表 10-7　Python 计算生态之 Web 开发库

库名	功能说明
django	django 是一个免费开源且功能完善的 Web 框架，它采用 MTV 模式，提供 URL 路由映射、Request 上下文和基于模板的页面渲染技术，内置了一个功能强大的管理站点，适用于快速搭建企业级、高性能的内容类网站，是目前 Python 中最流行的 Web 开发框架
tornado	tornado 是一个高并发处理框架，它常被用作大型站点的接口服务框架，而不同于 django 需建立完整网站的框架。tornado 同样提供 URL 路由映射、Request 上下文和基于模板的页面渲染技术，此外它还支持异步输入 / 输出、提供超时事件处理，内置了可直接用于生产环境的 HTTP 服务器
flask	flask 是 Python Web 领域的一个新兴框架，它虽然功能简单，但吸收了其他框架的优点，具有可扩展性，一般用于实现小型网站的开发
twisted	django、tornado 和 flask 是基于应用层协议 HTTP 展开的框架，而 twisted 是一个由事件驱动的网络框架，它支持多种传输层和应用层协议，支持客户端和服务器双端开发，适用于开发追求服务器程序性能的应用

8. 网络应用开发

网络应用开发是指以网络为基础的应用程序的开发。Python 计算生态通过 WeRoBot、aip、MyQR 等库为网络应用开发领域提供支持，这些库各自的功能如表 10-8 所示。

表 10-8　Python 计算生态之网络应用开发库

库名	功能说明
WeRoBot	WeRoBot 库封装了很多微信公众号接口，提供了解析微信服务器消息和反馈消息的功能，该库简单易用，是建立微信机器人的重要技术手段
aip	aip 封装了百度 AI 开放平台的接口，利用该库可快速开发各类网络应用，如天气预报、在线翻译、快递查询等
MyQR	MyQR 是一个用于生成二维码的 Python 库

9. 游戏开发

游戏开发分为 2D 游戏开发和 3D 游戏开发，Python 计算生态通过 pygame 和 panda3d 库为游戏开发领域提供支持，这些库各自的功能如表 10-9 所示。

表 10–9　Python 计算生态之游戏开发库

库名	功能说明
pygame	pygame 是为开发 2D 游戏而设计的 Python 第三方跨平台库，开发人员利用 pygame 中定义的接口，可以方便快捷地实现图形用户界面创建、图形和图像绘制、用户键盘和鼠标操作监听，以及音频播放等游戏中常用的功能
panda3d	panda3d 是由迪士尼 VR 工作室和卡耐基梅隆娱乐技术中心开发的一个 3D 渲染和游戏开发库，该库强调能力、速度、完整性和容错能力，提供场景浏览器、性能监视器和动画优化工具

10. 图形艺术

图形艺术是一种通过标志来表现意义的艺术。Python 计算生态通过 Quads、ascii_art 和 turtle 库为图形艺术领域提供支持，这些库各自的功能如表 10–10 所示。

表 10–10　Python 计算生态之图形艺术库

库名	功能说明
Quads	Quads 是一个基于四叉树和迭代操作的图形艺术库，它以图像作为输入，将输入图像分为 4 个象限，根据输入图像中的颜色为每个象限分配平均颜色，并重复该过程 N 次
ascii–art	ASCII_art 是一种使用纯字符表示图像的技术，Python 的 ascii–art 库提供了对该技术的支持，该库可对接收到的图片进行转换，以字符形式重构图片并输出
turtle	turtle 提供了绘制线、圆和其他图形的函数，使用该库可以创建图形窗口，在图形窗口中通过简单重复动作直观地绘制界面与图形

11. 图像处理

图像处理一般是指数字图像（用工业相机、摄像机和扫描仪等设备拍摄的图像，其本质为一个存储像素值的二维数组）处理，图像处理技术一般包括图像压缩、增强和复原，以及图像匹配、描述和识别。

Python 通过 numpy、scipy、Pillow、OpenCV–Python 等库为图像处理领域提供支持，其中 numpy、scipy 在数据分析部分已有讲解，下面简单说明这 2 个库在图像领域发挥的作用，并对 Pillow、OpenCV–Python 库进行说明，如表 10–11 所示。

表 10–11　Python 计算生态之图像处理库

库名	功能说明
numpy	数字图像的本质是数组，numpy 定义的数组类型非常适用于存储图像；numpy 提供基于数组的计算功能，利用这些功能可以很方便地修改图像的像素值
scipy	scipy 提供了对 N 维 numpy 数组进行运算的函数，这些函数实现的功能，如线性和非线性滤波、二值形态、B 样条插值等都适用于图像处理
Pillow	Pillow 库是 PIL 库的一个分支，也是支持 Python 3 的图像处理库，该库提供了对不同格式图像文件的打开和保存操作，也提供了点运算、色彩空间转换等基本的图像处理功能
OpenCV–Python	OpenCV–Python 是 OpenCV 的 Python 版应用程序接口（API）。OpenCV 是基于 BSD 开源协议发行的跨平台计算机视觉库，该库内部代码由 C/C++ 编写，实现了图像处理和计算机视觉方面的很多通用算法；OpenCV–Python 以 Python 代码对 OpenCV 进行封装，因此该库的使用既方便又高效

10.2　Python 生态库的构建与发布

Python 中的库分为 Python 标准库（Standard Library）和第三方库（Third-Party Library），其中标准库（如 time、random）会随 Python 解释器一同安装，可在程序中直接导入和使用；第三方库是由 Python 使用者编写和分享的库，在使用前需要单独安装，例如 jieba、django 等。

虽然库是 Python 中常常提及的概念，但事实上 Python 中的库只是一种对特定功能集合的统一说法而非严格定义。Python 库的具体表现形式为模块（Module）和包（Package），本节分别介绍模块和包的构建与使用，并介绍如何发布第三方库。

10.2.1　模块的构建与使用

Python 模块本质上是一个包含 Python 代码片段的 .py 文件，模块名就是文件名。假设现有文件 test.py，该文件中包含如下代码：

```
def add(a, b):
    return a + b
```

那么 test.py 就是一个 Python 模块。

利用 import 语句或 from…import…语句在当前程序中导入模块，便可在当前程序中使用模块内包含的代码。例如，在当前程序中使用 test 模块中定义的 add() 函数，示例代码如下：

```
import test
result = test.add(11, 22)
print(result)
```

运行程序，结果如下所示：

```
33
```

模块既能被导入其他程序中使用，也可以作为脚本直接使用。实际开发中，为了保证模块实现的功能与预期相符，开发人员通常会在模块文件中添加一些测试代码，对模块中的功能代码进行测试。以 test.py 文件为例，示例如下：

```
# 功能代码
def add(a, b):
    return a + b
# 测试代码
result = add(22, 33)
print('function test:12+22=%d'%result)
```

将以上文件作为脚本直接执行，便可利用测试代码测试 add() 函数的功能。但此时会出现一个问题：在其他文件中导入 test 模块，模块中的测试代码会在其他文件执行时一并执行。例如，导入 test 模块，使用该模块中的 add() 函数，代码如下：

```
import test
result = test.add(11, 22)
print(result)
```

运行程序，结果如下所示：

```
function test:12+22=55                              # 模块中测试代码的运行结果
33
```

为解决以上问题，Python 为 .py 文件定义了一个名字属性"__name__"。在文件中对 __name__ 属性的取值进行判断：当 __name__ 取值为"__main__"时，说明 .py 文件以脚本形式执行；否则说明 .py 文件作为模块被导入了其他程序。根据此原理对模块进行修改，示例代码如下：

```
# 功能代码
def add(a, b):
    return a+b
```

```
# 测试代码
if __name__ == '__main__':
    result = add(22,33)
    print('function test:12+22=%d'%result)
```

经以上修改后，再次导入 test 模块，调用其中的 add() 函数，代码运行结果如下：

```
33
```

10.2.2　包的构建与导入

将模块放入一个文件夹，并在该文件夹中创建 __init__.py 文件，就构建了一个 Python 包。简单地说，Python 中的包就是以目录形式组织起来的、具有层级关系的多个模块。Python 包中可以包含子包。Python 包结构示例如图 10-1 所示。

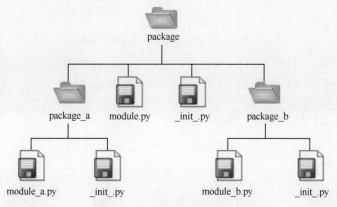

图 10-1　Python 包结构示例

此时若想在当前程序中导入以上包中的模块 module_a，使用的导入语句如下：

```
import package.package_a.module_a                          # 方式 1
from package.package_a import module_a                     # 方式 2
```

10.2.3　库的发布

Python 中的第三方库是由 Python 使用者自行编写和发布的模块或包，同样，我们也可以将自己编写的模块和包作为库发布。下面分步骤介绍如何发布库。

（1）在与待发布的包同级的目录中创建 setup.py 文件。以图 10-1 所示的包 package 为例，此时的目录结构如图 10-2 所示（package 包内部结构已省略，后同）。

图 10-2　目录结构示意图

（2）编辑 setup.py 文件，在该文件中设置包中包含的模块，示例代码如下：

```
from distutils.core import setup
setup(
    name = 'lib_test',
    version = '1.0',
    description = 'function package',
    author = 'itcast',
    py_modules = ['package.module','package.package_a.module_a',
                  'package.package_b.module_b']
)
```

（3）在 setup.py 文件所在目录下打开命令行，使用 Python 命令构建 Python 库，具体如下：

```
python setup.py build
```
构建完成后，目录结构如图10-3所示。

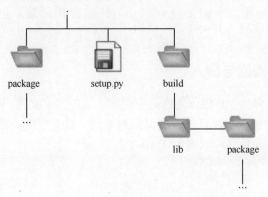

图 10-3　构建完成后目录结构示意图

图 10-3 所示 build 目录下的 lib 文件夹即通过 Python 命令构建的库。

（4）在 setup.py 文件所在目录下打开命令行，使用 Python 命令创建库的安装包，具体如下：

```
python setup.py sdist
```
创建完成后，目录结构如图10-4所示。

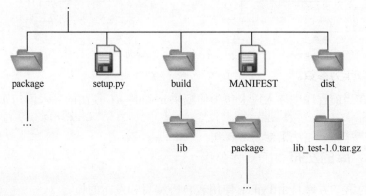

图 10-4　创建完成后目录结构示意图

图 10-4 所示 dist 目录下 .tar.gz 格式的文件即为通过 Python 命令生成的库的安装包。此时将安装包分享给他人，或发布到公众平台，便可完成库的发布。他人在获取此安装包后对其解压，并在 setup.py 文件所在目录执行安装命令，便可安装我们发布的库了。安装命令如下：

```
python setup.py install
```

10.3　常用的内置 Python 库

10.3.1　time 库

程序开发中，根据时间选择不同处理方式的场景非常多，例如游戏的防沉迷系统、外卖平台的店铺营业状态管理等。Python 中内置了一些与时间处理相关的库，如 time、datetime 和 calendar。其中 time 是最基础的时间处理库，该库本质上是一个模块，它包含的所有内容都定义在 time.py 文件中。下面通过介绍 time 库的常用函数（包括 time()、localtime() 和 gmtime()、strftime() 和 asctime()、ctime()、strptime()、sleep()）和一些用于实现时间格式转换的函数带领大家了解 time 库。

1. time() 函数

time() 函数返回以浮点数表示的从世界标准时间的 1970 年 1 月 1 日 00:00:00 开始到现在的总秒数，也就是时间戳。

使用 time() 函数获取当前时间的时间戳，示例代码如下：

```
import time
print(time.time())                                          # 获取时间戳
```

运行程序，结果如下所示（时间与系统时间相关，数值可能有所出入，此结果仅作参考，后同）：

```
1586576365.0826664
```

2. localtime() 与 gmtime() 函数

以时间戳形式表示的时间是一个浮点数，按此方式去理解时间对人类而言过于抽象。为此 Python 提供了可以获取结构化时间的 localtime() 函数和 gmtime() 函数。localtime() 函数和 gmtime() 函数的语法格式如下：

```
localtime([secs])
gmtime([secs])
```

以上格式中的参数 secs 是一个表示时间戳的浮点数，若不提供该参数，默认以 time() 函数获取的时间戳作为参数。

localtime() 函数和 gmtime() 函数都可将时间戳转换为以元组表示的时间对象（struct_time），但 localtime() 得到的是当地时间，gmtime() 得到的是世界统一时间（Coordinated Universal Time，缩写采用法语缩写 UTC）。

使用 localtime() 函数获取时间，示例代码如下：

```
import time
print(time.localtime())
print(time.localtime(34.54))
```

运行程序，结果如下所示：

```
time.struct_time(tm_year=2020, tm_mon=4, tm_mday=12, tm_hour=20, tm_min=48, tm_sec=41, tm_
wday=6, tm_yday=103, tm_isdst=0)
    time.struct_time(tm_year=1971, tm_mon=2, tm_mday=4, tm_hour=21, tm_min=50, tm_sec=23, tm_
wday=3, tm_yday=35, tm_isdst=0)
```

使用 gmtime() 函数获取时间，示例代码如下：

```
import time
print(time.gmtime())
print(time.gmtime(34.54))
```

运行程序，结果如下所示：

```
time.struct_time(tm_year=2020, tm_mon=4, tm_mday=12, tm_hour=12, tm_min=45, tm_sec=24, tm_
wday=6, tm_yday=103, tm_isdst=0)
    time.struct_time(tm_year=1970, tm_mon=1, tm_mday=1, tm_hour=0, tm_min=0, tm_sec=34, tm_
wday=3, tm_yday=1, tm_isdst=0)
```

以上代码的输出结果为表示时间的结构化元组，该元组包含 9 项元素，各项元素的含义和取值如表 10-12 所示。

表 10-12　struct_time 元组中元素的含义和取值

元素	含义	取值
tm_year	年	4 位数字
tm_mon	月	1 ～ 12
tm_mday	日	1 ～ 31
tm_hour	时	0 ～ 23
tm_min	分	0 ～ 59
tm_sec	秒	0 ～ 61（60 或 61 是闰秒）
tm_wday	一周的第几日	0 ～ 6（0 为周一，依此类推）
tm_yday	一年的第几日	1 ～ 366（366 为儒略历）
tm_isdst	夏令时	1：是夏令时 0：非夏令时 -1：不确定

3. strftime() 和 asctime() 函数

无论是采用浮点数形式还是元组形式表示的时间，其实都不符合人们的认知习惯。人类日常接触的表示时间的信息常见形式如下：

- 2008-02-28 12:30:45。
- 12/31/2008 12:30:45。
- 2008 年 12 月 31 日 12:30:45。

为了便于人们理解时间数据，Python 提供了用于输出格式化时间字符串的 strftime() 和 asctime() 函数，下面分别介绍这 2 个函数。

（1）strftime() 函数

strftime() 函数借助时间格式控制符来输出格式化的时间字符串，该函数的语法格式如下：

```
strftime(format[, t])
```

以上语法格式中的参数 format 是指代时间格式的字符串；参数 t 为 struct_time 对象，默认为当前时间，即 localtime() 函数返回的时间，该参数可以省略。

使用 strftime() 返回格式化的时间信息，示例代码如下：

```
import time
print(time.strftime('%a,%d %b %Y %H:%M:%S'))          # 获取格式化时间
```

运行程序，结果如下所示：

```
'Sat,11 Apr 2020 11:54:42'
```

以上示例中使用的 %a、%d、%b 等是 time 库预定义的用于控制不同时间或时间成分的格式控制符，time 库中常用的时间格式控制符及其说明如表 10-13 所示。

表 10-13　time 库中的时间格式控制符

时间格式控制符	说明
%Y	四位数的年份，取值范围为 0001 ～ 9999
%m	月份（01 ～ 12）
%d	月中的一天
%B	本地完整的月份名称，比如 January

续表

时间格式控制符	说明
%b	本地简化的月份名称，比如 Jan
%a	本地简化的周日期
%A	本地完整周日期
%H	24 小时制小时数（0 ~ 23）
%I	12 小时制小时数（01 ~ 12）
%p	上下午，取值为 AM 或 PM
%M	分钟数（00 ~ 59）
%S	秒（00 ~ 59）

若只使用部分时间格式控制符，可仅对时间信息中的相关部分进行格式化与输出。例如，若只设定控制时分秒的 3 个格式符，则只输出 12 或 24 小时制的时分秒即可，示例代码如下：

```
import time
print(time.strftime('%H:%M:%S'))                    # 格式化部分时间信息
```

运行程序，结果如下所示：

```
'11:54:42'
```

（2）asctime() 函数

asctime() 函数同样用于输出格式化的时间字符串，但它只将 struct_time 对象转化为 "Sat Jan 13 21:56:34 2018" 这种形式。asctime() 函数的语法格式如下：

```
asctime([t])
```

以上格式中的参数 t 与 strftime() 函数的参数 t 意义相同。

使用 asctime() 函数输出格式化的时间字符串，示例代码如下：

```
import time
print(time.asctime())
gmtime = time.gmtime()
print(time.asctime(gmtime))
```

运行程序，结果如下所示：

```
'Mon Apr 13 10:11:32 2020'
'Mon Apr 13 02:05:38 2020'
```

4. ctime() 函数

ctime() 函数用于将一个时间戳（以 s 为单位的浮点数）转换为 "Sat Jan 13 21:56:34 2018" 这种形式（结果同 time.asctime()），若该函数未接收到参数，则默认以 time.time() 作为参数。示例代码如下：

```
import time
print(time.ctime())
print(time.ctime(34.56))
```

运行程序，结果如下所示：

```
'Mon Apr 13 10:11:32 2020'
'Thu Jan  1 08:00:34 1970'
```

5. strptime() 函数

strptime() 函数用于将格式化的时间字符串转化为 struct_time，该函数是 strftime() 函数的反向操作。strptime() 函数的语法格式如下：

```
strptime(string, format)
```

以上格式中的参数 string 表示格式化的时间字符串，format 表示时间字符串的格式，

string 与 format 格式必须统一。

使用 strptime() 函数将格式化的时间字符串转化为 struct_time，示例代码如下：

```
import time
print(time.strptime('Sat,11 Apr 2020 11:54:42','%a,%d %b %Y %H:%M:%S'))
print(time.strptime('11:54:42','%H:%M:%S'))
```

运行程序，结果如下所示：

```
time.struct_time(tm_year=2020, tm_mon=4, tm_mday=11, tm_hour=11, tm_min=54, tm_sec=42,
tm_wday=5, tm_yday=102, tm_isdst=-1)
 time.struct_time(tm_year=1900, tm_mon=1, tm_mday=1, tm_hour=11, tm_min=54, tm_sec=42, tm_
wday=0, tm_yday=1, tm_isdst=-1)
```

6. sleep() 函数

sleep() 函数可让调用该函数的程序进入睡眠态，即让其暂时挂起，等待一定时间后再继续执行。sleep() 函数接收一个以 s 为单位的浮点数作为参数，使用该参数控制进程或线程挂起的时长。

使用 sleep() 函数让程序沉睡 3.5s，示例代码如下：

```
import time
print(' 开始 ')
time.sleep(3.5)
print(' 结束 ')
```

运行程序，结果如下所示：

```
开始
结束
```

执行以上代码，可以观察到字符串"开始"立即被输出，经 3.5s 后"结束"才被输出。

7. 时间计算

时间计算通常是指时间的加减。时间可以时间戳形式进行加减运算，示例代码如下：

```
import time
time_a = time.time()
time.sleep(3.5)
time_b = time.time()
print(time_a + time_b)
print(time_b - time_a)
```

运行程序，结果如下所示：

```
3212378089.181749
3.5002002716064453
```

若要对非时间戳形式表示的时间进行计算，在计算之前可以先将其转换为时间戳形式。各形式之间的转换方式如图 10-5 所示。

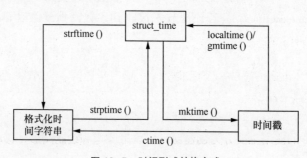

图 10-5　时间形式转换方式

10.3.2　random 库

random 是 Python 内置的标准库，在程序中导入该库，可利用库中的函数生成随机数据。

random 库中常用的函数如表 10–14 所示。

表 10–14　random 库中的常用函数

函数	功能说明
random()	用于生成一个随机浮点数 n，$0 \leqslant n < 1.0$
uniform(a,b)	用于生成一个指定范围内的随机浮点数 n，若 $a<b$，则 $a \leqslant n \leqslant b$；若 $a>b$，则 $b \leqslant n \leqslant a$
randint(a,b)	用于生成一个指定范围内的整数 n，$a \leqslant n \leqslant b$
randrange([start,]stop[,step])	生成一个按指定基数递增的序列，再从该序列中获取一个随机数
choice(sequence)	从序列中获取一个随机元素，参数 sequence 表示一个有序类型
shuffle(x[,random])	将序列 x 中的元素随机排列
sample(sequence,k)	从指定序列中获取长度为 k 的片段，随机排列后返回新的序列，该函数可以基于不可变序列进行操作

利用以上函数生成随机数，示例代码如下：

```
import random
print(random.random())                              # 生成 [0.0,1.0) 范围内的随机浮点数
print(random.uniform(3, 5))                         # 生成 [3.0,5.0] 范围内的随机浮点数
print(random.randint(2, 8))                         # 生成 [2,8] 范围内的随机整数
print(random.randrange(10))                         # 生成 [0,10) 范围内的随机整数
print(random.randrange(1, 10, 2))                   # 随机返回 [1,3,5,7,9) 内的一个元素
# 随机返回序列中的一个元素
print(random.choice(['python','c','php','java']))
ls = ['python', 'c', 'php', 'java']
random.shuffle(ls)                                  # 将序列 ls 中元素随机排序
print(ls)
# 从序列中获取长度为 3 的片段，随机排序后返回新的序列
print(random.sample(('python', 'c', 'php', 'java'), k=3))
```

运行程序，结果如下所示：

```
0.1276504333835745
4.923766874184717
4
5
7
'php'
['c', 'java', 'python', 'php']
['php', 'python', 'java']
```

10.3.3　turtle 库

turtle（海龟）是 Python 内置的一个标准模块（库），它提供了绘制线、圆和其他形状的函数，使用该模块可以创建图形窗口，在图形窗口中通过简单重复动作直观地绘制界面和图形。turtle 模块的逻辑非常简单，利用该模块内置的函数，用户可以像使用笔在纸上绘图一样在 turtle 画布上绘制图形。turtle 的使用主要分为创建窗口、设置画笔和绘制图形（移动画笔）3 个方面。

1. 创建窗口

图形窗口也称为画布（canvas）。控制台无法绘制图形，使用 turtle 模块绘制图形化界面需要先使用 setup() 函数创建图形窗口，该函数的语法格式如下：

```
setup(width, height, startx=None, starty=None)
```

setup() 函数中的 4 个参数依次表示窗口宽度、高度、窗口在计算机屏幕上的横坐标和纵

坐标。参数 width、height 的值为整数时表示以像素为单位的尺寸，值为小数时表示图形窗口的宽或高与屏幕的比例。参数 startx、starty 的取值可以为整数或 None（默认值），当取值为整数时，分别表示图形窗口左侧、顶部与屏幕左侧、顶部的距离（单位为像素）；当取值为 None 时，窗口位于屏幕中心。

假设在程序中使用以下语句创建窗口：

```
turtle.setup(800, 600)
```

程序执行后，窗口与屏幕的关系如图 10-6 所示。

图 10-6   窗口与屏幕的关系

使用 turtle 模块实现图形化程序时，setup() 函数不是必须的，如果程序中未调用 setup() 函数，程序执行时会生成一个默认窗口。

需要注意的是，使用 turtle 库在程序中绘制图形后应调用 turtle 库的 done() 函数声明绘制结束，此时 turtle 的主循环会终止，但直到用户手动关闭图形窗口时图形窗口才会退出。

2. 设置画笔

画笔（pen）的设置包括画笔属性（如尺寸、颜色）和画笔状态。turtle 模块中定义了设置画笔属性和状态的函数，下面分别对这些函数进行讲解。

（1）画笔属性函数

turtle 模块中用于设置画笔属性的函数如下：

```
pensize(<width>)                                        # 设置画笔尺寸
speed(speed)                                            # 设置画笔移动速度
color(color)                                            # 设置画笔颜色
```

pensize() 函数的参数 width 可以设置画笔绘制出的线条的宽度，若参数为空，则 pensize() 函数返回画笔当前的尺寸。width() 函数是 pensize() 函数的别名，它们具有相同的功能。

speed() 函数的参数 speed 用于设置画笔移动的速度，其取值范围为 [0,10] 内的整数，数字越大，速度越快。

color() 函数的参数 color 用于设置画笔的颜色，该参数的值有以下几种表示方式。

● 字符串，如 "red" "orange" "yellow" "green"。

● RGB 颜色，此种方式又分为 RGB 整数值和 RGB 小数值 2 种，RGB 整数值如 (255,255,255)、(190,213,98)，RGB 小数值如 (1,1,1)、(0.65,0.7,0.9)。

● 十六进制颜色，如 "#FFFFFF" "#0060F6"。

常见颜色的各种表示方法及其对应关系如表 10-15 所示。

表 10-15　常见颜色的各种表示方法及其对应关系

颜色	字符串	RGB 整数值	RGB 小数值	十六进制
白色	white	（255,255,255）	（1,1,1）	#FFFFFF
黄色	yellow	（255,255,0）	（1,1,0）	#FFFF00
洋红	magenta	（255,0,255）	（1,0,1）	#FF00FF
青色	cyan	（0,255,255）	（0,1,1）	#00FFFF
蓝色	blue	（0,0,255）	（0,0,10）	#0000FF
黑色	black	（0,0,0）	（0,0,0）	#000000
海贝色	seashell	（255,245,238）	（1,0.96,0.93）	#FFF5EE
金色	gold	（255,215,0）	（1,0.84,0）	#FFD700
粉红色	pink	（255,192,203）	（1,0.75,0.80）	#FFC0CB
棕色	brown	（165,42,42）	（0.65,0.16,0.16）	#A22A2A
紫色	purple	（160,32,240）	（0.63,0.13,0.94）	#A020F0
番茄色	tomato	（255,99,71）	（1,0.39,0.28）	#FF6347

参数 color 的 3 种表示方式中，字符串、十六进制表示的颜色可直接使用，示例如下：

```
import turtle
turtle.color('pink')
turtle.color('#A22A2A')
turtle.done()
```

在使用 RGB 颜色之前，需先使用 colormode() 函数设置颜色模式，具体示例如下：

```
import turtle
turtle.colormode(1.0)                                    # 使用 RGB 小数值模式
turtle.color((1, 1, 0))
turtle.colormode(1.0)                                    # 使用 RGB 整数值模式
turtle.color((165, 42, 42))
turtle.done()
```

（2）画笔状态与相关函数

正如在纸上绘制一样，turtle 中的画笔分为提起（UP）和放下（DOWN）2 种状态。只有画笔为放下状态时，移动画笔，画布上才会留下痕迹。turtle 中的画笔默认为放下状态，使用以下函数可以修改画笔状态：

```
import turtle
turtle.penup()                                           # 提起画笔
turtle.pendown()                                         # 放下画笔
turtle.done()
```

turtle 模块中为 penup() 和 pendown() 函数定义了别名，penup() 函数的别名为 pu()，pendown() 函数的别名为 pd()。

3. 绘制图形

在画笔状态为 DOWN 时，通过移动画笔可以在画布上绘制图形。此时可以将画笔想象成一只海龟（这也是 turtle 模块名字的由来）：海龟落在画布上，它可以向前、向后、向左、向右移动，海龟爬动时在画布上留下痕迹，路径即为所绘图形。

为了使图形出现在理想的位置，需要了解 turtle 的坐标体系。turtle 坐标体系以窗口中心为原点，以右方为默认朝向，以原点右侧为 x 轴正方向，原点上方为 y 轴正方向，如图 10-7 所示。

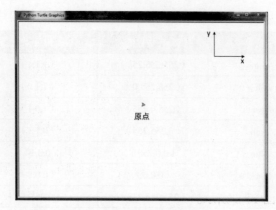

图 10-7　turtle 坐标体系

turtle 模块中画笔控制函数主要分为移动控制、角度控制、图形绘制和图形填充 3 种。

（1）移动控制

移动控制函数控制画笔向前、向后移动，具体函数如下：

```
forward(distance)                                          # 向前移动
backward(distance)                                         # 向后移动
goto(x,y=None)                                             # 移动到指定位置
```

函数 forward() 和 backward() 的参数 distance 用于指定画笔移动的距离，单位为像素；函数 goto() 用于将画笔移动到画布上指定的位置，该函数可以使用参数 x、y 分别接收表示目标位置的横坐标和纵坐标，也可以仅接收一个表示坐标向量的参数。

（2）角度控制

角度控制函数可更改画笔朝向，具体函数如下：

```
right(degree)                                              # 向右转动
left(degree)                                               # 向左转动
seth(angle)                                                # 转动到某个方向
```

函数 right() 和 left() 的参数 degree 用于指定画笔向右和向左转动的角度。函数 seth() 的参数 angle 用于设置画笔在坐标系中的角度。angle 以 x 轴正向为 0°，以逆时针方向为正，角度从 0° 逐渐增大；以顺时针方向为负，角度从 0° 逐渐减小。角度与坐标系的关系如图 10-8 所示。

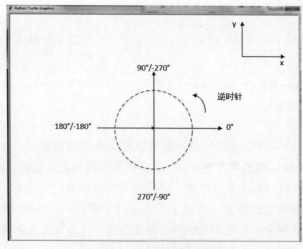

图 10-8　角度与坐标系的关系

若要使画笔向左或向右移动某段距离，应先调整画笔角度，再使用移动函数。例如，使用以上函数绘制边长为 200 像素的正方形，具体代码如下：

```
import turtle as t
t.forward(200)                          # 向前移动 200 像素
t.seth(-90)                             # 调整画笔朝向，使其朝向 -90° 方向
t.forward(200)                          # 向前移动 200 像素
t.right(90)                             # 调整画笔朝向，向右转动 90°
t.forward(200)                          # 向前移动 200 像素
t.left(-90)                             # 调整画笔朝向，向左转动 -90°（即向右转动 90°）
t.forward(200)                          # 向前移动 200 像素
t.right(90)                             # 调整画笔朝向，向右转动 90°
turtle.done()
```

运行代码，结果如图 10-9 所示。

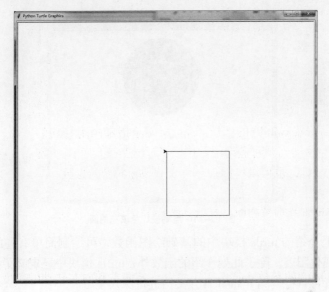

图 10-9　绘制正方形

（3）图形绘制

turtle 模块中提供了 circle() 函数，使用该函数可绘制以当前坐标为圆心，以指定像素值为半径的圆或弧。circle() 函数的语法格式如下：

```
circle(radius, extent=None, steps=None)
```

函数 circle() 的参数 radius 用于设置半径，extent 用于设置弧的角度。radius 和 extent 的取值可正可负，其中：

● 当 radius 为正时，画笔以原点为起点向上绘制弧线；radius 为负时，画笔以原点为起点向下绘制弧线。

● 当 extent 为正时，画笔以原点为起点向右绘制弧线；extent 为负时，画笔以原点为起点向左绘制弧线；extent 为默认值 None 时，绘制整个圆。

假设绘制半径为 90/-90 像素、角度为 60° /-60° 的弧线，绘制结果如图 10-10 所示。

参数 steps 用于设置步长。若 steps 为默认值 None，步长将自动计算；若给出步长，circle() 函数可用于绘制

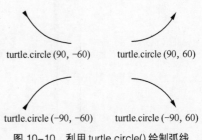

图 10-10　利用 turtle.circle() 绘制弧线

正多边形（圆由近似正多边形来描述）。例如在程序中写入 "turtle.circle(100, steps=3)"，程序将绘制一个边长为 100 像素的等边三角形。

（4）图形填充

turtle 模块中可通过 fillcolor() 函数设置填充颜色，使用 begin_fill() 函数和 end_fill() 函数填充图形，实现"面"的绘制。以绘制一个被红色填充的圆为例，具体代码如下：

```
import turtle
turtle.fillcolor("red")                        # 设置填充颜色为红色
turtle.begin_fill()                            # 开始填充
turtle.circle(20)
turtle.end_fill()                              # 填充结束
turtle.done()
```

运行代码，结果如图 10-11 所示。

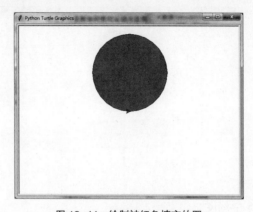

图 10-11   绘制被红色填充的圆

合理利用以上介绍的 turtle 模块中的基础绘图函数，可绘制简单有趣的图形，亦可结合逻辑代码生成可视化图表。除了此处介绍的函数外，turtle 模块中还定义了实现更多功能的函数，有兴趣的读者可自行查阅 Python 官方文档进行深入学习。

10.4   实训案例

案例详情

10.4.1   图形绘制

本案例要求编写程序，在程序中利用 turtle 模块绘制几何图形，效果如图 10-12 所示。

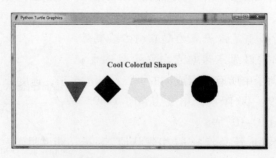

图 10-12   几何图形绘制效果展示

10.4.2　模拟时钟

钟表是一种计时装置，其样式千变万化，但是用来显示时间的表盘相差无几，大多数指针式钟表表盘的样式由刻度（共 60 个，围成圆形）、指针（时针、分针和秒针）、星期显示和日期显示组成，如图 10-13 所示。

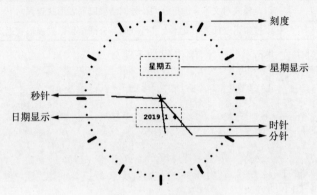

图 10-13　钟表表盘结构

图 10-13 所示的表盘中有 3 根指针：时针、分针、秒针，它们的一端被固定在表盘中心，另一端按照顺时针的方向围着表盘中心位置旋转。表盘中位于中心顶部的点对应的刻度是 12，此刻度所处的位置是所有指针的起始点。秒针每旋转一周，分针移动 1 个刻度；分针每旋转一周，时针移动 5 个刻度。

本案例要求绘制图 10-13 所示的钟表表盘，并使钟表的日期、星期、时间跟随本地时间实时变化。

10.5　常用的第三方 Python 库

第三方库在使用前需要先行安装，安装方法在第 1 章已经介绍，此处不再赘述。下面将带领大家学习 Python 常用的第三方库——jieba、wordcloud 和 pygame。

10.5.1　jieba 库

jieba 库用于实现中文分词，中文分词即将中文语句或语段拆成若干汉语词汇。例如，用户输入语句"我是一个学生"，经分词系统处理后，该语句被分成"我""是""一个""学生"这 4 个汉语词汇。jieba 支持以下 3 种分词模式。

（1）精确模式：试图将句子最精准地切开。

（2）全模式：将句子中所有可以成词的词语都扫描出来，速度非常快。

（3）搜索引擎模式：在精确模式的基础上对长词再次切分，适用于建立搜索引擎的索引。

jieba 中提供了一系列分词函数，这些分词函数及其功能说明如表 10-16 所示。

表 10-16　jieba 模块的分词函数及其功能说明

函数	功能说明
cut(s)	以精准模式对文本 s 进行分词，返回一个可迭代对象
cut(s, cut_all=True)	默认以全模式对文本 s 进行分词，输出文本 s 中出现的所有词
cut_for_search(s)	以搜索引擎模式对文本 s 进行分词
lcut(s)	以精准模式对文本 s 进行分词，分词结果以列表形式返回
lcut(s, cut_all=True)	以全模式对文本 s 进行分词，分词结果以列表形式返回
lcut_for_search(s)	以搜索引擎模式对文本 s 进行分词，分词结果以列表形式返回

采用 3 种模式对中文进行分词，示例代码如下：

```
import jieba
seg_list = jieba.cut("我打算到中国科学研究院图书馆学习 ", cut_all=True)
print("【全模式】: " + "/ ".join(seg_list))                    # 全模式
seg_list = jieba.lcut("我打算到中国科学研究院图书馆学习")
print("【精确模式】: " + "/ ".join(seg_list))                   # 精确模式
# 搜索引擎模式
seg_list = jieba.cut_for_search("我打算到中国科学研究院图书馆学习")
print("【搜索引擎模式】: " + ", ".join(seg_list))
```

运行程序，结果如下所示：

```
【全模式】: 我 / 打算 / 算到 / 中国 / 科学 / 科学研究 / 研究 / 研究院 / 图书 / 图书馆 / 图书馆学 / 书馆 / 学习
【精确模式】: 我 / 打算 / 到 / 中国 / 科学 / 研究院 / 图书馆 / 学习
【搜索引擎模式】: 我，打算，到，中国，科学，研究，研究院，图书，书馆，图书馆，学习
```

jieba 实现分词的基础是词库，jieba 的词库存储在 jieba 库下的 dict 文件中，该文件中存储了中文词库以及每个词的词频、词性等信息。利用 jieba 模块的 add_word() 函数可以向词库中增加新词。

新词添加后，进行分词时不会对该词进行划分。例如：

```
jieba.add_word("好天气")
jieba.lcut("今天真是个好天气")
```

运行程序，结果如下所示：

```
['今天', '真是', '个', '好天气']
```

10.5.2　wordcloud 库

词云是近些年在网络上兴起的一种图形化信息传递方式，网页浏览者只要短短一瞥即可接收到关键信息。程序在生成词云图时会过滤掉大量的文本信息，将关键文本组成类似云朵的彩色图形。词云示例如图 10-14 所示。

图 10-14　词云示例

Python 的第三方库 wordcloud 是专用于实现词云功能的库，该库以文本中词语出现的频率作为参数来绘制词云，并支持对词云的形状、颜色和大小等属性进行设置。利用 wordcloud 库生成词云主要有以下 3 个步骤。

（1）利用 WordCloud 类的构造方法 WordCloud() 创建词云对象。

（2）利用 WordCloud 对象的 generate() 方法加载词云文本。

（3）利用 WordCloud 对象的 to_file() 方法生成词云。

以上步骤用到的 WordCloud() 方法在创建词云对象时可通过参数设置词云的属性，参数及参数说明如表 10-17 所示。

表 10-17　WordCloud() 方法的参数及参数说明

参数	说明
width	指定词云对象生成图片的宽度，默认为 400 像素
height	指定词云对象生成图片的高度，默认为 200 像素
min_font_size	指定词云中字体的最小字号，默认为 4 号
max_font_size	指定词云中字体的最大字号，默认根据高度自动调节
font_step	指定词云中字体字号的步间隔，默认为 1
font_path	指定字体文件的路径，默认为当前路径
max_words	指定词云显示的最大单词数量，默认为 200
stop_words	指定词云的排除词列表，即不显示的单词列表
background_color	指定词云图片的背景颜色，默认为黑色
mask	指定词云形状，默认为长方形

generate() 方法需要接收一个字符串作为参数，若 generate() 方法中的字符串为中文，在创建 WordCloud 对象时必须指定字体路径。

to_file() 方法用于以图片形式输出词云，该方法接收一个表示图片文件名的字符串作为参数，图片可以为 .png 或 .jpg 格式。

下面简单演示 wordcloud 库的基本用法，具体代码如下：

```python
import wordcloud
font = 'E:\\python_study\\first_proj\\res\\AdobeHeitiStd-Regular.otf'
# 用于生成词云的字符串
file = open('E:\\python_study\\first_proj\\res\\evaluate.txt',encoding='utf-8')
string = str(file.read())
file.close()
# 创建词云对象
w = wordcloud.WordCloud(font_path=font,max_words=500,
                        max_font_size=40,background_color='white')
# 加载文本
w.generate(string)
# 生成词云
w.to_file('evaluate.jpg')
```

此时打开程序所在路径，可观察到其中生成了词云图片 evaluate.jpg，如图 10-15 所示。

图 10-15　evaluate.jpg

　　我们在网络上见到的词云往往是形状各异的、基于其他图形的，但上面的示例生成的词云只是寻常的长方形的。如果想生成如网络词云一样以其他图片作为外形的词云，需要用到 matplotlib.image 中的 imread() 函数。

　　imread() 函数用于加载图片文件，其语法格式如下：

```
imread(filename, flags)
```

　　imread() 函数的参数 filename 为图片文件名，flags 用于指定读取图片的方式，取值为 1时表示读入彩色图像。

　　利用 imread() 函数读取 .png 格式的图片，wordcloud 会根据图片的可见区域生成相应形状的词云。示例代码如下：

```
import wordcloud
from matplotlib.image import imread
font = 'E:\\python_study\\first_proj\\res\\AdobeHeitiStd-Regular.otf'
# 用于生成词云的字符串
file = open('E:\\python_study\\first_proj\\res\\ evaluate.txt',encoding='utf-8')
string = str(file.read())
# 词云形状
mk = imread('E:\\python_study\\first_proj\\res\\wukong.png', 1)
file.close()
# 创建词云对象
w = wordcloud.WordCloud(font_path=font, mask=mk,
                        max_words=500,background_color='white')
# 加载文本
w.generate(string)
# 生成词云
w.to_file('evaluate.png')
```

此时打开程序所在路径，可观察到其中生成了词云图片 evaluate.png，如图 10-16 所示。

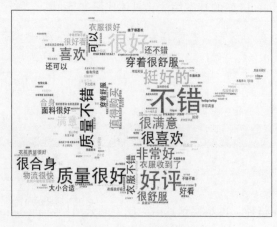

图 10-16　evaluate.png

10.5.3　pygame 库

pygame 是为开发 2D 游戏而设计的 Python 跨平台模块，该模块中定义了很多接口，开发人员使用这些接口可以方便地实现游戏开发的常用功能，例如，图形和图像绘制、播放音频等。

使用 pygame 前需先掌握 pygame 库相关的知识点，具体如下。

- pygame 的初始化和退出。
- 创建游戏窗口。
- 游戏循环与游戏时钟。
- 图形和文本绘制。
- 元素位置控制。
- 动态效果。
- 事件与事件处理。

本节将对这些知识点逐一进行讲解。

1. pygame 的初始化和退出

针对不同的开发需求，pygame 库中定义了不同的子模块，例如显示模块、字体模块、混音器模块等。一些子模块在使用之前必须进行初始化，如字体模块。为了使开发人员能够更便捷地使用 pygame，pygame 提供了以下 2 个函数。

（1）init()：init() 函数可以一次性初始化 pygame 的所有模块，故开发程序时开发人员无须再单独调用每个子模块的初始化方法，可以直接使用所有子模块。

（2）quit()：quit() 函数可以卸载之前被初始化的所有 pygame 模块。在 Python 程序退出之前，解释器会释放所有模块，quit() 函数并非必须调用，但程序开发应秉持谁申请、谁释放的原则，因此程序开发人员应当在需要时主动调用 quit() 函数卸载模块资源。

导入 pygame 模块，在主函数中实现 pygame 的初始化和退出，示例代码如下：

```
import pygame                           # 导入 pygame
def main():
    pygame.init()                       # 初始化所有模块
    pygame.quit()                       # 卸载所有模块
if __name__ == '__main__':
    main()
```

2. 创建游戏窗口

命令行窗口中无法绘制图形，若要开发带有图形界面的游戏，程序应先创建一个图形界面窗口。pygame 通过 display 子模块创建图形界面窗口，该子模块中与窗口相关的常用函数如表 10-18 所示。

表 10-18　display 模块中与窗口相关的常用函数

函数	说明
set_mode()	初始化游戏窗口
set_caption()	设置窗口标题
update()	更新屏幕显示内容

下面逐一讲解表 10-18 中所列的函数。

（1）set_mode()

set_mode() 函数用于为游戏创建图形窗口，该函数的语法格式如下：

```
set_mode(resolution=(0,0), flags=0, depth=0) -> Surface
```

set_mode() 函数共有 3 个参数，这 3 个参数的具体含义如下。

● resolution：图形窗口的分辨率。参数 resolution 本质上是一个元组，该元组的 2 个元素分别用于指定图形窗口的宽和高，单位为像素。默认情况下，图形窗口的尺寸与屏幕大小一致。

● flags：标志位。用于设置窗口特性，默认为 0。

● depth：色深。该参数只取整数，取值范围为 [8,32]。

set_mode() 函数的返回值为 Surface 对象，可以将 Surface 对象看作画布，必须先有画布，绘制的图形才能够被呈现；set_mode() 函数创建的窗口默认为黑色，使用 Surface 对象的 fill() 方法可以填充画布、修改窗口颜色。

此处创建一个窗体，并修改其背景颜色。为方便对窗体大小、背景颜色进行统一修改，这里将其定义为全局变量，具体代码如下：

```python
import pygame                                                  # 导入 pygame
WINWIDTH = 658                                                 # 窗口宽度
WINHEIGHT = 243                                                # 窗口高度
BGCOLOR = (125,125,0)                                          # 预设颜色
def main():
    pygame.init()                                             # 初始化所有模块
    # 创建窗体，即创建 Surface 对象
    WINSET = pygame.display.set_mode((WINWIDTH, WINHEIGHT))
    WINSET.fill(BGCOLOR)                                       # 填充背景颜色
    pygame.quit()                                             # 卸载所有模块
if __name__ == '__main__':
    main()
```

以上代码定义了用于设置窗体尺寸的变量 WINWIDTH、WINHEIGHT。考虑到后续完善程序时代码中会用到窗体尺寸，为了方便对尺寸进行调整，这里将变量 WINWIDTH 和 WINHEIGHT 作为全局变量放在主函数外。

运行程序，程序启动后会创建一个背景颜色为黑色、分辨率为 640 像素 ×480 像素的图形窗口。需要注意的是，程序中使用 fill() 方法将背景填充为了牛油果绿色，但背景颜色未改变。大家可以先自行思考答案，此处暂不解答。

（2）set_caption()

set_caption() 函数用于设置窗口标题，该函数的语法格式如下：

```
set_caption(title, icontitle=None)   -> None
```

set_caption() 函数的参数 title 用于设置显示在窗口标题栏上的标题，参数 icontitle 用于设置显示在任务栏上的程序标题，默认为 None 即与 title 一致。

修改代码，在 pygame.quit() 语句之前调用 set_caption() 函数，修改后的代码如下所示：

```python
...
def main():
    pygame.init()                                            # 初始化所有模块
    WINSET = pygame.display.set_mode((WINWIDTH, WINHEIGHT))
    WINSET.fill(BGCOLOR)                                      # 填充背景颜色
    pygame.display.set_caption('小游戏')                      # 设置窗口标题
    pygame.quit()                                             # 卸载所有模块
...
```

运行以上程序，发现程序打开一个标题为"小游戏"的图形窗口，且该窗口几乎在打开

的同时立刻关闭。之所以出现这种现象，是因为程序在设置完标题之后便已结束。

（3）update()

update() 函数用于刷新窗口，以显示修改后的新窗口。实际上前面代码中使用 fill() 方法填充背景后窗口的背景颜色却未改变，正是因为程序中未调用该函数对窗口进行刷新。在 pygame.quit() 语句之前调用 update() 函数，具体代码如下：

```
...
def main():
    pygame.init()                                              # 初始化所有模块
    WINSET = pygame.display.set_mode((WINWIDTH, WINHEIGHT))
    WINSET.fill(BGCOLOR)                                       # 填充背景颜色
    pygame.display.set_caption(' 小游戏 ')                      # 设置窗口标题
    pygame.display.update()                                     # 刷新窗口
    pygame.quit()                                               # 卸载所有模块
...
```

保存修改并运行程序，此时程序会创建一个背景颜色为牛油果绿色的窗口。

3. 游戏循环与游戏时钟

众所周知，游戏启动后一般由玩家手动关闭，但目前的程序在开启图形窗口并设置标题后便退出，这是因为程序已经执行完毕。若要使游戏保持运行，需要在程序中添加一个无限循环，循环代码如下：

```
while True:
    pass
```

在 pygame.display.update() 之后添加以上循环代码，程序将一直保持运行。

一般情况下，计算机上 1s 绘制 60 帧（frame）便能够达到非常连续、高品质的动画效果，换言之，窗口中刷新图像的频率只要不低于每秒 60 帧，就能够达到对动画效果的预期。但循环体的执行频率非常高，远远超出每秒 60 帧。过高的帧率意味着超高的负荷，为了降低循环执行的频率，需要在程序中设置游戏时钟。

pygame 的 time 模块专门提供了一个 Clock 类，通过该类的 tick() 方法可以方便地设置游戏循环的执行频率，具体操作如下：

```
FPS = 60
FPSCLOCK = pygame.time.Clock()                                 # 创建 Clock 对象
FPSCLOCK.tick(FPS)                                             # 为 Clock 对象设置帧率
```

修改代码，为其添加帧率控制语句，修改后的程序如下所示：

```
...
FPS = 60                                                       # 预设频率
def main():
    pygame.init()                                              # 初始化所有模块
    FPSCLOCK = pygame.time.Clock()                             # 创建 Clock 对象
    ...
    pygame.display.update()
    i = 0
    while True:
        i = i + 1
        print(i)
        FPSCLOCK.tick(FPS)                                     # 控制帧率
    pygame.quit()                                              # 卸载所有模块
if __name__ == '__main__':
    main()
```

经过以上修改后，程序中 while 循环内的代码由高频执行变为 1s 执行 FPS（60）次。

4. 图形和文本绘制

图形化窗口是绘制文本和图形的前提，创建窗口后便可在其中绘制文本、图形等元素。通过前面的讲解可知，pygame 中的图形窗口是一个 Surface 对象，在窗口中进行绘制实质上就是在 Surface 对象上进行绘制。下面将介绍如何在 Surface 对象上绘制图形和文本。

（1）图形绘制

在 Surface 对象上绘制图形分为加载图片和绘制图片 2 个步骤。

① 加载图片。

加载图片即将图片读取到程序中，该步骤需要使用 pygame 库中 image 模块的 load() 函数，该函数的语法格式如下：

```
load(filename) -> Surface
```

load() 函数的参数 filename 是待加载图片的文件名，返回值是一个 Surface 对象。使用 load() 函数加载图片，示例代码如下：

```
img_surf = pygame.image.load('bg.jpg')
```

以上示例从当前路径下加载名为 "bg.jpg" 的图片（分辨率为 640 像素 ×80 像素），并使用变量 img_surf 保存生成的 Surface 对象。

② 绘制图片。

绘制图片本质上是将一个 Surface 对象叠加在另一个 Surface 对象上，这类似于现实生活中不同尺寸图形的堆叠。通过 Surface 对象的 blit() 方法可以实现图片绘制，blit() 方法的语法格式如下：

```
blit(source, dest, area=None, special_flags = 0) -> Rect
```

下面对 blit() 方法的参数进行说明。

- source：接收被绘制的 Surface 对象。

- dest：接收一个表示位置的元组，该元组指定 left 和 top 2 个值，left 和 top 分别表示图片距离窗口左边和顶部的距离。该参数亦可接收一个表示矩形的元组 (left,top,width,height)（left、top 表示矩形的位置，width、height 表示矩形的宽和高），将矩形的位置作为绘制的位置。

- area：可选参数，用于设置矩形区域。若设置的矩形区域大小小于 source 所接收的 Surface 对象的大小，那么仅绘制 Surface 对象的部分内容。

- special_flags：标志位。

使用 blit() 方法将加载生成的 img_surf 对象绘制到窗口 WINSET 中，具体示例代码如下：

```
WINSET.blit(img_surf, (0, 0))
```

以上示例代码将图片 img_surf 绘制到了窗口的（0,0）位置，由于被绘制的图片与窗口尺寸一致，这里的操作等同于为窗口绘制了背景图片。

将绘制图片的代码添加到程序中，具体如下所示：

```
...
    WINSET = pygame.display.set_mode((WINWIDTH, WINHEIGHT))
    WINSET.fill(BGCOLOR)                                         # 填充背景颜色
    pygame.display.set_caption(' 小游戏 ')
    image = pygame.image.load('bg.jpg')                         # 加载图片
    WINSET.blit(image, (0, 0))                                  # 绘制图片
    ...
...
```

运行程序，创建的游戏窗口如图 10-17 所示。

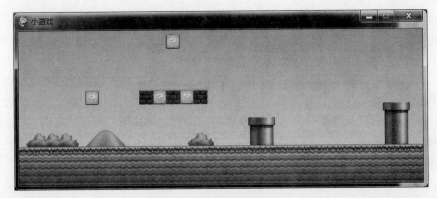

图 10-17 创建的游戏窗口

（2）文本绘制

pygame 的 font 模块提供了一个 Font 类，使用该类可以创建系统字体对象，进而实现游戏窗口中文字的绘制。使用 Font 类在窗口中绘制文本的步骤如下。

① 创建字体对象。

② 渲染文本内容，生成一张图像。

③ 将生成的图像绘制到游戏主窗口中。

对比文本绘制步骤与图形绘制步骤可知，文本绘制实际上也是图片的叠加，只是在绘制之前需要先结合字体将文本内容制作成图片。文本绘制的流程如图 10-18 所示。

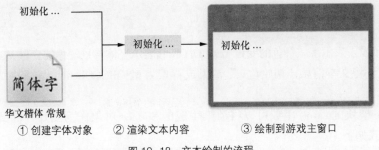

图 10-18 文本绘制的流程

下面分别介绍以上步骤的代码实现。

① 创建字体对象

调用 font 模块的 Font() 函数可以创建一个字体对象，Font() 函数的语法格式如下：

```
Font(filename, size) -> Font
```

Font() 函数中的参数 filename 用于设置字体对象的字体，size 用于设置字体对象的大小。Font() 函数的具体用法如下：

```
BASICFONT = pygame.font.Font('STKAITI.TTF', 25)
```

程序执行到以上语句时，会使用程序所在路径下的字体文件创建一个字体为 STKAITI、字号大小为 25 的字体对象。

也可通过 font 模块中的 SysFont() 函数创建一个系统字体对象。SysFont() 函数的语法格式如下：

```
SysFont(name, size, bold=False, italic=False) -> Font
```

SysFont() 函数有 4 个参数，这些参数的含义如下。

● name：系统字体的名称。可以设置的字体与操作系统有关，通过 pygame.font.get_fonts() 函数可以获取当前操作系统的所有可用字体列表。该参数亦可接收字体路径名。

- size：字体大小。
- bold：是否设置为粗体，默认为 False，表示不设置。
- italic：是否设置为斜体，默认为 False，表示不设置。

Font() 函数和 SysFont() 函数都可以创建字体对象，但 SysFont() 对系统依赖度较高，Font() 则可以在设置字体时将字体文件存储到程序路径中，使用自定义的字体。相较而言，Font() 函数更加灵活，也更利于游戏程序的打包和移植。若无特殊声明，后续提及的字体对象皆通过 Font() 函数创建。

② 渲染文本内容

渲染是计算机绘图中使用的名词，经渲染后计算机中会生成一张图像（SurFace 对象）。pygame 模块中可通过字体对象的 render() 方法进行渲染，该方法的语法格式如下：

```
render(text, antialias, color, background=None) -> Surface
```

render() 方法有 4 个参数，这些参数的含义如下。

- text：文字内容。
- antialias：是否抗锯齿（增加抗锯齿效果会让绘制的文字看起来更加平滑）。
- color：文字颜色。
- background：背景颜色，默认为 None，表示无颜色。

在程序中调用 render() 方法后将返回一个 Surface 对象，这个 Surface 对象可理解为一张内容为文字的图片。以调用 Font() 函数生成的字体对象 BASICFONT 为例，通过 render() 方法渲染文本内容的示例代码如下：

```
MSGCOLOR   = (95, 200, 255)                                      # 设置字体颜色
MSGBGCOLOR = (23, 78, 20)                                        # 字体背景颜色
msg_surf = BASICFONT.render('初始化...', True, MSGCOLOR, MSGBGCOLOR)
```

以上代码预设了表示字体颜色的变量 MSGCOLOR 和表示字体背景颜色的变量 MSGBGCOLOR，通过 render() 方法将文本信息"初始化..."渲染成背景为 MSGBGCOLOR 色、字体为 MSGCOLOR 色的图片。

通过 image 模块的 save() 函数可以将渲染生成的 Surface 对象作为图片存储到本地。save() 函数的语法格式如下：

```
save(Surface, filename) -> None
```

使用 save() 函数将 msg_surf 对象保存到本地，并命名为 msg.png，具体代码如下：

```
pygame.image.save(msg_surf, 'msg.png')
```

运行代码，生成的图片如图 10-19 所示。

文本图像的背景可以被设置为透明。若要实现此效果，将 render() 方法的参数 background 设为 None 即可，具体代码如下：

图 10-19　msg.png

```
msg_surf = BASICFONT.render('初始化...', True, MSGCOLOR, None)
pygame.image.save(msg_surf, 'msg.png')
```

③ 绘制渲染到游戏主窗口

绘制文本图片同样使用 Surface 的 blit() 方法。此处不再赘述。

将创建的文本对象 msg_surf 绘制到 WINSET 的（0,0）位置，具体代码如下：

```
WINSET.blit(msg_surf, (0, 0))
```

为保证以上的更改能够显示在窗口中，将 while 循环删除，此时修改后的完整程序代码如下：

```
import pygame,time                                               # 导入 pygame
```

```
WINWIDTH = 658                                                    # 窗口宽度
WINHEIGHT = 243                                                   # 窗口高度
# ------ 颜色变量 ----
BGCOLOR    = (125,125,0)                                          # 预设背景颜色
MSGCOLOR   = (95,200,255)                                         # 设置字体颜色
MSGBGCOLOR = (23,78,20)                                           # 设置字体背景颜色
def main():
    pygame.init()                                                # 初始化所有模块
    # 创建窗体，即创建 Surface 对象
    WINSET = pygame.display.set_mode((WINWIDTH, WINHEIGHT))
    WINSET.fill(BGCOLOR)                                         # 填充背景颜色
    pygame.display.set_caption(' 小游戏 ')
    image = pygame.image.load('bg.jpg')                          # 加载背景图片
    WINSET.blit(image,(0,0))                                     # 绘制背景图片
    BASICFONT = pygame.font.Font('STKAITI.TTF',25)               # 创建字体对象
    msg_surf = BASICFONT.render(' 初始化 ...',True,MSGCOLOR,MSGBGCOLOR) # 渲染
    WINSET.blit(msg_surf,(0,0))
    pygame.display.update()
    time.sleep(5)
    pygame.quit()                                                # 卸载所有模块
if __name__ == '__main__':
    main()
```

运行程序，创建的窗口如图 10-20 所示。

图 10-20　文本绘制后的游戏窗口

由图 10-20 可知，程序成功创建了绘有文本信息的窗口。

5. 元素位置控制

前文绘制的图像和文本都在 (0, 0) 位置，也就是图形窗口的原点。但游戏中的文字和图片可能出现在窗口的任意位置，若想要准确地放置图片和文本，需要先掌握 pygame 图形窗口的坐标体系和 pygame 的 Rect 类的有关知识。

（1）pygame 图形窗口的坐标体系

pygame 图形窗口坐标体系的定义如下。

● 坐标原点在游戏窗口的左上角。

● x 轴与水平方向平行，以向右为正。

● y 轴与垂直方向平行，以向下为正。

假设将分辨率为 160 像素 ×120 像素的矩形放置在分辨率为 640 像素 ×480 像素的 pygame 窗口的 (80,160) 位置，则其相对关系如图 10-21 所示。

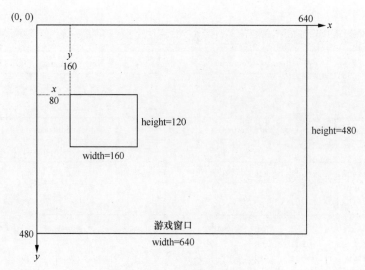

图 10-21　坐标体系示意图

观察图 10-21 可知，矩形在窗口中的位置即矩形左上角在窗口中的坐标为 (80,160) 的位置。

（2）Rect 类

Rect 类用于描述和控制可见对象（文本、图片等）在 pygame 窗口中的位置，该类定义在 pygame 模块中，它的构造方法如下：

```
__init__(x, y, width, height) -> Rect
```

通过 Rect 类的构造函数可以创建一个矩形对象，并设置该矩形在 pygame 窗口中的位置。例如，创建坐标为 (80,160)、分辨率为 160 像素 ×120 像素的矩形对象，具体代码如下：

```
rect = pygame.Rect(80, 160, 160, 120)
```

除坐标、宽、高外，矩形还具有许多用于描述与坐标系相对关系的属性，下面将给出矩形对象的常见属性，并以矩形 rect = Rect(10,80,168,50) 为例对这些属性进行说明，具体如表 10-19 所示。

表 10-19　矩形对象的常见属性

属性	说明	示例
x、left	水平方向和 y 轴的距离	rect.x = 10、rect.left = 10
y、top	垂直方向和 x 轴的距离	rect.y = 80、rect.top = 80
width、w	宽度	rect.width = 168、rect.w = 168
height、h	高度	rect.height = 50、rect.h = 50
right	右侧 = $x + w$	rect.right = 178
bottom	底部 = $y + h$	rect.bottom = 130
size	尺寸 (w, h)	rect.size = (168, 50)
topleft	(x, y)	rect.topleft = (10, 80)
bottomleft	$(x, bottom)$	rect.bottomleft = (10, 130)
topright	$(right, y)$	rect.topright = (178, 80)
bottomright	$(right, bottom)$	rect.bottomright = (178, 130)
centerx	中心点 $x = x + 0.5 * w$	rect.centerx = 94
centery	中心点 $y = y + 0.5 * h$	rect.centery = 105

续表

属性	说明	示例
center	(centerx, centery)	rect.center = (94, 105)
midtop	(centerx, *y*)	rect.midtop = (94, 80)
midleft	(*x*, centery)	rect.midleft = (10, 105)
midbottom	(centerx, bottom)	rect.midbottom = (94, 130)
midright	(right, centery)	rect.midright = (178, 105)

矩形对象的属性示意图如图 10–22 所示。

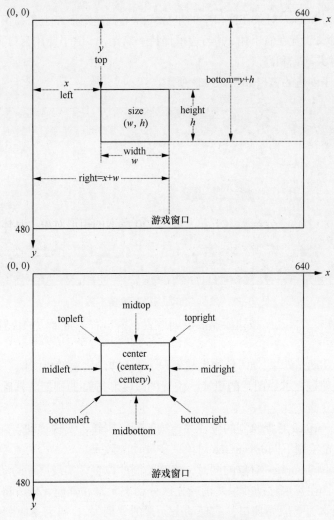

图 10-22　矩形对象的属性示意图

（3）位置控制

Surface 对象在窗口中的位置通过 blit() 方法的参数 dest 确定，dest 可接收坐标元组 (x, y)，亦可接收矩形对象，因此可通过以下 2 种方式控制 Surface 对象的绘制位置。

① 方式 1：将 Surface 对象绘制到窗口时，以元组 (x,y) 的形式将坐标传递给参数 dest。

② 方式 2：使用 get_rect() 方法获取 Surface 对象的矩形属性，重置矩形横、纵坐标后，再将

矩形属性传递给参数 dest 以设置绘制位置。

考虑到 Surface 对象的分辨率不同，为方便计算位置，程序一般使用方式 2 确定绘制位置。假设要在小游戏右下角绘制一个写有"自动"的按钮，使用方式 2 在窗口中绘制文本的具体代码如下：

```
...
    # 渲染字体
    auto_surf = BASICFONT.render('自  动', True, MSGCOLOR, MSGBGCOLOR)
    auto_rect = auto_surf.get_rect()                        # 获取矩形属性
    auto_rect.x = WINWIDTH - auto_rect.width - 10           # 重设横坐标
    auto_rect.y = WINHEIGHT - auto_rect.height - 10         # 重设纵坐标
    WINSET.blit(auto_surf, auto_rect)                       # 绘制字体
    pygame.display.update()
...
```

需要说明的是，Surface 对象在窗口中的坐标实际上就是矩形左上角在窗口中的坐标，因此想要将 Surface 对象放置在右下角，并与边框保持一定距离，除了要用窗口宽和高减去余量，还需减去 Surface 对象的宽和高。

运行程序，程序创建的窗口如图 10-23 所示。

图 10-23　绘制"自动"按钮后的窗口效果

由图 10-23 可知，"自动"按钮绘制后成功放置在窗口右下角合适的位置。

6. 动态效果

大多数游戏涉及动态效果，如《植物大战僵尸》中子弹的发射效果、"僵尸"的移动效果等。实现动态效果的原理是文本或图片的更换、位置的改变和屏幕的刷新。基础的动态效果分为以下 3 种。

（1）多次修改 Surface 对象绘制的位置并连续绘制、刷新，实现移动效果。

（2）在同一位置绘制不同的 Surface 对象，实现动画效果。

（3）连续绘制不同 Surface 对象的同时，修改绘制的位置，实现移动的动画。

需要注意的是，在实现移动效果之前应先区分动态元素和其他元素，将其他元素作为背景，制作背景的副本覆盖原始窗口，实现动态元素的"消失"，再着手重新绘制要移动的元素并刷新窗口。

pygame 的 Surface 类中定义了 copy() 方法，使用该方法可在实现移动效果之前先创建除动态元素外的元素副本，实现动态元素的消失。下面实现小游戏中"自动"按钮的移动，具体代码如下：

```
...
    ...
    WINSET.blit(msg_surf,(0,0))
    # 制作背景副本
```

```
        base_surf = WINSET.copy()
        # 渲染字体
        ...
        WINSET.blit(auto_surf, auto_rect)               # 绘制字体
        # 在背景的不同位置绘制方块，制造移动效果。
        for i in range(0, WINHEIGHT, 2):
            FPSCLOCK.tick(FPS)
            # 绘制
            WINSET.blit(auto_surf, auto_rect)           # 绘制字体
            pygame.display.update()
            auto_rect.x -= 10                           # 修改 "自动" 按钮横坐标
            if i + 2 < WINHEIGHT:
                WINSET.blit(base_surf,(0,0))            # 使用备份 base_surf 覆盖 WINSET
        pygame.display.update()
        pygame.quit()                                   # 卸载所有模块
if __name__ == '__main__':
    main()
```

修改代码后运行程序，可观察到游戏窗口中的"自动"按钮从右向左移动。

7. 事件与事件处理

游戏需要与玩家交互，因此它必须能够接收玩家的操作，并根据玩家的不同操作做出有针对性的响应。程序开发中将玩家会对游戏进行的操作称为事件（Event），根据输入媒介的不同，游戏中的事件分为键盘事件、鼠标事件和手柄事件等。pygame 在子模块 locals 中对事件进行了更细致的定义，常见事件的产生途径及参数如表 10-20 所示。

表 10-20　pygame.locals 中常见事件的产生途径及参数

事件	产生途径	参数
KEYDOWN	键盘上的键被按下	unicode、key、mod
KEYUP	键盘上的键被放开	key、mod
MOUSEMOTION	鼠标移动	pos、rel、buttons
MOUSEBUTTONDOWN	鼠标键按下	pos、button
MOUSEBUTTONUP	鼠标键放开	pos、button

由表 10-20 可知，pygame.locals 中的键盘事件分为 KEYDOWN 和 KEYUP，这 2 个事件的参数说明如下。

● unicode：记录按键的 Unicode 值。

● key：按下或放开的键的键值。键值是一个数字，但为了方便使用，pygame 中支持以 K_xx 来表示按键，例如，字母键表示为 K_a、K_b 等，方向键表示为 K_UP、K_DOWN、K_LEFT、K_RIGHT，"ESC" 键表示为 K_ESCAPE。

● mod：包含组合键信息，例如 mod & KMOD_CTRL 为真，表示用户在按下其他键的同时按下了 "Ctrl" 键，类似的还有 KMOD_SHIFT、KMOD_ALT。

pygame.locals 中的鼠标事件分为 MOUSEMOTION、MOUSEBUTTONDOWN、MOUSEBUTTONUP，这 3 个事件的参数描述如下。

● pos：鼠标指针操作的位置，该参数是一个包含横坐标 x 和纵坐标 y 的元组。

● rel：当前位置与上次产生鼠标事件时鼠标指针位置间的距离。

● buttons：一个含有 3 个数字的元组，元组中数字的取值只能为 0 或 1，3 个数字依次表示左键、滚轮和右键。若仅移动鼠标，则 buttons 的值为 (0,0,0)；若移动鼠标的同时单击鼠标的某个按键，元组中与该键对应的值更改为 1，例如按下鼠标左键，buttons 的值为 (1,0,0)。

● button：整型数值，1 表示单击鼠标左键，2 表示单击滚轮，3 表示单击右键，4 表示向上滑动滚轮，5 表示向下滑动滚轮。

程序可通过 pygame 子模块 event 中的 type 属性判断事件类型，通过 get() 函数获取当前时刻产生的所有事件的列表。当然，并非事件列表中的事件都需要关心和处理，程序通常在循环中遍历事件列表，将其中的元素与需要处理的事件常量进行比对，若当前事件为需要处理的事件，再对其进行相应操作。

在程序中添加事件处理代码，具体如下所示：

```
from pygame.locals import *
...
    # 获取单击事件
    while True:
        FPSCLOCK.tick(FPS)
        for event in pygame.event.get():
            if event.type == MOUSEBUTTONUP:              # 如果有鼠标放开事件
                if auto_rect.collidepoint(event.pos):    # 判断单击位置
                    print('单击了按钮')
                else:
                    print('单击了空白区域')
            elif event.type == KEYUP:                    # 如果有按键放开事件
                if event.key in (K_LEFT, K_a):
                    print('←')
                elif event.key in (K_RIGHT, K_d):
                    print('→')
                elif event.key in (K_UP, K_w):
                    print('↑')
                elif event.key in (K_DOWN, K_s):
                    print('↓')
                elif event.key == K_ESCAPE:
                    print('退出游戏')
                    pygame.quit()
    pygame.quit()
```

以上代码在 while 循环中通过 for 循环遍历事件，对每层 for 循环取出的事件 event 进行判断，若当前事件为鼠标放开事件（MOUSEBUTTONUP），说明鼠标按键曾被按下，此时使用 Rect 类的 collidepoint() 方法判断单击的位置 event.pos 与方块、按钮的关系，输出相应信息；若当前事件为按键放开事件（KEYUP），说明键盘按键曾被按下，此时根据 event.key 属性判断曾被按下的具体按键，根据按键打印相应的信息，或退出程序。

运行程序，依次执行循环中的判断条件，输出结果如下：

```
单击了按钮
单击了空白区域
←
→
↑
↓
退出游戏
```

10.6   实训案例

10.6.1   出场人物统计

《西游记》是中国古代第一部浪漫主义章回体长篇神魔小说，是中国古典四

案例详情

大名著之一。全书主要描写了孙悟空出世及大闹天宫后，与唐僧、猪八戒、沙悟净和白龙马四人一同西行取经，历经九九八十一难到达西天见到如来佛祖，最终五圣成真的故事。《西游记》篇幅巨大、出场人物繁多，本案例要求编写程序，统计《西游记》小说中关键人物的出场次数。

10.6.2　小猴子接香蕉

小猴子接香蕉游戏是一个根据游戏得分判定玩家反应力的游戏。该游戏的设定非常简单，游戏主体为小猴和香蕉。香蕉从屏幕顶端随机位置出现，匀速垂直落下，玩家用鼠标左右键控制小猴子左右移动来接住香蕉。若小猴子接到香蕉，游戏得分增加。玩家可自行单击窗口的关闭按钮结束游戏。

本案例要求编写程序，实现一个小猴子接香蕉游戏。

10.7　本章小结

本章首先介绍了 Python 计算生态、演示了如何构建与发布 Python 生态库，然后介绍了常用的内置 Python 库和第三方 Python 库，包括 time 库、random 库、turtle 库、jieba 库、wordcloud 库和 pygame 库。希望读者通过学习本章的内容，能对 Python 计算生态涉及的领域所使用的 Python 库有所了解，掌握构建 Python 库的方式，可熟练使用 random 库、turtle 库、jieba 库，熟悉 time 库、wordcloud 库和 pygame 库。

10.8　习题

一、填空题

1.＿＿＿＿＿＿是一种按照一定的规则，自动从网络上抓取信息的程序或者脚本。

2.＿＿＿＿＿＿指用适当的统计分析方法对收集来的大量数据进行汇总与分析，以求最大化地发挥数据的作用。

3. Python 计算生态通过 ＿＿＿＿＿＿、＿＿＿＿＿＿、＿＿＿＿＿＿库为数据分析领域提供支持。

4. random 是 Python 的＿＿＿＿＿＿库，pygame 是 ＿＿＿＿＿＿库。

5. 通过 pygame 的＿＿＿＿＿＿函数可以初始化所有子模块。

二、判断题

1. Python 开发人员可以使用内置库，也可以使用第三方库。（　　）

2. Python 程序中使用内置库与第三方库的方式相同，但使用第三方库之前需要先将库导入程序。（　　）

3. 自定义库只能由自己在本地使用。（　　）

4. 时间差的计算没有意义。（　　）

5. jieba 是一个中文分词库，但该库同时也可以对英文进行分词。（　　）

6. pygame 库中的 init() 函数可以初始化所有子模块。（　　）

7. time 模块是 Python 的内置模块，可以在程序中直接使用。（　　）

三、选择题

1. 下列选项中，用于判断 .py 文件是作为脚本执行还是被导入其他程序的属性是（　　）。

A. __init__　　　　　B. __name__　　　　　C. __exce__　　　　　D. __main__

2. 下列选项中，会在发布自定义库时用到的命令是（　　）。

A. python setup.py build　　　　　　　　B. python setup.py sdist

C. python setup.py install　　　　　　　D. 以上全部

3. 下列方法中，返回结果是时间戳的是（　　）。

A. time.sleep()　　　B. time.localtime()　　　C. time.strftime()　　　D. time.ctime()

4. 阅读下面的程序：

```
gmtime = time.gmtime()
time.asctime(gmtime)
```

下列选项中，可能为以上程序输出结果的是（　　）。

A. 'Mon Apr 13 02:05:38 2020'

B. time.struct_time(tm_year=2020, tm_mon=4, tm_mday=11, tm_hour=11, tm_min=54, tm_sec=42, tm_wday=5, tm_yday=102, tm_isdst=-1)

C. 3173490635.1554217

D. '11:54:42'

5. 阅读下面的程序：

```
random.randrange(1,10,2)
```

下列选项中，不可能为以上程序输出结果的是（　　）。

A. 1　　　　　　　B. 4　　　　　　　C. 7　　　　　　　D. 9

四、简答题

1. 简单列举 Python 计算生态覆盖的领域（至少 5 个）。

2. 简述 Python 中库、包和模块的概念。

3. 若想对 2 个表示时间的变量进行计算，应将时间转换为什么格式？为什么？

五、编程题

1. 读取存储《哈姆雷特》英文剧本的文件，统计其中单词出现的频率，使用 turtle 模块绘制词频统计结果，以柱状图的形式展示统计结果。统计效果如图 10-24 所示。

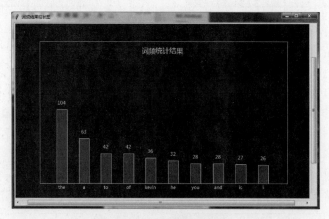

图 10-24　统计结果参考图示

2. 编写程序，实现一个根据指定文本文件和图片文件生成不同形状词云的程序。

第 **11** 章

飞机大战（完整版）

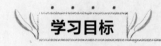

学习目标

拓展阅读

★深入理解面向对象思想，会独立设计小型游戏的类和模块

★掌握基于 pygame 模块的 Python 程序开发

　　飞机大战是一款由腾讯公司微信团队推出的软件内置的小游戏，这款游戏画面简洁有趣、规则简单易懂、操作简便易上手，在移动应用兴起之初曾风靡一时。本章将带领大家使用 pygame 开发一个功能完整的飞机大战游戏项目，引导大家在实际开发中正确地应用面向对象思想，让大家体验到使用 Python 语言开发游戏项目的乐趣。

11.1　游戏简介

11.1.1　游戏介绍

　　飞机大战游戏主要以太空主题的画面为游戏背景，由玩家通过键盘控制英雄（玩家扮演的主角）飞机向敌机总部发动进攻，在进攻的过程中既可以让英雄飞机发射子弹或引爆炮弹击毁敌机以赢取分数，也可以拾取道具以增强英雄飞机的战斗力，一旦被敌机撞毁且生命值为 0 就结束游戏。飞机大战游戏的部分场景如图 11-1 所示。

　　由图 11-1 的游戏场景可知，飞机大战游戏中包含众多游戏元素，例如，大小各异的飞机、连发 3 颗的子弹、游戏分数等，主要的元素如图 11-2 所示。

图 11-1　飞机大战游戏的部分场景

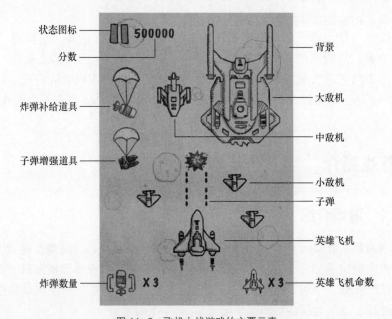

图 11-2　飞机大战游戏的主要元素

　　飞机大战游戏的主要元素可以归纳为背景、英雄飞机、敌机、道具、分数和奖励、关卡设定这几大类，各类游戏元素的具体说明如下。

1. 背景

　　整个游戏窗口的背景是一张星空图像，该背景图像会缓缓地向下持续移动，使玩家产生一种英雄飞机向上飞行的错觉。

2. 英雄飞机

　　英雄飞机是由玩家控制的飞机，是飞机大战游戏的主角，其相关说明具体如下。

（1）英雄飞机在游戏开始时显示在屏幕下方的中央位置。

（2）英雄飞机在出场后的 3s 内处于无敌状态，此时它不会被任何敌机撞毁，也不会撞毁任何敌机。

（3）玩家可以通过方向键（↑、↓、←、→）控制英雄飞机在屏幕范围内向上方、下方、左方和右方移动。

（4）英雄飞机出场后每隔 0.2s 会自动连续发射 3 颗子弹，关于子弹的特征和行为具体如下。

- 特征：子弹的速度为 12，杀伤力为 1。
- 行为：子弹由英雄飞机头部的正上方位置发射，沿屏幕垂直方向向上飞行；子弹发射时需要播放发射子弹的音效；子弹在飞行途中若击中敌机，会对敌机造成伤害；子弹若已飞出屏幕且飞行途中未击中任何敌机，会被销毁。

（5）英雄飞机出场后默认会携带 3 颗炸弹，玩家按下 "b" 键时会引爆 1 枚炸弹，炸弹数量减 1；炸弹数为 0 时，无法再使用炸弹。

（6）英雄飞机带有多个动画和音效。当飞机飞行时，显示飞行动画；当飞机被敌机撞毁时，显示被撞毁动画，并播放被撞毁音效；当飞机升级时，播放升级音效。

（7）英雄飞机具有多条生命。英雄飞机的初始命数为 3；英雄飞机被敌机击中后，命数减 1；英雄飞机得分每增加 10 万，命数加 1；英雄飞机的命数为 0 时，游戏结束。英雄飞机的命数会实时显示在游戏界面的右下方位置。

3. 敌机

飞机大战游戏中敌机的机型有小、中、大 3 种，各机型均有生命值、速度、分值、图片和音效等多个特征，且不同类型的敌机所具有的特征也不尽相同，后续在设计类时会有详细说明。

飞机大战中的敌机具有以下行为。

（1）敌机出现在游戏窗口顶部的随机位置。

（2）敌机按照各自不同的速度，沿垂直方向向游戏窗口的下方飞行。

（3）若敌机与英雄飞机相撞，则会击毁英雄飞机。

（4）若敌机被子弹击中，则敌机的生命值需要减去子弹的杀伤力，此时程序根据敌机的生命值可以分为以下 2 种情况进行处理。

- 如果敌机的生命值大于 0，那么显示敌机被击中图片（若有被击中图片），让敌机继续向屏幕下方飞行。
- 如果敌机的生命值等于 0，那么播放敌机被撞毁动画和被撞毁音效。在被撞毁动画播放过程中，该敌机不会在屏幕上移动；在被撞毁动画播放完成后，该敌机被设为初始状态，跳转到第（1）步继续执行。

（5）若敌机飞出了游戏窗口且飞行途中没有被击毁，该敌机被设为初始状态。

需要说明的是，正在播放被撞毁动画的敌机是已经被摧毁的敌机，它既不能被子弹击中，也不能撞击英雄飞机。

4. 道具

在游戏过程中，道具每隔 30s 会从游戏窗口上方的随机位置向下飞出，一旦飞出的过程中碰撞英雄飞机，就会被英雄飞机拾取。飞机大战游戏有 2 种道具：炸弹补给和子弹增强，关于这 2 种道具的功能描述如表 11-1 所示。

表 11-1   游戏中道具的功能描述

道具名称	功能描述	速度	播放音效
炸弹补给	英雄飞机拾取后，炸弹数量加 1	5	是
子弹增强	英雄飞机拾取后，发射的子弹由单排改为双排，且持续时长 20s	5	是

5. 分数和奖励

当英雄飞机通过子弹或炸弹击毁敌机时，会获得与敌机分值相对应的分数，并且获得的分数会实时显示在游戏窗口的左上方。同一局游戏的分数会不断累加，并在下一局开始时自动清零。

系统会记录玩家历次游戏所得到的最高分，并在游戏暂停和结束时显示在游戏窗口上。

6. 关卡设定

飞机大战游戏一共设立了 3 个关卡，依次是关卡 1、关卡 2 和关卡 3，其中关卡 1 为起始关卡。在英雄飞机的得分超过当前关卡的预设分值后，游戏会自动进入下一个关卡。关卡越高难度越高，敌机数量和种类越多，速度也更快。3 个关卡的设定具体如表 11-2 所示。

表 11-2   3 个关卡的设定

关卡名称	分值范围	小敌机数量（速度）	中敌机数量（速度）	大敌机数量（速度）
关卡 1	< 10 000	16（1 ~ 3）	0（1）	0（1）
关卡 2	< 50 000	24（1 ~ 5）	2（1）	0（1）
关卡 3	≥ 50 000	32（1 ~ 7）	4（1 ~ 3）	2（1）

另外，游戏在进行过程中会持续、循环地播放背景音乐，提升游戏的体验度。

11.1.2   游戏典型场景

飞机大战游戏的典型事件组成了各个典型场景，除了游戏进行中的场景外，还包括游戏开始、飞机碰撞、游戏暂停、游戏结束这几个场景，下面逐一介绍。

1. 游戏开始

游戏开始的场景如图 11-3 所示。

在图 11-3 中，游戏窗口中间靠下位置显示了英雄飞机，英雄飞机是游戏的主角，具备移动自身位置、发射子弹、引爆炸弹和拾取道具等功能；游戏窗口右下角显示了"小飞机图像 ×3"，其中数字 3 表示英雄飞机当前的命数；游戏窗口左下角显示了"炸弹图像 ×3"，其中数字 3 表示英雄飞机拥有的炸弹数量；游戏窗口左上角显示了游戏状态图像（暂停）和英雄飞机的当前得分（0）。

图 11-3 所示界面的元素中，除了英雄飞机和背景元素外，其他元素的位置都是固定的，但显示的图像或者数字在游戏过程中可能会发生改变。

2. 飞机碰撞

英雄飞机发生碰撞后被撞毁的某个场景如图 11-4 所示。

图 11-3　游戏开始的场景

图 11-4　英雄飞机发生碰撞后被撞毁的某个场景

　　如果英雄飞机与敌机发生碰撞，那么它们各自都需要做一些处理，具体如下。

　　（1）英雄飞机

　　发生碰撞的英雄飞机会被撞毁，并播放被撞毁动画和被撞毁音效。被撞毁动画播放过程中，玩家不能操作英雄飞机；被撞毁动画播放完成后，英雄飞机的命数减 1。

　　若英雄飞机的命数减 1 后还有剩余命数，则在英雄飞机被撞毁的位置出现新的英雄飞机，并由玩家操作新英雄飞机继续战斗；若英雄飞机没有剩余命数，则游戏结束。

　　（2）敌机

　　撞毁英雄飞机的敌机需要播放被撞毁动画和被撞毁音效。被撞毁动画播放过程中，敌机显示在游戏窗口的位置不会移动；被撞毁动画播放完成后，敌机会被设置为初始状态，从屏幕的上方沿垂直方向向下飞行。

3. 游戏暂停

　　玩家按下空格键可以暂停游戏，再次按下空格键可以恢复游戏。游戏暂停的某个场景如图 11-5 所示。

　　游戏暂停时，整个游戏画面静止，同时背景音乐暂停，游戏状态图标更换为运行图标，窗口中央靠上位置显示 "Game Paused！" 文字，"Game Paused!" 文字下方显示最高得分，最高得分下方显示 "Press spacebar to continue."，提示玩家按下空格键可以继续游戏。

　　玩家再次按下空格键恢复游戏后，整个游戏画面恢复，同时继续播放背景音乐；游戏状态图标更换为暂停图标；游戏窗口中央位置的提示文字隐藏。

4. 游戏结束

　　英雄飞机被敌机撞毁后若没有剩余命数继续战斗，则游戏结束。在英雄飞机被撞毁的动画播放完成后，整个游戏画面静止。游戏结束的某个场景如图 11-6 所示。

图 11-5　游戏暂停的某个场景

图 11-6　游戏结束的某个场景

在图 11-6 中，游戏窗口中央由上至下依次显示了游戏结束的提示文字 "Game Over!"、最高得分的提示文字 "Best：22684900"、再来一局的提示文字 "Press spacebar to play again."。玩家按下空格键可以再来一局。

11.2　项目准备

明确了飞机大战游戏规则和场景后，在进入开发工作前，我们需要先完成分析与设计等准备工作，以明确项目的实现方式和内部结构等。下面将从类设计、模块设计和创建项目 3 个方面介绍飞机大战游戏项目的准备工作。

11.2.1　类设计

根据游戏介绍分析可知，飞机大战游戏有众多游戏元素，包括英雄飞机、敌机、道具、子弹、游戏状态文本、背景音乐、音效等，这些元素都可以由类进行构建，但过于分散且缺乏统一管理。为方便统一管理游戏元素，这里按游戏元素的职责进行归类，各分类的名称及说明如表 11-3 所示。

表 11-3　游戏元素各分类的名称及说明

分类	类名	说明
游戏类	Game	负责整个游戏的流程
指示器面板类	HudPanel	负责统一管理游戏状态、游戏分数、炸弹数量、生命值和文本提示等与游戏数据或状态相关的内容
音乐播放类	MusicPlayer	负责背景音乐和音效的播放

续表

分类	类名	说明
游戏背景类	Background	负责显示游戏的背景图像
状态按钮类	StatusButton	负责显示游戏的状态按钮
飞机类	Plane	表示游戏中的飞机，包括英雄飞机和敌机
子弹类	Bullet	表示英雄飞机发射的子弹
道具类	Supply	负责管理炸弹补给道具和子弹增强道具
文本标签类	Label	负责显示游戏窗口上的文本

表 11-3 中列举的前 3 个分类负责管理游戏中独立的功能，它们可以直接继承基类 object；剩余几个分类中涉及的游戏元素都是显示于窗口的图像，这些元素可以继承 pygame. sprite.Sprite（用于统一管理游戏元素）类，具体说明如下。

（1）游戏背景类、状态按钮类、飞机类、子弹类、道具类负责显示的元素都会发生动态变化，它们的共同特征或行为可以抽取成一个游戏元素基类 GameSprite，该基类继承 pygame. sprite.Sprite 类。

（2）飞机类表示游戏中的飞机，包括英雄飞机和敌机，这 2 种类型的飞机具有各自的特征和行为，因此可以将 Plane 类派生为 2 个子类：Hero 和 Enemy，分别表示游戏中的英雄飞机和敌机。

飞机大战游戏项目中提炼出的类及类之间的继承关系如图 11-7 所示。

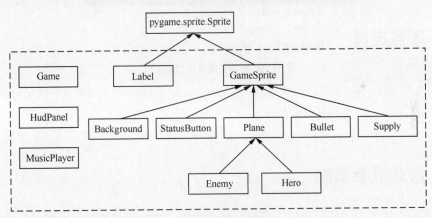

图 11-7　类的继承关系

这里大家只需要对项目中的类有一个整体了解即可，每个类的细节设计会在后续章节进行介绍。

11.2.2　模块设计

在设计程序时，既要考虑程序的设计理念和设计思想，又要考虑程序的结构。结构设计的原则是代码模块化、容易扩展和维护。因此这里将飞机大战游戏项目划分为 4 个模块：game.py、game_items.py、game_hud.py 和 game_music.py，各模块的说明如表 11-4 所示。

表 11-4   项目模块的说明

模块	说明
game.py	游戏主模块，封装 Game 类并负责启动游戏
game_items.py	游戏元素模块，封装英雄飞机、子弹、敌机、道具等游戏元素类，并定义全局变量
game_hud.py	游戏面板模块，封装指示器面板类
game_music.py	游戏音乐模块，封装音乐播放器类

11.2.3   创建项目

打开 PyCharm 工具，新建一个名称为"飞机大战"的项目。

在"飞机大战"项目中依次建立 game.py、game_items.py、game_hud.py 和 game_music.py 4 个文件，并且将资源文件夹"res"复制到"飞机大战"目录下。创建好的项目文件结构如图 11-8 所示。

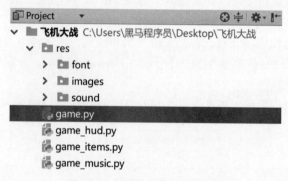

图 11-8   创建好的项目文件结构

图 11-8 所示的"res"目录包含 3 个子目录：font、images 和 sound，子目录分别放置了游戏中使用的字体、图片和声音素材。

11.3   游戏框架搭建

准备工作完成之后，便可以进入项目的实现阶段。游戏框架搭建是实现项目的第一步，应按照游戏的完整流程搭建整个框架，之后便可以直接向框架内填充游戏的内容。本节将对游戏类的设计和游戏框架实现进行详细讲解。

11.3.1   游戏类的设计

游戏类（Game）负责整个游戏的流程，它需要包含游戏中的主要元素，设计后的类图如图 11-9 所示。

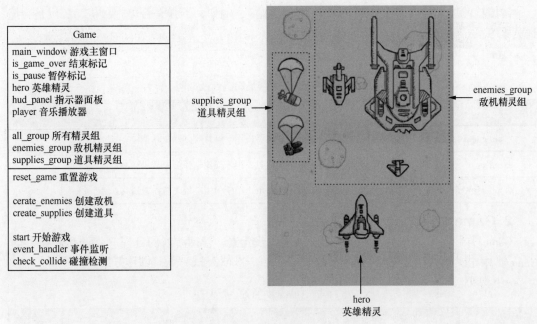

图 11-9 Game 类的类图

Game 类的属性和方法的具体说明如下。

1. Game 类的属性

Game 类的属性可以分为游戏属性和精灵（Sprite，表示显示图像的对象，游戏窗口中看到的每个单独图像或者一行文本都可以看作一个精灵，例如，英雄飞机、一颗子弹、分数标签等）组属性。

（1）游戏属性

Game 类中定义的游戏属性及说明如表 11-5 所示。

表 11-5 Game 类的游戏属性及说明

属性	说明
main_window	游戏主窗口，初始大小为 (480, 700)
is_game_over	游戏结束标记，初始为 False
is_pause	游戏暂停标记，初始为 False
hero	英雄精灵，初始显示在游戏窗口中间靠下位置
hud_panel	指示器面板，负责显示与游戏状态和数据相关的内容，包括状态图标、游戏分数、炸弹数量、英雄命数，以及游戏暂停或结束时显示在游戏窗口中央位置的提示信息等
player	音乐播放器，负责播放背景音乐和游戏音效

（2）精灵组属性

精灵组（Group）就是保存了多个精灵对象的组。pygame 的精灵组常用于以下重要的场景。

● 一次性绘制或者更新多个精灵。

● 碰撞检测。

碰撞检测就是检测多个精灵之间是否发生碰撞，例如，子弹是否击中敌机、敌机是否撞到英雄等。

Game 类中定义的精灵组属性及说明如表 11-6 所示。

表 11-6　Game 类的精灵组属性及说明

属性	说明
all_group	所有精灵组，存放所有要显示的精灵，用于屏幕绘制和更新位置
enemies_group	敌机精灵组，存放所有敌机精灵对象，用于检测子弹击中敌机和敌机撞击英雄
supplies_group	道具精灵组，存放所有道具精灵对象，用于检测英雄飞机拾取道具

2. Game 类的方法

Game 类封装了多个方法，分别用于创建游戏元素、管理游戏的流程、监听系统事件等。Game 类中定义的方法及说明如表 11-7 所示。

表 11-7　Game 类的方法及说明

方法	说明
reset_game()	重置游戏。在开启新一轮游戏前，将游戏属性恢复到初始值
create_enemies()	创建敌机精灵。在新游戏开始或者关卡晋级后，根据当前游戏级别创建敌机精灵
create_supplies()	创建道具。游戏开始后每隔 30s 随机投放炸弹补给道具或子弹增强道具
start()	开始游戏。创建时钟对象并且开启游戏循环，在游戏循环中监听事件、更新精灵位置、绘制精灵、更新显示、设置刷新帧率
event_handler()	事件监听。监听并处理每一次游戏循环执行时发生的事件，避免游戏循环中的代码过长
check_collide()	碰撞检测。监听并处理每一次游戏循环执行时是否发生精灵与精灵之间的碰撞，例如，子弹击中敌机、英雄拾取道具、敌机撞击英雄等

11.3.2　游戏框架实现

明确了 Game 类的设计后，便可以开始游戏框架的搭建工作。游戏框架的实现过程如下。

1. 声明游戏窗口尺寸的全局变量

在 game_items 模块中，声明一个表示游戏窗口尺寸的全局矩形对象 SCREEN_RECT，代码如下：

```
import pygame
# 游戏窗口区域 （矩形区域）
SCREEN_RECT = pygame.Rect(0, 0, 480, 700)
```

2. 实现 Game 类的基础代码

在 game 模块中定义 Game 类，并实现构造方法（__init__）和重置游戏方法（reset_game），代码如下：

```
import pygame
from game_items import *
from game_hud import *
```

```
from game_music import *
class Game(object):
    """ 游戏类 """
    def __init__(self):
        # 游戏主窗口
        self.main_window = pygame.display.set_mode(SCREEN_RECT.size)
        pygame.display.set_caption(" 飞机大战 ")
        # 游戏状态属性
        self.is_game_over = False                        # 游戏结束标记
        self.is_pause = False                            # 游戏暂停标记
    def reset_game(self):
        """ 重置游戏 """
        self.is_game_over = False                        # 游戏结束标记
        self.is_pause = False                            # 游戏暂停标记
```

在 Game 类中定义 event_handler() 方法，用于监听游戏循环中发生的事件，若监听到退出事件，则返回 True，否则返回 False，代码如下：

```
def event_handler(self):
    """ 事件监听
    :return: 如果监听到退出事件，返回 True，否则返回 False
    """
    for event in pygame.event.get():
        if event.type == pygame.QUIT:
            return True
        elif event.type == pygame.KEYDOWN and event.key == pygame.K_ESCAPE:
            return True
    return False
```

在 Game 类中定义 start() 方法。start() 方法用于开始游戏，该方法中先定义时钟对象，再开启游戏循环，代码如下：

```
def start(self):
    """ 开始游戏 """
    clock = pygame.time.Clock()                          # 游戏时钟
    while True:                                          # 开启游戏循环
        if self.event_handler():                         # 事件监听
            return
        pygame.display.update()                          # 更新显示
        clock.tick(60)                                   # 设置刷新帧率
```

以上方法的循环体中首先调用了 event_handler() 方法监听事件，然后调用了 pygame.display.update() 方法更新显示，最后调用 tick() 方法设置了刷新帧率，设置后在保证动画效果流畅的前提下，降低了 CPU 负荷。

3. 在主程序中启动游戏

在 game 模块的末尾增加以下代码，实现创建游戏对象并且启动游戏的功能，代码如下：

```
if __name__ == '__main__':
    pygame.init()
    Game().start()
    pygame.quit()
```

运行游戏，可以看到创建成功的游戏主窗口，此时按下 "Esc" 键或者单击关闭按钮都可以退出程序。

4. 使用空格键切换游戏状态

调整 event_handler() 方法。在事件监听的循环体中，增加对空格键按键事件的监听，并在监听到空格键时切换游戏状态，代码如下：

```
elif event.type == pygame.KEYDOWN and event.key == pygame.K_SPACE:
    if self.is_game_over:                                       # 游戏已经结束
        self.reset_game()                                       # 重新开始游戏
    else:
        self.is_pause = not self.is_pause                       # 切换暂停状态
```

在游戏循环语句中增加判断游戏状态的代码：若游戏已经结束，则使用 print() 方法输出游戏结束状态的描述文字；若游戏暂停，则使用 print() 方法输出游戏暂停状态的描述文字；若游戏正在进行中，则使用 print() 方法输出游戏状态的描述文字。修改后的代码（粗体字）如下：

```
def start(self):
    """ 开始游戏 """
    clock = pygame.time.Clock()                                 # 游戏时钟
    while True:
        if self.event_handler():                                # 事件监听
            Return
        # 判断游戏状态
        if self.is_game_over:
            print("游戏已经结束，按空格键重新开始 ...")
        elif self.is_pause:
            print("游戏已经暂停，按空格键继续 ...")
        else:
            print("游戏进行中 ...")
        pygame.display.update()                                 # 更新显示
        clock.tick(60)                                          # 设置刷新帧率
```

运行游戏，不断按下空格键，可以看到控制台中有关游戏状态提示文字的显示及变化。某次执行的提示信息如下：

```
游戏进行中 ...
游戏已经暂停，按空格键继续 ...
游戏进行中 ...
```

需要说明的是，若需要测试游戏结束后使用空格键重新开始游戏的功能，可以先将构造方法的 is_game_over 属性暂时设置为 True，再进行测试。

11.4　游戏背景和英雄飞机

飞机大战项目需要管理众多游戏对象（如敌机、英雄飞机、子弹等），并且实现众多动画（例如英雄飞机飞行动画，飞机碰撞动画等），使用精灵和精灵组来管理这些游戏对象的显示和动画效果是再合适不过了。本节将介绍游戏精灵类，带领大家绘制游戏背景和英雄飞机，并实现游戏背景的持续滚动效果。

11.4.1　介绍精灵和精灵组

pygame 专门提供了 2 个类：Sprite 和 Group，分别表示精灵和精灵组，其中精灵代表显示图像的游戏对象，精灵组代表保存和管理一组精灵的容器。Sprite 和 Group 类中包含一些便于操作的属性或方法，具体介绍如下。

1. Sprite 类

Sprite 是一个表示游戏对象的基类，该类中提供的常用属性和方法及说明如表 11-8 所示。

表 11-8　Sprite 类的常用属性和方法及说明

类型	名称	说明
属性	image	记录从磁盘加载的图片内容或者字体渲染的文本内容，需要注意的是，子类中必须指定
	rect	记录 image 要显示在游戏窗口的矩形区域，需要注意的是，子类中必须指定
方法	update(*args)	默认什么都不做，子类可以根据需求重写，以改变精灵的位置 rect 或者显示内容 image
	add(*groups)	将精灵添加到指定的精灵组（多值）
	remove(*groups)	将精灵从指定的精灵组（多值）移除
	kill()	将精灵从所有精灵组移除

需要说明的是，Sprite 只是一个基类，实际开发中需要派生一个 Sprite 的子类，通过子类创建精灵对象。

2. Group 类

Group 是一个包含若干精灵的容器类，该类中提供了一些管理精灵的常用方法，具体说明如表 11-9 所示。

表 11-9　Group 类的常用方法及说明

方法	说明
update(*args)	组内所有精灵调用 update(*args) 方法，一次改变所有精灵的位置 rect 或显示内容 image
draw(surface)	将组内所有精灵的 image 绘制在 surface 的 rect 矩形区域，实现在游戏窗口中一次绘制多个精灵的功能
sprites()	返回精灵组中所有精灵的列表
add(*sprites)	向精灵组中添加指定的精灵（多值）
remove(*sprites)	从精灵组中移除指定的精灵（多值）
empty()	清空精灵组中所有的精灵

11.4.2　派生游戏精灵子类

按照 pygame 官方文档的建议，在实际开发中不能直接使用 Sprite 类，而是要使用 Sprite 类派生的子类。pygame 官方文档规定了 Sprite 派生的子类的注意事项，具体如下。

- 子类可以重写 update() 方法。
- 子类必须为 image 和 rect 属性赋值。
- 子类的构造方法能够接收任意数量的精灵组对象，以将创建完的精灵对象添加到指定的精灵组中。

●子类的构造方法中必须调用父类的构造方法，从而向精灵组中添加精灵。

在 game_items 模块中定义 pygame.sprite.Sprite 的子类 GameSprite，GameSprite 类的类图如图 11-10 所示。

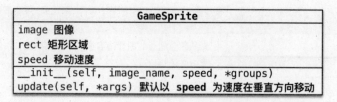

图 11-10　GameSprite 类的类图

GameSprite 类的定义如下：

```python
class GameSprite(pygame.sprite.Sprite):
    """ 游戏精灵类 """
    res_path = "./res/images/"                          # 图片资源路径
    def __init__(self, image_name, speed, *groups):
        """ 构造方法
        :param image_name: 要加载的图片文件名
        :param speed: 移动速度， 0 表示静止
        :param groups: 要添加到的精灵组， 不传值则不添加
        """
        super().__init__(*groups)
        # 图像
        self.image = pygame.image.load(self.res_path + image_name)
        self.rect = self.image.get_rect()               # 矩形区域， 默认在左上角
        self.speed = speed                              # 移动速度
    def update(self, *args):
        """ 更新精灵位置， 默认在垂直方向移动 """
        self.rect.y += self.speed
```

GameSprite 类定义了飞机大战游戏项目中大部分精灵类的通用特征和功能，它将作为其他精灵类的基类来使用。

11.4.3　绘制游戏背景和英雄飞机

按照 Game 类的类图，在 Game 类的构造方法中创建 3 个精灵组，并且创建背景精灵和英雄精灵，代码如下：

```python
# 精灵组属性
self.all_group = pygame.sprite.Group()                  # 所有精灵组
self.enemies_group = pygame.sprite.Group()              # 敌机精灵组
self.supplies_group = pygame.sprite.Group()            # 道具精灵组
# 创建精灵
# 背景精灵， 向下方移动
GameSprite("background.png", 1, self.all_group)
# 英雄精灵， 静止不动
hero = GameSprite("me1.png", 0, self.all_group)
hero.rect.center = SCREEN_RECT.center                   # 显示在屏幕中央
```

在判断游戏状态之后、更新显示之前增加负责绘制和更新所有精灵的代码，修改后的代码如下：

```python
def start(self):
```

```
...
# 判断游戏状态
if self.is_game_over:
    print(" 游戏已经结束，按空格键重新开始 ...")
elif self.is_pause:
    print(" 游戏已经暂停，按空格键继续 ...")
else:
    # 更新 all_group 中所有精灵内容
    self.all_group.update()
    # 绘制 all_group 中的所有精灵
self.all_group.draw(self.main_window)
pygame.display.update()              # 更新显示
clock.tick(60)                       # 设置刷新帧率
```

运行游戏，可以在游戏窗口中看到英雄飞机和缓缓向下移动的星空背景，如图 11-11 所示。

11.4.4　实现游戏背景连续滚动

运行 11.4.3 节实现的程序可以发现，游戏刚刚启动时，它的背景图像是填满整个游戏窗口的，但是随

图 11-11　游戏窗口显示星空背景和英雄飞机

着背景图像缓缓向下移动，游戏窗口上方出现了一个越来越大的灰色无图片区域。如何才能实现背景图像持续滚动的效果呢？答案是使用 2 张背景精灵：背景精灵 1 和背景精灵 2。使用这 2 张背景精灵实现背景图像持续滚动的原理如图 11-12 所示。

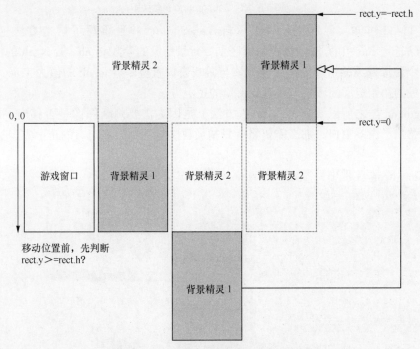

图 11-12　背景图像持续滚动的实现原理

图 11-12 所示原理的具体步骤如下。

（1）背景精灵 1 显示在屏幕上，与屏幕重合；背景精灵 2 放在屏幕的正上方，与背景精灵 1 连接起来。

（2）2 个背景精灵同时向下移动。

（3）当背景精灵1移出屏幕外时，背景精灵2正好全部显示在屏幕上。

（4）背景精灵1立即移动到屏幕的上方，与背景精灵2连接。

（5）2个背景精灵继续同时向下移动，回到步骤（2）。

按以上步骤便可以实现背景图像持续滚动的效果。基于以上原理实现代码时，可以通过判断背景图像的 y 值是否大于或等于屏幕的 h 值来判断背景图像是否移出屏幕下方，通过将背景图像的 y 值设置为图像高度的负值将背景图像移动到屏幕上方。

理解了背景图像持续滚动的实现原理后，下面就可以开始设计表示背景图像的背景精灵类 Background。Background 类的类图如图 11-13 所示。

图 11-13　Background 类的类图

由图 11-13 可知，背景精灵类继承自 GameSprite，并且重写了构造方法 __init__() 和 update() 方法。__init__() 方法增加了一个区别2背景精灵的参数 is_alt：若 is_alt 的值为 False，表示第1个背景精灵的初始矩形区域应该与游戏窗口重叠；若 is_alt 的值为 True，表示另一个背景精灵的初始矩形区域应该在游戏窗口的正上方。

Background 类之所以要重写 update() 方法，是因为需要判断图像是否移出了游戏窗口。如果图像移出了游戏窗口，那么需要将背景精灵再次移动到游戏窗口的正上方，从而实现交替滚动。

在 game_items 文件中，添加 BackGround 类的定义，代码如下：

```python
class Background(GameSprite):
    """ 背景精灵类 """
    def __init__(self, is_alt, *groups):
        # 调用父类方法实现精灵的创建
        super().__init__("background.png", 1, *groups)
        # 判断是否是另一个精灵，如果是，需要设置初始位置
        if is_alt:
            self.rect.y = -self.rect.h                      # 设置到游戏窗口正上方
    def update(self, *args):
        # 调用父类的方法实现向下运动
        super().update(*args)                               # 向下运动
        # 判断是否移出屏幕，如果移出屏幕，将图像设置到屏幕的上方
        if self.rect.y >= self.rect.h:
            self.rect.y = -self.rect.h
```

修改 Game 类中创建背景精灵的代码，创建2个背景精灵对象并添加到精灵组中，代码如下：

```python
    def __init__(self):
```

```
# 游戏主窗口
self.main_window = pygame.display.set_mode(SCREEN_RECT.size)
pygame.display.set_caption(" 飞机大战 ")
...
# 背景精灵, 交替滚动
self.all_group.add(Background(False), Background(True))
```

运行游戏，可以看到背景图像持续向屏幕下方移动，效果如图 11-14 所示。

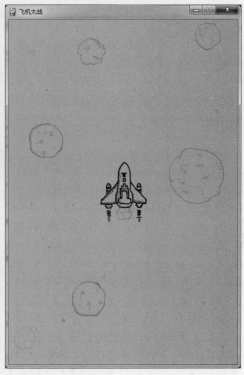

图 11-14　背景图像持续向屏幕下方移动效果

11.5　指示器面板

指示器面板又称 HUD（ Head Up Display，平视显示器 ），它是航空器上的飞行辅助仪器。游戏开发中借鉴了指示器面板的概念，把游戏相关的信息以类似指示器面板的方式显示在游戏画面上，可以让玩家随时了解那些最重要、最直接的游戏信息。

飞机大战的指示器面板负责显示与游戏状态和数据相关的内容，包括状态图像、游戏得分、炸弹图像、炸弹数量、英雄命数，以及在游戏暂停或结束时显示在游戏窗口中央位置的提示信息等。下面将为大家介绍指示器面板的相关内容。

11.5.1　指示器面板类的设计

指示器面板类（HudPanel）的类图如图 11-15 所示。

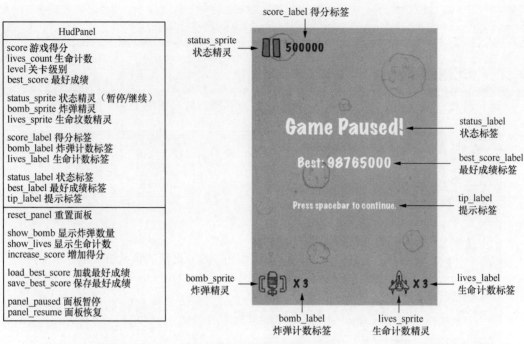

图 11-15   HudPanel 类的类图

HudPanel 类的属性和方法的介绍如下。

1. HudPanel 的属性

HudPanel 类的属性可以分为游戏数据属性和精灵属性，其中，游戏数据属性是一些指示器面板中变化的数据，精灵属性是一些指示器面板中显示图像的精灵，关于它们的介绍如下。

（1）游戏数据属性

HudPanel 类中封装了 4 个与游戏数据相关的属性，具体说明如表 11-10 所示。

表 11-10   HudPanel 类的游戏数据属性及说明

属性	说明
score	游戏得分，初始为 0
lives_count	生命计数，初始为 3
level	关卡级别，初始为 1
best_score	最好成绩，保存在 record.txt 文件中

（2）精灵属性

HudPanel 类中封装了 3 个图像精灵和 6 个标签精灵属性，具体说明如表 11-11 所示。

表 11-11   HudPanel 类的精灵属性及说明

属性	说明
status_sprite	状态精灵，显示在游戏窗口左上角
bomb_sprite	炸弹精灵，显示在游戏窗口左下角
lives_sprite	生命计数精灵，显示在游戏窗口右下角

续表

属性	说明
score_label	得分标签，显示在状态精灵的右侧
bomb_label	炸弹计数标签，显示在炸弹精灵的右侧
lives_label	生命计数标签，显示在生命计数精灵的右侧
best_label	最好成绩标签，显示在游戏窗口中间
status_label	状态标签，显示在最好成绩上方，文字为 "Game Over!" 或 "Game Paused!"
tip_label	提示标签，显示在最好成绩下方，游戏暂停或者结束时的文字分别为 "Press spacebar to continue" "play again."

需要注意的是，HudPanel 类只负责游戏数据的维护和面板精灵的创建，而面板精灵的绘制以及更新操作是在游戏循环中实现的。因此，可以给 HudPanel 类的构造方法增加一个 display_group 参数，通过 display_group 参数传递负责绘制或更新的精灵组对象，从而可以在创建指示器面板时将创建好的精灵添加到精灵组，并且在游戏循环中进行统一绘制和更新。

2. HudPanel 类的方法

HudPanel 类中封装了众多负责显示和更新数据、游戏状态的方法，具体说明如表 11-12 所示。

表 11-12　HudPanel 类的方法及说明

方法	说明
reset_panel()	重置面板数据。开启新一轮游戏之前，将游戏数据属性恢复为初始值
show_bomb()	显示炸弹数量。根据传入的炸弹数量更改炸弹计数标签显示
show_lives()	显示生命计数。使用 lives_count 属性值更新生命计数标签显示
increase_score()	增加分数。根据消灭的敌机分值增加游戏得分、计算是否奖励生命、调整最好成绩和计算游戏级别，并且更改分数标签显示
load_best_score()	加载最好成绩。从 record.txt 文件中加载最好成绩
save_best_socre()	保存最好成绩。将最好成绩保存到 record.txt 文件中
panel_paused()	面板暂停。当游戏暂停 / 结束时，显示游戏窗口中间位置的游戏暂停 / 结束的提示信息
panel_resume()	面板恢复。当游戏运行时，隐藏游戏窗口中间位置的提示信息

11.5.2　指示器面板类的准备

明确了指示器面板类的设计后，下面我们来完成指示器面板类的准备工作，包括创建指示器面板类、设计状态按钮类和创建图像精灵。

1. 创建指示器面板类

在 game_hud 模块中定义 HudPanel 类，并实现构造方法，代码如下：

```python
import pygame
from game_items import *
class HudPanel:
    """ 指示器面板类 """
    def __init__(self, display_group):
```

```
    """ 构造方法
    :param display_group: 面板中的精灵要被添加到的显示精灵组
    """
    # 游戏属性
    self.score = 0                              # 游戏得分
    self.lives_count = 3                        # 生命计数
    self.level = 1                              # 关卡级别
    self.best_score = 0                         # 最好成绩
```

需要注意的是，HudPanel 类本身并不是一个精灵对象，它只是一个负责管理游戏数据和多个精灵的面板。

2. 设计状态按钮类

按照游戏介绍可知，玩家按下空格键暂停或继续游戏时，游戏窗口左上角状态精灵的显示图像会发生相应变化。为了便于编写后续的代码，可以从 GameSprite 类派生一个子类 StatusButton 类，通过 StatusButton 类处理状态图像的切换。StatusButton 类的类图如图 11-16 所示。

图 11-16　StatusButton 类的类图

由图 11-16 可知，StatusButton 类包含一个 images 属性、构造方法和 switch_status() 方法。其中，images 属性用于记录状态按钮需要使用的 2 个图像，switch_status() 方法可以根据 is_pause 参数设置状态按钮应该显示的图像。

下面在 game_items 模块中定义一个继承 GameSprite 类的子类 StatusButton 类，代码如下：

```
class StatusButton(GameSprite):
    """ 状态按钮类 """
    def __init__(self, image_names, *groups):
        """ 构造方法
        :param image_names: 要加载的图像名称列表
        :param groups: 要添加到的精灵组
        """
        super().__init__(image_names[0], 0, *groups)
        # 加载图像
        self.images = [pygame.image.load(self.res_path + name)
                       for name in image_names]
    def switch_status(self, is_pause):
        """ 切换状态
        :param is_pause: 是否暂停
        """
        self.image = self.images[1 if is_pause else 0]
```

3. 创建图像精灵

在 HudPanel 类的构造方法中创建指示器面板中的图像精灵，包括左上角的状态精灵（暂停 / 继续）、左下角的炸弹精灵，以及右下角的生命计数（小飞机）精灵。

首先，在构造方法的上方定义几个类属性，以便后续可以设置精灵的矩形区域和标签精灵的字体颜色，代码如下：

```python
class HudPanel(object):
    """ 指示器面板类 """
    margin = 10                                  # 精灵之间的间距
    white = (255, 255, 255)                      # 白色
    gray = (64, 64, 64)                          # 灰色
```

然后，在构造方法的末尾创建精灵并设置精灵的显示位置，代码如下：

```python
# 创建图像精灵
# 状态精灵
self.status_sprite = StatusButton(("pause.png", "resume.png"), display_group)
self.status_sprite.rect.topleft = (self.margin, self.margin)
# 炸弹精灵
self.bomb_sprite = GameSprite("bomb.png", 0, display_group)
self.bomb_sprite.rect.x = self.margin
self.bomb_sprite.rect.bottom = SCREEN_RECT.bottom - self.margin
# 生命计数精灵
self.lives_sprite = GameSprite("life.png", 0, display_group)
self.lives_sprite.rect.right = SCREEN_RECT.right - self.margin
self.lives_sprite.rect.bottom = SCREEN_RECT.bottom - self.margin
```

最后，在 Game 类的构造方法末尾创建指示器面板，代码如下：

```python
# 指示器面板
self.hud_panel = HudPanel(self.all_group)
```

运行游戏，可以看到游戏窗口的左上方、左下方和右下方位置分别显示了暂停图像、炸弹图像和生命计数图像，如图 11-17 所示。

11.5.3　使用精灵实现文本标签

11.5.2 节运行的游戏窗口已经显示了暂停图像、炸弹图像和生命计数图像。下面将实现与这些图像对应的文本标签的相关功能，包括使用自定义字体定义文本标签精灵、创建指示器面板的文本标签精灵。

1. 使用自定义字体定义文本标签精灵

pygame 的 font 模块提供了 SysFont 类，使用 SysFont 类可以创建系统字体对象，实现在游戏窗口中绘制文字内容。但系统字体存在以下几点限制。

图 11-17　游戏窗口显示暂停、炸弹和生命计数图像

● 不够美观。一般操作系统默认提供的字体大多比较规整，直接应用到游戏中，呈现的效果比较呆板。

● 不支持跨平台。不同操作系统使用的系统字体的名称不同，当一个程序被移植到其他类型的操作系统运行时，可能会导致文字内容无法正确显示。

游戏开发中既要拥有美观的字体，又要支持跨平台，使用自定义字体是一个不错的选择。

使用自定义字体就是把字体文件和程序文件保存在同一个目录下。当程序执行时，会直接加载并使用目录下的字体文件；当程序移植时，会复制字体文件。

pygame 的 font 模块还提供了另外一个 Font 类，使用 Font 类可以创建自定义字体对象。

在 game_items 模块中派生一个 pygame.sprite.Sprite 类的子类 Label。Label 类的类图如图 11-18 所示。

Label
font 字体对象 color 文本的颜色 image 文本内容渲染生成的图像 rect 文本图像矩形区域
__init__(self, text, size, color, *groups) set_text（self, text）使用 text 重新渲染并更新 rect

图 11-18　Label 类的类图

需要注意的是，因为文本标签的内容并不需要在每一次游戏循环执行时发生变化，所以 Label 类无须重写 update() 方法。在游戏执行过程中，如果希望更改文本标签的显示内容，可以通过 set_text() 方法重新渲染文本图像，并且更新矩形区域。

下面在 game_items 模块中定义一个继承 pygame.sprite.Sprite 的 Label 类，代码如下：

```python
class Label(pygame.sprite.Sprite):
    """ 文本标签精灵 """
    font_path = "./res/font/MarkerFelt.ttc"       # 字体文件路径
    def __init__(self, text, size, color, *groups):
        """ 构造方法
        :param text: 文本内容
        :param size: 字体大小
        :param color: 字体颜色
        :param groups: 要添加到的精灵组
        """
        super().__init__(*groups)
        self.font = pygame.font.Font(self.font_path, size)
        self.color = color
        self.image = self.font.render(text, True, self.color)
        self.rect = self.image.get_rect()
    def set_text(self, text):
        """ 设置文本，使用指定的文本重新渲染 image，并且更新 rect
        :param text: 文本内容
        """
        self.image = self.font.render(text, True, self.color)
        self.rect = self.image.get_rect()
```

2. 创建指示器面板的文本标签精灵

在 HudPanel 类的构造方法末尾创建指示器面板的文本标签精灵，代码如下：

```python
# 创建标签精灵
# 分数标签
self.score_label = Label("%d" % self.score, 32, self.gray, display_group)
self.score_label.rect.midleft = (self.status_sprite.rect.right +
                    self.margin, self.status_sprite.rect.centery)
# 炸弹标签
self.bomb_label = Label("X 3", 32, self.gray, display_group)
self.bomb_label.rect.midleft = (self.bomb_sprite.rect.right +
                    self.margin, self.bomb_sprite.rect.centery)
# 生命计数标签
self.lives_label = Label("X %d" % self.lives_count, 32, self.gray, display_group)
```

```
self.lives_label.rect.midright = (SCREEN_RECT.right - self.margin,
                                  self.bomb_label.rect.centery)
# 调整生命计数精灵位置
self.lives_sprite.rect.right = self.lives_label.rect.left - self.margin
# 最好成绩标签
self.best_label = Label("Best: %d" % self.best_score, 36, self.white, display_group)
self.best_label.rect.center = SCREEN_RECT.center
# 状态标签
self.status_label = Label("Game Over!", 48, self.white, display_group)
self.status_label.rect.midbottom = (self.best_label.rect.centerx,
                          self.best_label.rect.y - 2 * self.margin)
# 提示标签
self.tip_label = Label("Press spacebar to play again.", 22,
                       self.white, display_group)
self.tip_label.rect.midtop = (self.best_label.rect.centerx,
                          self.best_label.rect.bottom + 8 * self.margin)
```

需要说明的是，在设定标签精灵的位置时，既可以参照之前的游戏屏幕示意图，依次根据选好的每一个标签精灵的参照物设定，也可以每设置一次标签精灵的位置后进行运行测试，以确保每个标签精灵能显示到正确的位置。

运行游戏，可以在游戏窗口的左上、左下和右下方位置看到图像对应的文本标签，如图 11-19 所示。

此时运行的指示器面板存在一些问题：游戏得分、炸弹计数、生命计数的数据不会变化；最好成绩始终为 0；状态和提示信息虽然显示在游戏窗口中央位置，但是不会随着游戏状态的变化而变化，关于指示器面板的问题，会在后续的小节中逐一解决。

11.5.4　显示和修改游戏数据

HudPanel 类封装了 3 个方法：show_bomb()、show_lives()、increase_score()，分别实现显示炸弹数量、显示生命计数、增加游戏得分的功能。

1. 显示炸弹数量

按照游戏介绍，英雄飞机出场后默认会携带 3 颗炸弹，且会在玩家按下 "b" 键时引爆 1 颗炸弹。引爆炸弹后，游戏窗口左下角的炸弹数量会减少 1。

首先，在 HudPanel 类中实现 show_bomb() 方法，通过 show_bomb() 方法的参数更新炸弹计数标签的显示，代码如下：

图 11-19　游戏窗口显示图像对应的文本标签

```
def show_bomb(self, count):
    """ 显示炸弹数量
    :param count: 要显示的炸弹数量
    """
    # 设置炸弹标签文字
    self.bomb_label.set_text("X %d" % count)
    # 设置炸弹标签位置
```

```
        self.bomb_label.rect.midleft = (self.bomb_sprite.rect.right +
                            self.margin, self.bomb_sprite.rect.centery)
```

然后，在 game 模块的顶部导入 random 模块，代码如下：

```
import random
```

最后，在 Game 类的 event_handler() 方法中添加代码，监听玩家按下"b"键的事件，并使用随机数测试显示的炸弹数量，代码如下：

```
# 判断是否正在游戏
if not self.is_game_over and not self.is_pause:
    # 监听玩家按下 "b" 键，引爆 1 颗炸弹
    if event.type == pygame.KEYDOWN and event.key == pygame.K_b:
        # TODO 测试炸弹数量变化（# TODO…表示待完成项目提醒）
        self.hud_panel.show_bomb(random.randint(0, 100))
```

运行游戏，按下"b"键，可以在游戏窗口的左下角位置看到炸弹数量的变化，如图 11-20 所示。

 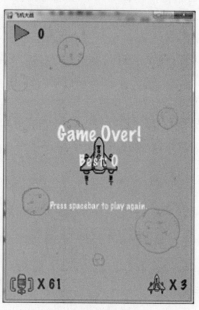

(a) 按键前　　　　　　　　　　　　(b) 按键后

图 11-20　按下"b"键前后的炸弹数量变化效果

2. 显示生命计数

按照游戏介绍，英雄飞机被敌机撞毁后，游戏窗口右下角的生命计数应该相应减少；英雄飞机每得到 100 000 分会被奖励 1 条命，游戏窗口右下角的生命计数应该相应增加。

在 HudPanel 类中定义 show_lives() 方法，使用生命计数属性值更新生命计数标签的显示，代码如下：

```
def show_lives(self):
    """ 显示生命计数 """
    # 设置生命计数标签文字
    self.lives_label.set_text("X %d" % self.lives_count)
    # 设置生命计数标签位置
    self.lives_label.rect.midright = (SCREEN_RECT.right - self.margin,
                                    self.bomb_label.rect.centery)
    # 调整生命计数精灵位置
    self.lives_sprite.rect.right = self.lives_label.rect.left - self.margin
```

修改 Game 类的 event_handler() 方法，在监听到玩家按下"b"键的事件处理中，使用随机数测试生命计数的显示，代码如下：

```python
# 判断是否正在游戏
if not self.is_game_over and not self.is_pause:
    # 监听玩家按下"b"键
    if event.type == pygame.KEYDOWN and event.key == pygame.K_b:
        # TODO 测试炸弹数量变化
        self.hud_panel.show_bomb(random.randint(0, 100))
        # TODO 测试生命计数数量变化
        self.hud_panel.lives_count = random.randint(0, 10)
        self.hud_panel.show_lives()
```

运行游戏，按下"b"键，可以在游戏窗口的右下角位置看到生命计数的变化。

3. 增加游戏得分

按照游戏介绍，每当英雄飞机摧毁一架敌机之后，游戏得分应该相应增加，且根据摧毁的敌机类型增加相应的分值。需要注意的是，随着游戏分数的增加，其他属性可能会受到影响，包括生命计数、最好成绩和关卡级别，具体如下。

（1）生命计数。英雄飞机每得到 100 000 分会被奖励 1 条命。

（2）最好成绩。若当前游戏得分超过了历史最好成绩，将当前的游戏得分设置为最好成绩。

（3）关卡级别。级别不同，游戏中敌机的类型、数量和速度不同。

因此，在增加游戏得分时，除了要完成根据摧毁敌机的分值增加游戏得分的功能外，还需处理与之相关的生命计数、最好成绩和关卡级别。

首先，在 HudPanel 类的构造方法上方定义几个类属性，以便后续计算奖励生命和游戏级别，代码如下：

```python
reward_score = 100000          # 关卡奖励分值
level2_score = 10000           # 关卡级别 2 的预设分值
level3_score = 50000           # 关卡级别 3 的预设分值
```

然后，在 HudPanel 类中实现 increase_score() 方法，代码如下：

```python
def increase_score(self, enemy_score):
    """ 增加游戏得分
    :param enemy_score: 摧毁敌机的分值
    :return: 增加 enemy_score 后，关卡级别是否提升
    """
    # 游戏得分
    score = self.score + enemy_score
    # 判断是否奖励生命
    if score // self.reward_score != self.score // self.reward_score:
        self.lives_count += 1
        self.show_lives()
    self.score = score
    # 最好成绩
    self.best_score = score if score > self.best_score else self.best_score
    # 关卡级别
    if score < self.level2_score:
        level = 1
    elif score < self.level3_score:
        level = 2
    else:
        level = 3
    is_upgrade = level != self.level
    self.level = level
```

```
# 修改得分标签内容和位置
self.score_label.set_text("%d" % self.score)
self.score_label.rect.midleft = (self.status_sprite.rect.right +
                        self.margin, self.status_sprite.rect.centery)
return is_upgrade
```

最后，在 Game 类的游戏循环中增加测试 increase_score() 方法的代码，具体如下：

```
else:
    # 测试修改游戏得分
    if self.hud_panel.increase_score(100):
        print("升级到 %d" % self.hud_panel.level)
    # 更新 all_group 中所有精灵内容
    self.all_group.update()
```

运行游戏，可以看到游戏窗口左上角的分数标签快速地发生变化，达到奖励分数后，游戏窗口右下角的生命计数数值增加，效果如图 11-21 所示。

图 11-21　分数标签和生命计数都增加的效果

此外，关卡级别提升后，控制台输出的信息如下所示：

```
升级到 2
升级到 3
```

11.5.5　保存和显示最好成绩

最好成绩是一个永久成绩，它不会随游戏的退出而消失，因此需要持久化存储。因为存储的数据量较小，所以直接使用文件存储即可。

在 HudPanel 类的类图中，设计了 save_best_score() 和 load_best_score() 方法，分别用于保存和加载最好成绩。下面分别实现 save_best_score() 方法和 load_best_score() 方法，并在适当的位置调用这 2 个方法，以保存和显示最好成绩。

1. 保存最好成绩

首先，在 HudPanel 类的构造方法上方定义一个类属性，使用该属性指定保存最好成绩的文件名，代码如下：

```
record_filename = "record.txt"                          # 保存最好成绩的文件名为 record.txt
```

然后，在 HudPanel 类中实现 save_best_score() 方法，代码如下：

```
def save_best_score(self):
    """ 将最好成绩写入 record.txt"""
    file = open(self.record_filename, "w")
    file.write("%d" % self.best_score)
    file.close()
```

最后，修改 Game 类的游戏循环，在游戏退出前，调用指示器面板的 save_best_score() 方法。修改后的代码如下：

```
def start(self):
    """ 开始游戏 """
    ......
        if self.event_handler():                        # 事件监听
            self.hud_panel.save_best_score()
            return
    ......
```

运行游戏，游戏分数增长到一定程度后，按下 "ESC" 键退出游戏，可以看到 "飞机大战" 项目目录下新建了 record.txt 文件，record.txt 文件中保存了游戏退出时的分数，如图 11-22 所示。

2. 加载最好成绩

在 HudPanel 类中实现 load_best_score() 方法，代码如下：

```
def load_best_score(self):
    """ 从 record.txt 加载最好成绩 """
    try:
        file = open(self.record_filename)
        txt = file.readline()
        file.close()
        self.best_score = int(txt)
    except (FileNotFoundError, ValueError):
        print(" 文件不存在或者类型转换错误 ")
```

图 11-22　record.txt 文件保存的最好成绩

修改 HudPanel 类的构造方法，在定义完游戏属性后，调用 load_best_score() 方法。修改后的代码如下：

```
def __init__(self, display_group):
    """ 构造方法
    :param display_group: 面板中的精灵要被添加到的显示精灵组
    """
    # 游戏属性
    self.score = 0                                      # 游戏得分
    self.lives_count = 3                                # 生命计数
    self.level = 1                                      # 关卡级别
    self.best_score = 0                                 # 最好成绩
    self.load_best_score()                             # 加载最好成绩
```

运行游戏，可以看到游戏窗口的中间位置显示了之前保存的最好成绩，如图 11-23 所示。

图 11-23　游戏窗口显示最好成绩

11.5.6　显示游戏状态

　　游戏的状态一共有 3 种：进行、暂停和结束。在不同的游戏状态下，指示器面板上显示不同的提示信息。指示器面板按照游戏的状态可以分为暂停面板和恢复面板，其中暂停面板是游戏处于暂停或者结束状态的面板，恢复面板是游戏处于进行状态的面板。

　　当游戏暂停或者结束时，游戏窗口的中央位置会显示提示信息，其他位置的数据不会发生变化；当游戏进行时，游戏窗口的中央位置不会显示提示信息，其他位置的数据会随着游戏的推进而变化。

　　下面先带领大家理清精灵组的绘制顺序，再实现暂停面板和恢复面板。

1. 理解精灵组的绘制顺序

　　指示器面板上的文字应该显示在其他元素之上，也就是说，游戏窗口上显示的元素是有顺序的，那么怎么实现特定的显示效果呢？先观察 Game 类的构造方法中创建精灵的代码，具体如下：

```
# 创建精灵
# 背景精灵，交替滚动
self.all_group.add(Background(False), Background(True))
# 英雄精灵，静止不动
hero = GameSprite("me1.png", 0, self.all_group)
hero.rect.center = SCREEN_RECT.center  # 显示在屏幕中央
# 指示器面板
self.hud_panel = HudPanel(self.all_group)
```

　　由以上代码可知，精灵加入精灵组的顺序为"背景精灵→英雄精灵→指示器面板"。

　　若精灵加入精灵组的顺序发生变化：先将指示器面板加入精灵组，再将英雄精灵加入精灵组，运行游戏后可以看到英雄飞机位于指示文字上方。之所以出现这种现象，是因为调用精灵组的 draw() 方法时，会按照向精灵组添加的先后顺序来绘制精灵，即先添加的精灵先被绘制，而后添加的精灵会覆盖在之前绘制的精灵上。

2. 实现暂停面板和恢复面板

无论是暂停面板还是恢复面板，指示器面板的提示信息必须显示在界面的其他元素之上。为了保证实现这种显示效果，可以在创建指示器面板时只创建 3 个提示标签精灵的属性，暂时先不将这 3 个精灵添加到显示精灵组。

当游戏暂停或结束时，设置 3 个标签精灵的文字和显示位置，然后将标签精灵添加到显示精灵组；当游戏继续时，将 3 个标签精灵从显示精灵组中移除即可。这样就可以保证这 3 个标签精灵的文本信息显示在整个界面的最上层。

明确了思路之后，首先修改 HudPanel 类中构造方法的代码，在创建 3 个提示标签时不传递给显示精灵组。修改后的代码如下：

```
# 最好成绩标签
self.best_label = Label("Best: %d" % self.best_score, 36, self.white)
# 状态标签
self.status_label = Label("Game Over!", 48, self.white)
# 提示标签
self.tip_label = Label("Press spacebar to play again.", 22, self.white)
```

运行游戏，可以看到游戏窗口中没有提示信息。

其次，在 HudPanel 类中实现游戏暂停时面板显示的 panel_pause() 方法，代码如下：

```
def panel_pause(self, is_game_over, display_group):
    """ 面板暂停
    :param is_game_over: 是否因为游戏结束需要暂停
    :param display_group: 显示精灵组
    """
    # 判断是否已经添加了精灵，如果是直接返回
    if display_group.has(self.status_label, self.tip_label, self.best_label):
        return
    # 根据是否结束游戏决定要显示的文字
    text = "Game Over!" if is_game_over else "Game Paused!"
    tip = "Press spacebar to "
    tip += "play again." if is_game_over else "continue."
    # 设置标签文字
    self.best_label.set_text("Best: %d" % self.best_score)
    self.status_label.set_text(text)
    self.tip_label.set_text(tip)
    # 设置标签位置
    self.best_label.rect.center = SCREEN_RECT.center
    best_rect = self.best_label.rect
    self.status_label.rect.midbottom = (best_rect.centerx,
                                        best_rect.y - 2 * self.margin)
    self.tip_label.rect.midtop = (best_rect.centerx,
                                  best_rect.bottom + 8 * self.margin)
    # 添加到精灵组
    display_group.add(self.best_label, self.status_label, self.tip_label)
    # 切换精灵的状态
    self.status_sprite.switch_status(True)
```

然后，在 HudPanel 类中实现游戏恢复时面板显示的 panel_resume() 方法，代码如下：

```
def panel_resume(self, display_group):
    """ 面板恢复
    :param display_group: 显示精灵组
    """
    # 从精灵组移除 3 个标签精灵
    display_group.remove(self.status_label, self.tip_label,
                         self.best_label)
    # 切换精灵的状态
```

```
    self.status_sprite.switch_status(False)
```

最后，修改 Game 类的游戏循环。在游戏结束或游戏暂停时，调用指示器面板的 panel_pause() 方法；在游戏进行时，调用指示器面板的 panel_resume() 方法。修改后的代码如下：

```
# 判断游戏状态
if self.is_game_over:
    self.hud_panel.panel_pause(True, self.all_group)
elif self.is_pause:
    self.hud_panel.panel_pause(False, self.all_group)
else:
    self.hud_panel.panel_resume(self.all_group)
    # TODO 测试修改游戏得分
    if self.hud_panel.increase_score(100):
    print("升级到 %d" % self.hud_panel.level)
    # 更新 all_group 中所有精灵内容
    self.all_group.update()
```

运行游戏，按下空格键后可以看到游戏窗口的中间位置显示了暂停状态的提示文字，继续按下空格键后隐藏了提示文字，效果如图 11-24 所示。

图 11-24　显示和隐藏提示文字的效果

11.5.7　游戏结束后重置面板

当英雄飞机因没有剩余命数而无法继续战斗时，游戏结束。如果玩家按下空格键，就会重新开启一轮新游戏。在新一轮游戏开始之前，应该重置指示器面板中除最高得分之外的游戏数据属性，并且更新对应的标签显示，否则会影响到新一轮游戏的数据处理。

1. 判断游戏结束

在 Game 类的游戏循环的开始位置增加一行代码，判断生命计数是否为 0，若为 0 说明游戏结束，修改后的代码如下：

```
while True:
    # 生命计数等于 0, 表示游戏结束
```

```
    self.is_game_over = self.hud_panel.lives_count == 0
    if self.event_handler():                                    # 事件监听
        ...
```

2. 重置面板

在新一轮游戏开始之前，重新设置指示器面板中与游戏数据相关的属性，并且更新这些属性对应的标签。

首先，在 HudPanel 类中实现重置面板的 reset_panel() 方法，代码如下：

```
def reset_panel(self):
    """ 重置面板 """
    # 游戏属性
    self.score = 0                                              # 游戏得分
    self.lives_count = 3                                        # 生命计数
    # 标签显示
    self.increase_score(0)                                      # 增加游戏得分，默认为 0 分
    self.show_bomb(3)                                           # 炸弹数量
    self.show_lives()                                           # 生命计数标签
```

然后，修改 Game 类的 reset_game() 方法。在 reset_game() 方法的末尾位置添加代码，实现重置游戏的同时重置指示器面板的功能。添加的代码如下：

```
self.hud_panel.reset_panel()                                    # 重置指示器面板
```

运行游戏，可以看到英雄飞机牺牲 3 次后结束游戏，按下空格键之后顺利地开启了新一轮游戏。

11.6　逐帧动画和飞机类

逐帧动画（Frame By Frame）是一种常见的动画形式，它会在每一次游戏循环执行时逐帧绘制不同的内容，形成连续播放的动画效果。GIF 动图就是一种逐帧动画。

飞机大战游戏中，英雄飞机、小敌机、中敌机和大敌机被击毁的效果都可以通过逐帧动画实现，具体的效果如图 11-25 所示。

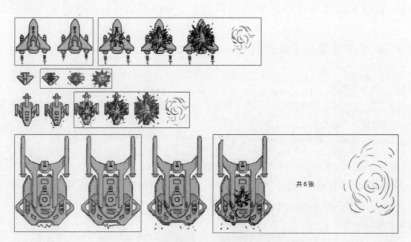

图 11-25　各类型飞机击毁效果的逐帧动画

由图 11-25 可知，游戏添加逐帧动画之后，极大地提高了游戏的视觉体验。

在飞机大战游戏中，飞机需要根据不同的状态设置对应的图片和动画。飞机的状态一般

包括 3 种，分别为正常飞行状态、被击中受损状态和被摧毁状态，其中英雄飞机和小敌机只有正常飞行状态和被摧毁状态，没有被击中受损状态，这是因为英雄飞机一旦被撞就会牺牲，而小敌机一旦被子弹击中就会被摧毁。

本节将介绍逐帧动画和飞机类的相关内容。

11.6.1 逐帧动画的基本实现

尽管逐帧动画在游戏开发的应用非常广泛，但是 pygame 中并没有提供直接的实现方式。下面我们先学习一下如何使用 pygame 实现逐帧动画。

1. 派生简单的飞机类

根据飞机的特征和行为设计飞机类 Plane，并让 Plane 类继承 GameSprite 类。Plane 类的类图如图 11-26 所示。

图 11-26 Plane 类的类图

由图 11-26 可知，Plane 类中增加了 normal_images 和 normal_index 2 个属性，其中，normal_images 表示记录正常飞行状态的图像列表；normal_index 表示记录当前要显示的图像索引。

此外，Plane 类中还重写了父类的 update() 方法，以实现在 update() 方法中为飞机设置图像的功能。

按照 Plane 类的类图，在 game_items 模块中定义 Plane 类，代码如下：

```python
class Plane(GameSprite):
    """飞机类"""
    def __init__(self, normal_names, *groups):
        """构造方法
        :param normal_names: 记录正常飞行状态的图像名称列表
        :param groups: 要添加到的精灵组
        """
        super().__init__(normal_names[0], 0, *groups)
        # 加载图像列表
        self.normal_images = [pygame.image.load(self.res_path + name)
                              for name in normal_names]
        self.normal_index = 0
    def update(self, *args):
        # 设置图像
        self.image = self.normal_images[self.normal_index]
```

```
          # 更新索引
          count = len(self.normal_images)
          self.normal_index = (self.normal_index + 1) % count
```

调整 Game 类的构造方法，在构造方法的末尾添加代码，使用刚刚定义的 Plane 类来创建英雄飞机，代码如下：

```
# 英雄精灵，静止不动
hero = Plane(["me%d.png" % i for i in range(1, 3)], self.all_group)
hero.rect.center = SCREEN_RECT.center          # 显示在屏幕中央
```

运行游戏，可以看到英雄飞机的尾部有细微的火焰喷射效果，但并不明显。

2. 设置逐帧动画频率

前面完成的英雄飞机并没有十分明显的飞行动画效果，出现这种情况是因为游戏循环的刷新帧率设置成了 60 帧每秒，使动画效果显示过快。程序最初将游戏循环的刷新帧率设为 60 帧每秒，主要是为了及时且快速地响应玩家与游戏的交互，刷新帧率设置得过低会使玩家在交互时感到明显的卡顿，但会使逐帧动画有良好的展示效果。

如何才能做到既保证流畅的用户交互，又降低逐帧动画的帧率呢？为了解决这个问题，这里引入了一个计数变量，通过这个变量实现循环每执行 10 次才更换一张图像、每秒更换 6 次图像的功能，进而达到降低逐帧动画的帧率的目的。降低逐帧动画帧率的流程如图 11-27 所示。

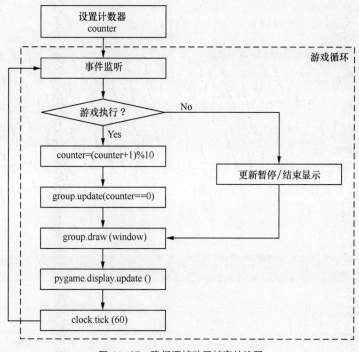

图 11-27　降低逐帧动画帧率的流程

图 11-27 所示的流程图中首先设置了一个计数器 counter，之后在游戏进行时通过表达式 (counter + 1) % 10 取余，只有余数为 0 时才会更新界面。

首先，在 game_items 模块的顶部添加一个全局常量 FRAME_INTERVAL，使用 FRAME_INTERVAL 记录逐帧动画更新的间隔帧数，代码如下：

```
FRAME_INTERVAL = 10                                    # 逐帧动画间隔帧数为 10
```

其次，修改 Game 类的 start() 方法，在游戏循环开始前定义计数器，代码如下：

```
frame_counter = 0                                          # 定义逐帧动画计数器
```

然后，在游戏执行期间更新计数器，并将计数器的结果传入 update() 方法，代码如下：

```
def start(self):
    """ 开始游戏 """
    clock = pygame.time.Clock()                            # 定义游戏时钟
    frame_counter = 0                                      # 定义逐帧动画计数器
    while True:
        ...
            # 修改逐帧动画计数器
            frame_counter = (frame_counter + 1) % FRAME_INTERVAL
            # 更新 all_group 中所有精灵内容
            self.all_group.update(frame_counter == 0)
        ...
```

最后，修改 Plane 类的 update() 方法，实现只有在接收的第 1 个参数为 True 时才更换图像的功能，代码如下：

```
def update(self, *args):
    # 如果第 1 个参数为 False，不需要更新图像，直接返回
    if not args[0]:
        return
    # 设置图像
    self.image = self.normal_images[self.normal_index]
    # 更新索引
    count = len(self.normal_images)
    self.normal_index = (self.normal_index + 1) % count
```

运行游戏，可以清楚地看到英雄飞机的尾部有火焰喷射的效果。

11.6.2　飞机类的设计与实现

11.6.1 节已经简单定义了 Plane 类，本节将扩展之前完成的 Plane 类，以便基于扩展后的 Plane 类来创建游戏中 4 种类型的飞机对象。下面将分设计 Plane 类、改进 Plane 类 2 步来实现 Plane 类。

1. 设计 Plane 类

按照游戏介绍，飞机大战游戏包含 4 种类型的飞机，每种类型的飞机具有生命值、速度、分值、飞行动画、被击中图片、被摧毁动画、摧毁音效这些特征，这 4 种飞机的特征如表 11-13 所示。

表 11-13　4 种飞机的特征

名称	生命值	速度	分值	飞行动画	被击中图片	被摧毁动画	摧毁音效
英雄飞机	无	4	0	有	无	有	有
小敌机	1	1 ~ 7	1 000	图片	无	有	有
中敌机	6	1 ~ 3	6 000	图片	有	有	有
大敌机	15	1	15 000	有	有	有	有

下面根据飞机的特征和行为设计 Plane 类，Plane 类的类图如图 11-28 所示。

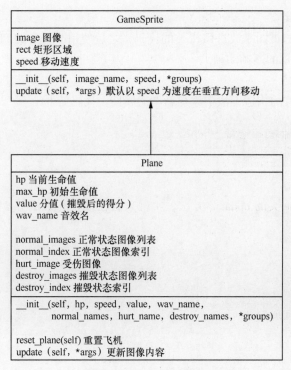

图 11-28 Plane 类的类图

Plane 类的属性包括 hp、max_hp、value 等，各属性的说明如表 11-14 所示。

表 11-14 Plane 类的属性及其说明

属性	说明
hp	当前生命值。初始化时指定，被击中时会变化
max_hp	初始生命值。初始化时等于当前生命值，用于判断敌机是否受损
value	敌机被摧毁后的分值
wav_name	被摧毁时播放的音效文件名
normal_images	正常状态图像列表
normal_index	正常状态图像索引
hurt_image	受损图像。需要注意的是，所有类型的飞机在受损时都没有逐帧动画
destroy_images	摧毁状态图像列表
destroy_index	摧毁状态图像索引

Plane 类的方法包括 reset_plane() 和 update()，具体说明如表 11-15 所示。

表 11-15 Plane 类的方法及说明

方法	说明
reset_plane()	重置飞机。飞机被摧毁后，重新设置飞机的当前生命值及图像索引
update()	更新飞机。覆盖父类方法，根据参数设置飞机的显示图像，Plane 类中不考虑飞机位置的变化

2. 改进 Plane 类

先按照 Plane 类的类图来改进飞机类的代码，之后使用改进后的 Plane 类创建英雄飞机，并测试状态变化时显示的逐帧动画。

（1）修改 Plane 类

首先，在 Plane 类的构造方法中添加新增的属性，代码如下：

```python
def __init__(self, hp, speed, value, wav_name,
             normal_names, hurt_name, destroy_names, *groups):
    super().__init__(normal_names[0], speed, *groups)
    # 飞机属性
    self.hp = hp
    self.max_hp = hp
    self.value = value
    self.wav_name = wav_name
    # 图像属性
    # 正常图像列表及索引
    self.normal_images = [pygame.image.load(self.res_path + name)
                          for name in normal_names]
    self.normal_index = 0
    # 受伤图像
    self.hurt_image = pygame.image.load(self.res_path + hurt_name)
    # 被摧毁图像列表及索引
    self.destroy_images = [pygame.image.load(self.res_path + name)
                           for name in destroy_names]
    self.destroy_index = 0
```

然后，在构造方法的下方实现 reset_plane() 方法，在 reset_plane() 方法中重设飞机的生命值和 2 个图像索引，代码如下：

```python
def reset_plane(self):
    """ 重置飞机 """
    self.hp = self.max_hp                        # 生命值
    self.normal_index = 0                        # 正常状态图像索引
    self.destroy_index = 0                       # 被摧毁状态图像索引
    self.image = self.normal_images[0]           # 恢复正常图像
```

最后，修改之前完成的 update() 方法，实现根据不同的生命值显示不同图像的功能，修改后的代码如下：

```python
def update(self, *args):
    # 如果第 0 个参数为 False，不需要更新图像，直接返回
    if not args[0]:
        return
    # 判断飞机状态
    if self.hp == self.max_hp:                   # 未受伤
        self.image = self.normal_images[self.normal_index]
        count = len(self.normal_images)
        self.normal_index = (self.normal_index + 1) % count
    elif self.hp > 0:                            # 受伤
        self.image = self.hurt_image
    else:                                        # 被摧毁
        # 判断是否显示到最后一张图像，若是说明飞机完全被摧毁
        if self.destroy_index < len(self.destroy_images):
            self.image = self.destroy_images[self.destroy_index]
            self.destroy_index += 1
        else:
            self.reset_plane()                   # 重置飞机
```

（2）创建并测试飞机对象

在 Game 类中使用改进后的 Plane 类创建英雄飞机，并测试当生命值变化时能否切换英雄飞机的逐帧动画。

首先，修改 Game 类的构造方法，修改创建英雄飞机的代码。修改后的代码如下：

```
# 英雄精灵，静止不动
self.hero = Plane(1000, 5, 0, "me_down.wav",
                 ["me%d.png" % i for i in range(1, 3)],
                 "me1.png", ["me_destroy_%d.png" % i for i in range(1,5)],
                 self.all_group)
self.hero.rect.center = SCREEN_RECT.center          # 显示在屏幕中央
```

运行游戏，可以看到英雄飞机的尾部仍然有火焰喷射的效果。

然后，在游戏循环中修改逐帧动画计数器语句的上方增加测试代码，模拟英雄飞机被摧毁的场景，确保英雄飞机被摧毁后可以正常播放被摧毁的逐帧动画，并且在动画播放完成后能够被正确地复位，代码如下：

```
# TODO 模拟英雄飞机受到伤害
self.hero.hp -= 30
# 修改逐帧动画计数器
frame_counter = (frame_counter + 1) % FRAME_INTERVAL
# 更新 all_group 中所有精灵内容
self.all_group.update(frame_counter == 0)
```

运行游戏，可以看到英雄飞机在被摧毁后播放了动画，且在播放完成后被正确地复位，如图 11-29 所示。

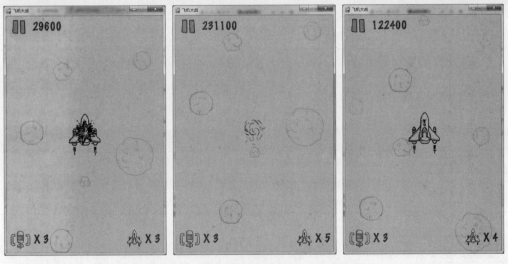

图 11-29　英雄飞机播放摧毁动画和复位效果

11.6.3　派生敌机子类

敌机与英雄飞机属于不同的阵营，它们在游戏介绍的设定上有很大的差异，比如敌机初始出现在游戏窗口上方的随机位置，各自以不同的速度飞入游戏窗口，飞出游戏窗口后会重新设置初始位置；而英雄飞机在游戏窗口的位置由玩家控制。因此，需要从 Plane 类分别派生表示敌机和英雄飞机的不同子类。本小节先从 Plane 类派生出一个表示敌机的子类。

1. 设计敌机类

飞机大战游戏一共有 3 种类型的敌机：小敌机、中敌机和大敌机。敌机起初出现在游戏窗口上方的随机位置，按各自的速度沿垂直方向向下飞行，进入游戏窗口。若敌机飞出了游戏窗口，它会被设置为初始状态，重新出现在游戏窗口上方的随机位置。

敌机类 Enemy 的类图如图 11-30 所示。

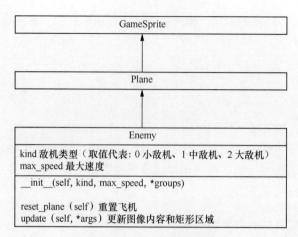

图 11-30 Enemy 类的类图

Enemy 类中包括 2 个属性：kind 和 max_speed，这 2 个属性的具体说明如表 11-16 所示。

表 11-16 Enemy 类的属性及说明

属性	说明
kind	敌机类型。0 代表小敌机、1 代表中敌机、2 代表大敌机
max_speed	最大速度

Enemy 类需要重写父类的 reset_plane() 方法和 update() 方法，关于这 2 个方法的说明如表 11-17 所示。

表 11-17 Enemy 类的方法及说明

方法	说明
reset_plane()	重置敌机。敌机被摧毁或者飞出游戏窗口后，重新设置敌机的位置和速度
update()	更新敌机。调用父类方法设置敌机的显示图像，然后根据速度修改敌机的矩形区域，最后判断是否飞出游戏窗口，飞出游戏窗口则重置敌机

2. 实现敌机类的基本功能

下面实现敌机类的基本功能。首先，在 game_items 模块的顶部导入 random 模块，以便使用随机数，代码如下：

```
import random
```

然后，在 game_items 模块中定义继承 Plane 类的类 Enemy，代码如下：

```
class Enemy(Plane):
    """ 敌机类 """
    def __init__(self, kind, max_speed, *groups):
        # 记录敌机类型和最大速度
        self.kind = kind
        self.max_speed = max_speed
        # 根据类型调用父类方法传递不同参数
        if kind == 0:
            super().__init__(1, 1, 1000, "enemy1_down.wav",
                             ["enemy1.png"], "enemy1.png",
                             ["enemy1_down%d.png" % i for i in range(1, 5)], *groups)
        elif kind == 1:
            super().__init__(6, 1, 6000, "enemy2_down.wav",
                             ["enemy2.png"], "enemy2_hit.png",
```

```
                              ["enemy2_down%d.png" % i for i in range(1, 5)], *groups)
        else:
            super().__init__(15, 1, 15000, "enemy3_down.wav",
                             ["enemy3_n1.png", "enemy3_n2.png"],
                             "enemy3_hit.png",
                             ["enemy3_down%d.png" % i for i in range(1, 7)], *groups)
        # 调用重置飞机方法，设置敌机初始位置和速度
        self.reset_plane()
    def reset_plane(self):
        """ 重置飞机 """
        super().reset_plane()
        # 设置初始随机位置和速度
        pass
```

需要注意的是，reset_plane() 方法中暂时没有实现随机设置敌机位置和设置敌机速度的功能，后续创建完敌机精灵后会完善这 2 项功能。

3. 创建敌机

敌机通过 Game 类中的 create_enemies() 方法创建，create_enemies() 方法会根据不同的游戏关卡级别来创建不同数量的敌机。各关卡敌机的数量与相应的速度如表 11-18 所示。

表 11-18　各关卡敌机的数量与相应的速度

名称	小敌机数量（速度）	中敌机数量（速度）	大敌机数量（速度）
关卡 1	16（1 ~ 3）	0（1）	0（1）
关卡 2	24（1 ~ 5）	2（1）	0（1）
关卡 3	32（1 ~ 7）	4（1 ~ 3）	2（1）

下面实现 create_enemies() 方法，代码如下：

```
def create_enemies(self):
    """ 根据关卡级别创建不同数量的敌机 """
    # 敌机精灵组中的精灵数量
    count = len(self.enemies_group.sprites())
    # 要添加到的精灵组
    groups = (self.all_group, self.enemies_group)
    # 判断关卡级别及已有的敌机数量
    if self.hud_panel.level == 1 and count == 0:         # 关卡级别 1
        for i in range(16):
            Enemy(0, 3, *groups)
    elif self.hud_panel.level == 2 and count == 16:      # 关卡级别 2
        # 提高敌机的最大速度
        for enemy in self.enemies_group.sprites():
            enemy.max_speed = 5
        # 创建敌机
        for i in range(8):
            Enemy(0, 5, *groups)
        for i in range(2):
            Enemy(1, 1, *groups)
    elif self.hud_panel.level == 3 and count == 26:      # 关卡级别 3
        # 提高敌机的最大速度
        for enemy in self.enemies_group.sprites():
            enemy.max_speed = 7 if enemy.kind == 0 else 3
        # 创建敌机
        for i in range(8):
            Enemy(0, 7, *groups)
        for i in range(2):
            Enemy(1, 3, *groups)
```

```
        for i in range(2):
            Enemy(2, 1, *groups)
```

修改 Game 类的构造方法，在创建完指示器面板后，调用 create_enemies() 方法创建敌机，代码如下：

```
# 创建敌机
self.create_enemies()
```

运行游戏，可以在游戏窗口的左上角看到一架敌机，如图 11-31 所示。

图 11-31 所示的游戏窗口中之所以只能看到一架敌机，是因为还没有设置敌机的随机位置，导致第 1 关的 16 架小敌机都被绘制在游戏窗口左上角的同一个位置。

修改之前在游戏循环中增加的测试代码，在升级之后调用 create_enemies() 方法，以测试关卡级别提升后能否创建中敌机和大敌机，代码如下：

```
# TODO 测试修改游戏得分
if self.hud_panel.increase_score(100):
    print("升级到 %d" % self.hud_panel.level)
    self.create_enemies()
```

运行游戏，当控制台第 1 次输出升级信息时，游戏窗口的左上角增加了 1 架中敌机；当控制台第 2 次输出升级信息时，游戏窗口的左上角增加了 1 架大敌机，如图 11-32 所示。

图 11-31　游戏窗口显示一架敌机　　图 11-32　游戏窗口左上角增加的 3 种类型的敌机

4. 设置敌机精灵的随机位置

按照游戏介绍，敌机出现的初始位置是随机的，并且从游戏窗口的上方逐渐进入窗口。敌机初始位置的示意图如图 11-33 所示。

由图 11-33 可知，敌机的初始随机位置的设置思路如下。

（1）敌机出现的水平方向坐标取值在 0 ~ (SCREEN_RECT.w-self.rect.w) 之间，可以取该范围内的一个随机数，作为敌机矩形区域的 x 值。

（2）敌机出现的垂直方向坐标取值在 0 ~ (SCREEN_RECT.h-self.rect.h) 之间，可以取该范围内的一个随机数，再减去游戏窗口高度，作为敌机矩形区域的 y 值。

这样便可以设置敌机在游戏窗口上方的初始位置，并且保证进入游戏窗口后敌机的边界不会超出游戏窗口的边界。

下面按照以上的设置思路，对 Enemy 类的 reset_plane() 方法进行调整，调整后的代码如下：

```
def reset_plane(self):
    """ 重置敌机 """
    super().reset_plane()
    # 设置随机 x 值
    x = random.randint(0, SCREEN_RECT.w - self.rect.w)
    # 设置随机 y 值
    y = random.randint(0, SCREEN_RECT.h - self.rect.h) -
                SCREEN_RECT.h
    self.rect.topleft = (x, y)          # 作为初始位置
```

为了方便测试敌机的初始位置以及后续的敌机爆炸效果，更改设置 y 值的代码：只使用随机值，暂时不减去游戏窗口的高度，以确保创建后的敌机都可以显示在游戏窗口中。更改后的代码如下：

```
y = random.randint(0, SCREEN_RECT.h - self.rect.h)
```

需要说明的是，测试后需要将以上代码恢复。

运行游戏，可以看到游戏窗口出现了密密麻麻的小敌机，并且随着游戏级别的提升，增加了更多数量和种类的敌机。

修改之前在引爆炸弹的事件监听中增加的测试代码，模拟炸毁敌机的场景，测试当敌机被摧毁后初始位置是否会被重新设置。修改后的代码如下：

```
# 判断是否正在游戏
if not self.is_game_over and not self.is_pause:
    # 监听玩家按下 "b" 键，引爆 1 颗炸弹
    if event.type == pygame.KEYDOWN and event.key == pygame.K_b:
        # TODO 测试炸毁所有敌机
        for enemy in self.enemies_group.sprites():
            enemy.hp = 0
```

运行游戏，按下 "b" 键，可以看到游戏窗口的所有敌机被摧毁的动画，并且在动画播放结束后出现了新的敌机，如图 11-34 所示。

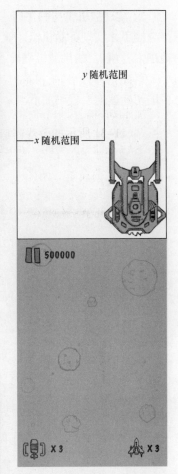

图 11-33　敌机初始位置的示意图

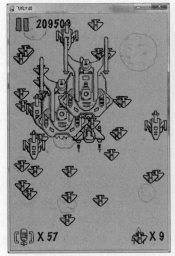

图 11-34　游戏窗口随机显示的敌机及爆炸弹摧毁效果

5. 实现敌机精灵的飞行

接下来实现让敌机沿垂直方向向下飞入游戏窗口的效果（并设置敌机速度在介绍的速度范围内随机）。如果敌机飞出了游戏窗口，那么会被设置为初始状态。

首先，修改 reset_plane() 方法，根据各类敌机对应的最大速度 max_speed 设置该敌机随机的初始速度，代码如下：

```python
# 设置初始速度
self.speed = random.randint(1, self.max_speed)
```

然后，重写父类的 update() 方法，实现敌机精灵的飞行功能，代码如下：

```python
def update(self, *args):
    """ 更新图像和位置 """
    # 调用父类方法更新敌机图像 - 注意 args 需要拆包
    super().update(*args)
    # 判断敌机是否被摧毁，若没有，则根据速度更新敌机的位置
    if self.hp > 0:
        self.rect.y += self.speed
    # 判断是否飞出屏幕，如果是，重置敌机
    if self.rect.y >= SCREEN_RECT.h:
        self.reset_plane()
```

注释测试修改游戏得分的代码，具体如下：

```python
# # TODO 测试修改游戏得分
# if self.hud_panel.increase_score(100):
#     print("升级到 %d" % self.hud_panel.level)
#     self.create_enemies()
```

运行游戏，可以看到小敌机从游戏窗口的上方徐徐而来，且不停地出现新的小敌机，给玩家一种无穷无尽的感觉，如图 11-35 所示。

图 11-35　游戏窗口显示飞行的小敌机

11.6.4　派生英雄飞机子类

本节将从 Plane 类派生一个表示英雄飞机的子类，该子类具有操控英雄飞机的功能，但不具备发射子弹消灭敌机的功能。

1. 设计英雄飞机类

按照游戏介绍设计表示英雄飞机的类 Hero，Hero 类的类图如图 11-36 所示。

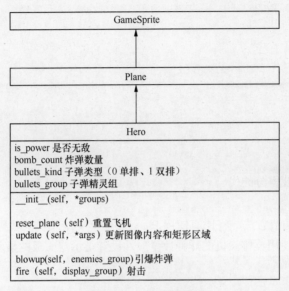

图 11-36　Hero 类的类图

Hero 类中包括 is_power、bomb_count 等 4 个属性，具体说明如表 11-19 所示。

表 11-19　Hero 类的属性及属性

属性	说明
is_power	判断是否无敌（英雄飞机刚登场时有 3s 的无敌时间）
bomb_count	炸弹数量，默认携带 3 颗炸弹
bullets_kind	子弹类型，0 表示单排，1 表示双排
bullets_group	子弹精灵组。后续的碰撞检测需要使用

Hero 类不仅需要重写父类的方法，而且需要单独增加 2 个方法，具体说明如表 11-20 所示。

表 11-20　Hero 类的方法及说明

方法	说明
reset_plane()	重置飞机。英雄飞机被摧毁后，重置飞机的属性并发送自定义事件
update()	更新飞机。首先调用父类方法显示英雄飞机图像，然后根据 update() 方法的参数修改英雄飞机的位置，并将英雄飞机限定在游戏窗口内
blowup()	引爆炸弹。炸毁游戏窗口内部的所有敌机，并返回得分
fire()	射击。创建 3 个子弹精灵并添加到子弹精灵组以及 display_group

2. 实现英雄飞机类的基本功能

下面实现英雄飞机类的基本功能。在 game_items 模块的顶部声明记录英雄默认炸弹数量的全局常量，代码如下：

```
HERO_BOMB_COUNT = 3                                          # 英雄飞机默认炸弹数量
# 英雄飞机默认初始位置
HERO_DEFAULT_MID_BOTTOM = (SCREEN_RECT.centerx, SCREEN_RECT.bottom - 90)
```

在 game_items 模块中定义 Hero 类，代码如下：

```
class Hero(Plane):
    """ 英雄飞机类 """
    def __init__(self, *groups):
        """ 构造方法
        :param groups: 要添加到的精灵组
        """
        super().__init__(1000, 5, 0, "me_down.wav",
                         ["me%d.png" % i for i in range(1, 3)], "me1.png",
                         ["me_destroy_%d.png" % i for i in range(1, 5)], *groups)
        self.is_power = False                           # 无敌判断标记
        self.bomb_count = HERO_BOMB_COUNT               # 炸弹数量
        self.bullets_kind = 0                           # 子弹类型
        self.bullets_group = pygame.sprite.Group()      # 子弹精灵组
        # 初始位置
        self.rect.midbottom = HERO_DEFAULT_MID_BOTTOM
```

修改 Game 类的构造方法，将原有使用 Plane 类创建英雄飞机的代码替换为使用 Hero 类创建英雄飞机，并且使用英雄飞机的炸弹数量属性设置指示器面板的显示。代码如下：

```
# 创建精灵
# 背景精灵，交替滚动
self.all_group.add(Background(False), Background(True))
# 指示器面板
self.hud_panel = HudPanel(self.all_group)
# 创建敌机
self.create_enemies()
# 英雄精灵
self.hero = Hero(self.all_group)
# 设置面板中炸弹数量
self.hud_panel.show_bomb(self.hero.bomb_count)
```

图 11-37　游戏窗口显示英雄飞机

运行游戏，可以看到英雄飞机出现在游戏窗口中间靠下的位置，并且在指示器面板中显示的炸弹数量为3，如图 11-37 所示。

3. 快速移动英雄飞机

下面实现使用键盘的方向键（↑、↓、←、→）控制英雄飞机在游戏窗口快速移动的功能。第 10 章介绍了 pygame 监听键盘事件的方式，但这种方式需要用户抬起和按下方向键，不适合处理英雄飞机快速移动的需求。因此，这里将介绍和实现持续按键的处理方式。

（1）持续按键的处理

pygame 专门针对持续按键的游戏开发需求提供了一种处理键盘的方式，即使用 key 模块提供的 get_pressed() 方法获得当前时刻的按键元组，然后使用按键常量作为元组索引，判断某一个键是否被按下，按下则对应的值为1，没按下则对应的值为0。

在 Game 类的游戏循环中添加持续按键的处理代码，具体如下：

```
else:
    self.hud_panel.panel_resume(self.all_group)
    # 获得当前时刻的按键元组
    keys = pygame.key.get_pressed()
    # 判断是否按下右方向键
    if keys[pygame.K_RIGHT]:
        self.hero.rect.x += 10
    # 修改逐帧动画计数器
    frame_counter = (frame_counter + 1) % FRAME_INTERVAL
    # 更新 all_group 中所有精灵内容
    self.all_group.update(frame_counter == 0)
```

运行游戏，长按"→"键可以看到英雄飞机快速地向窗口的右侧移动。

（2）持续按键的方向判断

在飞机大战游戏中，英雄飞机的移动方向分为水平和垂直 2 种。那么，怎样编写代码才能简化对方向的判断呢？这里有一个小技巧，使用 keys[pygame.K_RIGHT] – keys[pygame.K_LEFT] 计算水平移动的基数，代码如下：

```
# 水平移动基数
move_hor = keys[pygame.K_RIGHT] - keys[pygame.K_LEFT]
```

使用以上代码计算水平方向移动的基数，其原理如表 11-21 所示。

表 11-21　计算英雄飞机水平方向移动基数的原理

用户操作	keys[pygame.K_RIGHT]	keys[pygame.K_LEFT]	移动基数	结果
不按键	0	0	0	不移动
按下"→"键	1	0	1	向右移动 1
按下"←"键	0	–1	–1	向左移动 1
按下"←""→"键	1	1	0	不移动

按照 pygame 坐标系的设定，x 轴沿水平方向向右，其数值逐渐增加。因此，这里可以先把移动基数值作为英雄飞机水平移动的基数（1 表示向右移动，–1 表示向左移动），之后用移动基数值乘以英雄飞机的速度，便可以计算得到水平方向需要移动的距离了。

英雄飞机垂直移动的基数可以采用类似的方法计算，代码如下：

```
# 垂直移动基数
move_ver = keys[pygame.K_DOWN] - keys[pygame.K_UP]
```

（3）移动英雄飞机

在 Hero 类中重写父类的 update() 方法，在 update() 方法中先调用父类方法处理显示图像的更新，再增加修改飞机矩形区域的代码。重写的 update() 方法的代码如下：

```
def update(self, *args):
    """ 更新英雄飞机的图像及矩形区域
    :param args: 0 更新图像标记，1 水平移动基数，2 垂直移动基数
    """
    # 调用父类方法更新飞机图像 - 注意 args 需要解包
    super().update(*args)
    # 如果没有传递方向基数或者英雄飞机被摧毁，直接返回
    if len(args) != 3 or self.hp <= 0:
        return
    # 调整水平移动距离
    self.rect.x += args[1] * self.speed
    self.rect.y += args[2] * self.speed
    # 限定在游戏窗口内部移动
    self.rect.x = 0 if self.rect.x < 0 else self.rect.x
```

```
        if self.rect.right > SCREEN_RECT.right:
            self.rect.right = SCREEN_RECT.right
    self.rect.y = 0 if self.rect.y < 0 else self.rect.y
    if self.rect.bottom > SCREEN_RECT.bottom:
        self.rect.bottom = SCREEN_RECT.bottom
```

修改 Game 类的游戏循环，在计算完移动基数和修改完逐帧动画计数器之后，让 all_group 调用 update() 方法时传递这 3 个参数，代码如下：

```
self.hud_panel.panel_resume(self.all_group)
# 获得当前时刻的按键元组
keys = pygame.key.get_pressed()
# 水平移动基数
move_hor = keys[pygame.K_RIGHT] - keys[pygame.K_LEFT]
# 垂直移动基数
move_ver = keys[pygame.K_DOWN] - keys[pygame.K_UP]
# 修改逐帧动画计数器
frame_counter = (frame_counter + 1) % FRAME_INTERVAL
# 更新 all_group 中所有精灵内容
self.all_group.update(frame_counter == 0, move_hor, move_ver)
```

运行游戏，可以看到英雄飞机可以灵活地在游戏窗口内部移动。

4. 炸毁游戏窗口内部的敌机

下面实现引爆炸弹的功能。在 Hero 类中实现 blowup() 方法，将出现在游戏窗口内的敌机全部引爆，同时计算并返回得分，代码如下：

```
def blowup(self, enemies_group):
    """ 引爆炸弹
    :param enemies_group: 敌机精灵组
    :return: 累计得分
    """
    # 如果没有足够数量的炸弹或者英雄飞机被催毁，直接返回
    if self.bomb_count <= 0 or self.hp <= 0:
        return 0
    self.bomb_count -= 1                           # 炸弹数量 - 1
    score = 0                                      # 本次得分
    count = 0                                      # 炸毁数量
    # 遍历敌机精灵组，将游戏窗口内的敌机引爆
    for enemy in enemies_group.sprites():
        # 判断敌机是否进入游戏窗口
        if enemy.rect.bottom > 0:
            score += enemy.value                   # 计算得分
            count += 1                             # 累计数量
            enemy.hp = 0                           # 摧毁敌机
    print("炸毁了 %d 架敌机，得分 %d" % (count, score))
    return score
```

需要注意的是，敌机是垂直向下运动的，敌机的矩形区域的 bottom 值大于 0 时，说明敌机已经飞入了游戏窗口。此时，只需要摧毁飞入游戏窗口内的敌机，并且统计得分即可。

修改 Game 类的 event_handler() 方法，删除监听到玩家按下 "b" 键的事件处理中的测试代码，让英雄飞机调用 blowup() 方法，并且根据返回的分数做后续处理，包括更新游戏得分、更新炸弹数量显示和判断是否升级到下一个关卡，代码如下：

```
# 判断是否正在游戏
if not self.is_game_over and not self.is_pause:
    # 监听玩家按下 "b" 键，引爆 1 颗炸弹
    if event.type == pygame.KEYDOWN and event.key == pygame.K_b:
        # 引爆炸弹
        score = self.hero.blowup(self.enemies_group)
```

```
      # 更新炸弹数量显示
      self.hud_panel.show_bomb(self.hero.bomb_count)
      # 更新游戏得分，若关卡等级提升，则可创建新类型的敌机
      if self.hud_panel.increase_score(score):
          self.create_enemies()
```

运行游戏，按下键盘的"b"键，可以看到游戏窗口中的所有敌机全部被炸毁，如图 11-38 所示。

另外，通过控制台的输出也可以发现，每次引爆的炸弹并不是炸毁敌机精灵组中的所有敌机，而是炸毁了出现在游戏窗口中的敌机。控制台的输出结果如下：

```
炸毁了 8 架敌机，得分 8000
炸毁了 13 架敌机，得分 13000
炸毁了 15 架敌机，得分 15000
```

11.7　碰撞检测

碰撞检测是指在每一次游戏循环执行时检测游戏精灵之间是否发生碰撞，例如，敌机碰到英雄飞机、子弹碰到敌机等。碰撞检测在游戏开发中是至关重要的，它直接影响着玩家的游戏体验。下面将介绍碰撞检测的相关内容。

图 11-38　游戏窗口的所有敌机被炸毁

11.7.1　碰撞检测的实现

pygame 的 sprite 模块中提供了实现碰撞检测功能的相关方法。sprite 模块还可以配合 mask 模块实现高质量的碰撞检测。下面先介绍 sprite 模块的碰撞检测方法，再分别实现碰撞检测和高质量的碰撞检测。

1. 碰撞检测方法

sprite 模块中提供了 2 个碰撞检测的方法：spritecollide() 和 groupcollide()，这 2 个方法的具体介绍如下。

（1）spritecollide() 方法

spritecollide() 方法用于检测某个精灵是否与某个精灵组中的精灵发生碰撞，其语法格式如下所示：

```
spritecollide(sprite, group, dokill, collided = None) -> Sprite_list
```

以上方法中各参数的含义如下。

• sprite：表示要检测的精灵。

• group：表示要检测的精灵组。

• dokill：表示是否移除。若为 True，会在检测到碰撞后移除 group 中与 sprite 发生碰撞的精灵。

• collided：表示用来检测碰撞的函数。若传入 None，则使用精灵的 rect 属性来判断是否发生碰撞。

spritecollide() 方法会返回 group 中与 sprite 发生碰撞的所有精灵的列表。

（2）groupcollide() 方法

groupcollide() 方法用于检测 2 个精灵组之间是否有精灵发生碰撞，其语法格式如下所示：

```
groupcollide(group1, group2, dokill1, dokill2, collided = None) -> Sprite_dict
```

以上方法中各参数的含义如下。

- group1：表示要检测的精灵组 1。
- group2：表示要检测的精灵组 2。
- dokill1：表示是否从精灵组 1 移除。如果为 True，会将发生碰撞的精灵从 group1 移除。
- dokill2：表示是否从精灵组 2 移除。如果为 True，会将发生碰撞的精灵从 group2 移除。
- collided：表示用来检测碰撞的函数，若传入 None，使用精灵的 rect 属性来判断是否发生碰撞。

groupcollide() 方法会返回一个字典，该字典的键为 group1 中检测到被碰撞的精灵，值为 group2 中与键发生碰撞的所有精灵的列表。

2. 碰撞检测

在 Game 类构造方法的末尾增加测试代码，使所有创建的敌机对象都静止在屏幕中，以便于观察碰撞检测的执行效果，代码如下：

```
# TODO: 将所有敌机的速度设置为 0，并修改敌机的初始位置
for enemy in self.enemies_group.sprites():
    enemy.speed = 0
    enemy.rect.y += 400
self.hero.speed = 1
```

以上测试代码中，每架敌机矩形区域的 y 值增加 400，让敌机的初始位置和英雄飞机之间有一段距离；英雄飞机的速度设置为 1，在玩家每次按下方向键后移动很小的距离。这样可以便于使用方向键操作英雄飞机，让英雄飞机慢慢地靠近敌机，以观察碰撞检测的效果。

运行游戏，可以看到游戏窗口中有许多静止的、等待英雄飞机碰撞的小敌机。

在 Game 类中实现一个专门负责碰撞检测的方法 check_collide()，代码如下：

```
def check_collide(self):
    """ 碰撞检测 """
    # 检测英雄飞机和敌机的碰撞
    collide_enemies = pygame.sprite.spritecollide(self.hero,
                                            self.enemies_group, False, None)
    for enemy in collide_enemies:
        enemy.hp = 0                              # 摧毁发生碰撞的敌机
```

在游戏循环中恢复指示器面板的代码之后，调用刚刚实现的 check_collide() 方法，代码如下：

```
self.hud_panel.panel_resume(self.all_group)
# 碰撞检测
self.check_collide()
# 获得当前时刻的按键元组
keys = pygame.key.get_pressed()
```

运行游戏，通过方向键慢慢地让英雄飞机靠近敌机，可以看到英雄飞机即将靠近敌机时会撞毁敌机，而不是 2 架飞机真正地碰撞在一起后才出现撞毁效果。

之所以出现这种情况，是因为 spritecollide() 方法的 collided 参数为 None 时会使用精灵的 rect 属性来判断是否发生碰撞，此时只要 2 个精灵的矩形区域发生重叠，就认为精灵之间发生了碰撞，如图 11-39 所示。

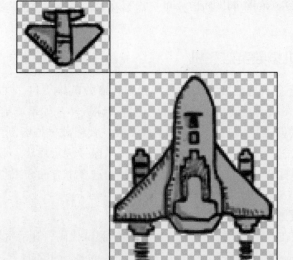

图 11-39　2 个精灵的矩形区域重叠示例

　　由图 11-39 可知，每当英雄飞机"即将靠近"敌机时，敌机就会被撞毁。显然这样的碰撞检测是不精确的，无法给玩家带来良好的游戏体验。

3. 高品质的碰撞检测

　　前面通过 spritecollide() 方法实现的碰撞检测不够精确，此时可以给该方法传入一个 pygame.sprite.collide_mask 参数，只检测精灵图像中有颜色的区域，而不会检测没有颜色的透明区域。

　　修改前面完成的 check_collide() 方法，验证能否实现高品质的碰撞检测。修改后的代码如下：

```
def check_collide(self):
    """ 碰撞检测 """
    # 检测英雄飞机和敌机的碰撞
    collide_enemies = pygame.sprite.spritecollide(self.hero,
                                        self.enemies_group, False,
                                        pygame.sprite.collide_mask)
    for enemy in collide_enemies:
        enemy.hp = 0                                # 摧毁发生碰撞的敌机
```

　　运行游戏，移动英雄飞机进行测试，可以看到碰撞检测的精细度有了非常明显的提高。

　　如果程序需要频繁地进行碰撞检测，那么可以在创建精灵时为精灵添加一个遮罩，也就是添加 mask 属性，以提升程序的执行性能。遮罩可以理解为图像的轮廓填充，也就是先为图像描边再填色。在进行碰撞检测时，图像中有颜色的部分会被认为是精灵的实体部分，没有颜色的部分会被忽略，效果如图 11-40 所示。

　　在 GameSprite 类构造方法的末尾给精灵添加 mask 属性，代码如下：

```
# 图像遮罩，可以提高碰撞检测的执行性能
self.mask = pygame.mask.from_surface(self.image)
```

　　因为游戏中所有飞机精灵和道具精灵都是根据 GameSprite

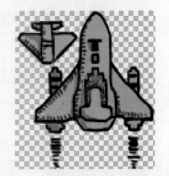

图 11-40　使用遮罩后的碰撞检测效果

类或者 GameSprite 的子类创建的，所以这里只需要在 GameSprite 类的构造方法中添加 mask 属性即可。

11.7.2　敌机撞毁英雄飞机

如果敌机在飞行途中与英雄飞机相撞，那么会撞毁英雄飞机。如果英雄飞机的剩余命数不为 0，那么英雄飞机会重新出现在撞毁的位置继续战斗；如果英雄飞机的剩余命数为 0，那么游戏结束。撞毁英雄飞机的敌机同样也被撞毁，要播放被撞毁动画；动画播放完成后，敌机被设置为初始状态，会再次从游戏窗口上方飞入窗口进行战斗。下面将从英雄飞机被撞毁、发布英雄飞机牺牲通知、设置英雄飞机无敌时间这 3 个方面介绍与敌机撞毁英雄飞机相关的内容。

1. 英雄飞机被撞毁

首先，删除之前在 Game 类构造方法末尾增加的测试代码，让敌机恢复原有的飞行状态。

然后，修改 Game 类的 check_collide() 方法，在 check_collide() 方法中判断英雄飞机是否处于无敌状态：若处于无敌状态则不进行碰撞检测，否则检测英雄飞机和所有敌机的碰撞。如果英雄飞机撞到敌机，那么英雄飞机会被撞毁，撞毁它的敌机也会被撞毁。修改后的 check_collide() 方法的代码如下：

```
# 检测英雄飞机和敌机的碰撞，若英雄飞机处于无敌状态，彼此不能碰撞
if not self.hero.is_power:
    enemies = pygame.sprite.spritecollide(self.hero,
                                          self.enemies_group, False,
                                          pygame.sprite.collide_mask)
    # 是否撞到敌机
    if enemies:
        self.hero.hp = 0                            # 英雄被撞毁
    for enemy in enemies:
        enemy.hp = 0                                # 敌机同样被撞毁
```

此时运行游戏会发现一个问题：若英雄飞机与敌机距离较近，引爆炸弹摧毁敌机后英雄飞机可能会被敌机的残骸撞毁。若不希望英雄飞机被敌机残骸撞毁，可以过滤碰撞检测之后的列表，过滤出已经被撞毁的敌机。

在 check_collide() 方法中添加一句代码，具体如下：

```
enemies = pygame.sprite.spritecollide(self.hero,
                                      self.enemies_group, False,
                                      pygame.sprite.collide_mask)
# 过滤掉已经被摧毁的敌机
enemies = list(filter(lambda x : x.hp > 0, enemies))
```

再次运行游戏，英雄飞机不会再被敌机残骸撞毁。

2. 发布英雄飞机牺牲通知

按照前面的游戏介绍，在英雄飞机牺牲的动画播放结束后，新的英雄飞机才能登场，游戏画面才会更新。

每当英雄飞机被摧毁的动画播放结束后，都会调用自己的 reset_plane() 方法来重设英雄飞机的数据，但不能在 Hero 类的代码中直接更新游戏的画面。

要解决上述问题，需要使用 event 模块的 post() 方法发布一个英雄飞机牺牲的用户自定义事件，如此便可以在 Game 类的事件监听方法中监听事件，并实现游戏画面的更新。

首先，在 game_items 模块的顶部声明记录英雄飞机牺牲事件代号的全局常量，代码如下：

```
HERO_DEAD_EVENT = pygame.USEREVENT                  # 英雄飞机牺牲事件
```

然后，在 Hero 类中重写父类的 reset_plane() 方法，代码如下：

```
def reset_plane(self):
    """ 重置英雄飞机 """
    # 调用父类方法重置图像相关属性
    super().reset_plane()
    self.is_power = False                        # 无敌判断标记
    self.bomb_count = HERO_BOMB_COUNT            # 炸弹数量
    self.bullets_kind = 0                        # 子弹类型
    # 发布英雄牺牲事件
    pygame.event.post(pygame.event.Event(HERO_DEAD_EVENT))
```

需要注意的是，reset_plane() 方法中暂时将 is_power 属性设置为 False，以便于稍后的代码测试。

最后，修改 Game 类的 event_handler() 方法，增加英雄飞机牺牲事件的监听，一旦监听到英雄飞机牺牲，需要修改生命计数以及更新生命计数显示和炸弹数量显示。增加的代码如下：

```
# 判断是否正在游戏
if not self.is_game_over and not self.is_pause:
    # 监听英雄飞机牺牲事件
    if event.type == HERO_DEAD_EVENT:
        print(" 英雄牺牲了 ...")
        # 生命计数 -1
        self.hud_panel.lives_count -= 1
        # 更新生命计数显示
        self.hud_panel.show_lives()
        # 更新炸弹显示
        self.hud_panel.show_bomb(self.hero.bomb_count)
    # 监听玩家按下 "b" 键，引爆 1 颗炸弹
    if event.type == pygame.KEYDOWN and event.key == pygame.K_b:
```

运行游戏，可以看到在英雄飞机牺牲后游戏窗口中的数据已经正确显示了，同时也能正确地判断游戏结束。

3. 设置英雄飞机无敌时间

当屏幕上出现较多的敌机时，因为目前的程序没有设定英雄飞机的无敌状态，所以英雄飞机再次登场后会立即被撞毁。下面为英雄飞机设置无敌时间。

首先，在 game_items 模块的顶部声明记录取消英雄飞机无敌事件的全局常量，代码如下：

```
HERO_POWER_OFF_EVENT = pygame.USEREVENT + 1              # 取消英雄飞机无敌的事件
```

然后，在 Hero 类的 reset_plane() 方法末尾设定定时器事件，代码如下：

```
# 设置 3s 之后取消无敌定时器事件
pygame.time.set_timer(HERO_POWER_OFF_EVENT, 3000)
```

修改之前代码中英雄飞机的无敌判断标记，将 self.is_power 的值设置为 True，修改后的代码如下：

```
self.is_power = False  # 无敌判断标记
```

最后，修改 Game 类的 event_handler() 方法，增加取消英雄飞机无敌事件的监听，一旦监听到取消英雄无敌事件，就需要修改英雄的无敌属性并且关闭定时器。增加的代码如下：

```
# 判断是否正在游戏
if not self.is_game_over and not self.is_pause:
    # 监听取消英雄飞机无敌的事件
    if event.type == HERO_POWER_OFF_EVENT:
        print( "取消无敌状态 ...")
        # 设置英雄飞机状态
        self.hero.is_power = False
```

```
        # 取消定时器
        pygame.time.set_timer(HERO_POWER_OFF_EVENT, 0)
    # 监听英雄飞机牺牲事件
    if event.type == HERO_DEAD_EVENT:
```

运行游戏，可以看到新出现的英雄飞机持续了几秒的无敌状态。不过，当英雄飞机的生命值为 0，整个游戏结束之后，玩家按空格键开启新游戏时，英雄飞机会从上一次牺牲的位置开始新游戏，这显然是不合理的。

修改 Game 类的 reset_game() 方法，在 reset_game() 方法末尾重新设置英雄飞机属性，并且指定英雄飞机的初始位置，代码如下：

```
    # 设置英雄飞机的初始位置
    self.hero.rect.midbottom = HERO_DEFAULT_MID_BOTTOM
```

再次运行游戏，可以看到新出现的英雄飞机已经回到初始位置开始战斗。

11.7.3 英雄飞机发射子弹

本节主要完成英雄飞机发射子弹的内容，包括设计子弹类、实现英雄飞机发射子弹的功能以及实现子弹击中敌机的功能。

1. 设计子弹类

按照游戏介绍设计一个继承 GameSprite 的子弹类 Bullet，Bullet 类的类图如图 11–41 所示。

图 11–41 Bullet 类的类图

由图 11–41 可知，Bullet 类中添加了一个表示子弹的杀伤力的 damage 属性（默认为 1），还重写了父类的 update() 方法。重写的 update() 方法会先调用父类方法，让子弹以一定的速度垂直向上运动，一旦判定子弹飞出游戏窗口，就会销毁子弹精灵对象。

在 game_items 模块中定义继承 GameSprite 类的 Bullet 类，代码如下：

```python
class Bullet(GameSprite):
    """子弹类"""
    def __init__(self, kind, *groups):
        """构造方法
        :param kind: 子弹类型
        :param groups: 要添加到的精灵组
        """
        image_name = "bullet1.png" if kind == 0 else "bullet2.png"
        super().__init__(image_name, -12, *groups)
        self.damage = 1                                # 杀伤力
    def update(self, *args):
```

```
        super().update(*args)                              # 向上移动
        # 判断是否从上方飞出窗口
        if self.rect.bottom < 0:
            self.kill()
```

以上定义的 Bullet 类的构造方法中，使用 super() 函数调用了父类的构造方法，并且将子弹的速度设置为 –12，从而可以让子弹向屏幕上方飞行；以上定义的 Bullet 类的 update() 方法中，使用 kill() 方法移除了所有精灵组的子弹精灵，及时释放了内存。

2. 实现英雄飞机发射子弹的功能

在 game_items 模块的顶部声明记录英雄飞机发射子弹的定时器事件的全局常量，代码如下：

```
HERO_FIRE_EVENT = pygame.USEREVENT + 2                     # 英雄飞机发射子弹事件
```

在 Hero 类的构造方法的末尾设置英雄飞机发射子弹的定时器事件，代码如下：

```
self.bullets_kind = 0                                      # 子弹类型
self.bullets_group = pygame.sprite.Group()                 # 子弹精灵组
# 初始位置
self.rect.midbottom = HERO_DEFAULT_MID_BOTTOM
# 设置 0.2s 发射子弹定时器事件
pygame.time.set_timer(HERO_FIRE_EVENT, 200)
```

在 Hero 类中实现 fire() 方法，fire() 方法中会根据 bullets_kind 属性连续创建子弹精灵：若 bullets_kind 属性的值为 0，创建 3 颗子弹；若 bullets_kind 属性的值为 1，创建 6 颗子弹，每 2 颗子弹一排，并且将子弹精灵的初始位置显示在英雄飞机的正上方。

需要注意的是，子弹精灵需要被添加到 bullets_group（用于后续的碰撞检测）和 display_group（用于精灵的显示）精灵组中。

fire() 方法的代码如下：

```
def fire(self, display_group):
    """ 发射子弹
    :param display_group: 要添加的显示精灵组
    """
    # 需要将子弹精灵添加到 2 个精灵组
    groups = (self.bullets_group, display_group)
    # 测试子弹增强效果
    # self.bullets_kind = 1
    for i in range(3):
        # 创建子弹精灵
        bullet1 = Bullet(self.bullets_kind, *groups)
        # 计算子弹的垂直位置
        y = self.rect.y - i * 15
        # 判断子弹类型
        if self.bullets_kind == 0:
            bullet1.rect.midbottom = (self.rect.centerx, y)
        else:
            bullet1.rect.midbottom = (self.rect.centerx - 20, y)
            # 再创建一颗子弹
            bullet2 = Bullet(self.bullets_kind, *groups)
            bullet2.rect.midbottom = (self.rect.centerx + 20, y)
```

修改 Game 类的 event_handler() 方法，在 event_handler() 方法中增加英雄飞机发射子弹事件的监听代码，一旦监听到英雄飞机发射子弹的事件，就让英雄飞机调用 fire() 方法发射子弹，代码如下：

```
# 判断是否正在游戏
if not self.is_game_over and not self.is_pause:
    # 监听发射子弹事件
    if event.type == HERO_FIRE_EVENT:
```

```
    self.hero.fire(self.all_group)
# 监听取消英雄飞机无敌事件
if event.type == HERO_POWER_OFF_EVENT:
```

运行游戏，可以看到英雄飞机能从其头部向屏幕上方连续发射子弹了。

3. 实现子弹击中敌机的功能

下面扩展 Game 类的 check_collide() 方法，实现子弹击中并摧毁敌机的功能。

sprite 模块的 spritecollide() 方法可以方便地实现一对多的碰撞检测，即一架英雄飞机对多架敌机，但此时需要处理多对多的碰撞检测，即多发子弹对多架敌机。针对这种需求，sprite 模块提供了另外一个方法——groupcollide()。

使用 groupcollide() 方法能够方便地检测敌机精灵组和子弹精灵组中的精灵是否发生了碰撞。若检测到碰撞，则 groupcollide() 方法会返回一个字典，字典的键为一个精灵组中检测到被碰撞的精灵，值为另一个精灵组中与键发生碰撞的所有精灵的列表。

在编写代码之前，先通过一张图来明确子弹击中敌机的流程，如图 11-42 所示。

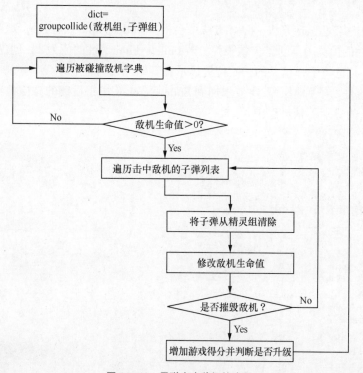

图 11-42　子弹击中敌机的流程

按照图 11-42 所示的流程，在 Game 类的 check_collide() 方法的末尾增加处理子弹击中敌机的代码，增加的代码如下：

```
# 检测敌机是否被子弹击中
hit_enemies = pygame.sprite.groupcollide(self.enemies_group,
                                         self.hero.bullets_group,
                                         False, False,
                                         pygame.sprite.collide_mask)
# 遍历字典
for enemy in hit_enemies:
    # 已经被摧毁的敌机，不需要浪费子弹
    if enemy.hp <=0:
```

```
          continue
     # 遍历击中敌机的子弹列表
     for bullet in hit_enemies[enemy]:
          # 将子弹从所有精灵组中清除
          bullet.kill()
          # 修改敌机的生命值
          enemy.hp -= bullet.damage
          # 如果敌机没有被摧毁，继续判定下一颗子弹
          if enemy.hp > 0:
               continue
          # 修改游戏得分并判断是否升级
          if self.hud_panel.increase_score(enemy.value):
               self.create_enemies()
          # 退出遍历子弹列表循环
          break
```

　　运行游戏，可以看到英雄飞机能发射子弹了。但是，当英雄飞机闯到第 3 关卡级别牺牲之后，玩家按下空格键开启新游戏，游戏窗口中仍然显示的是第 3 级别配置的敌机，而不是第 1 级别的小敌机。

　　修改 Game 类的 reset_game() 方法，在 reset_game() 方法末尾先清空所有的敌机和英雄飞机残留的子弹，重新创建敌机对象，代码如下：

```
# 清空所有敌机
for enemy in self.enemies_group:
    enemy.kill()
# 清空残留子弹
for bullet in self.hero.bullets_group:
    bullet.kill()
# 重新创建敌机
self.create_enemies()
```

　　再次运行游戏，重新开启一轮游戏后，可以看到所有的敌机都为第 1 级别对应的小敌机。

11.7.4　英雄飞机拾取道具

　　游戏开始后，道具每隔 30s 会从游戏窗口上方的随机位置飞出，包括炸弹补给和子弹增强。下面将从设计道具类、定时投放道具、拾取道具这 3 个方面介绍英雄飞机拾取道具的内容。

1. 设计道具类

　　在设计道具类之前，需要明确程序中道具的初始位置和终止位置，如图 11-43 所示。

　　为避免程序中反复创建相同的道具精灵，可以按照以下思路进行处理。

　　（1）在游戏初始化时创建 2 个道具精灵，并将道具精灵的初始位置设为游戏窗口的下方。

　　（2）游戏开始后，每隔 30s 调用道具精灵的投放道具的方法，将道具精灵设置到游戏窗口上方的随机位置，准备开始垂直向下运动。

　　（3）若道具精灵向下方运动时遇到了英雄飞机，则设置相关属性，并且将道具精灵的位置设

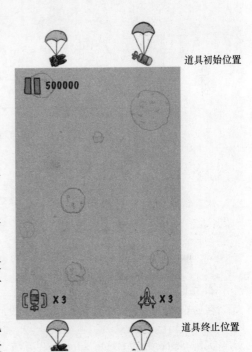

图 11-43　道具的初始和终止位置示意图

为游戏窗口的下方。

（4）道具精灵处于游戏窗口下方时不再更新位置。

根据以上思路设计一个道具类 Supply，Supply 类的类图如图 11-44 所示。

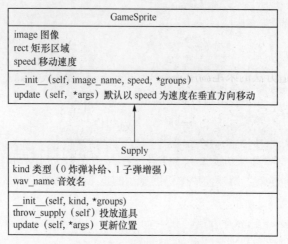

图 11-44　Supply 类的类图

由图 11-44 可知，Supply 类中封装了 2 个属性：kind 和 wav_name，其中 kind 表示道具类型，值为 0 时表示炸弹补给，值为 1 时表示子弹增强；wav_name 表示投放道具时播放的音效文件名。Supply 类中封装了 3 个方法：__init__()、throw_supply() 和 update()。其中，throw_supply() 方法用于投放道具；update() 方法用于更新道具位置。

在 game_items 模块中定义继承了 GameSprite 类的 Supply 类，Supply 类的代码如下：

```python
class Supply(GameSprite):
    """ 道具类 """
    def __init__(self, kind, *groups):
        # 调用父类方法
        image_name = "%s_supply.png" % ("bomb" if kind == 0 else "bullet")
        super().__init__(image_name, 5, *groups)
        # 道具类型
        self.kind = kind
        # 音频文件名
        self.wav_name = "get_%s.wav" % ("bomb" if kind == 0 else "bullet")
        # 初始位置
        self.rect.y = SCREEN_RECT.h
    def throw_supply(self):
        """ 投放道具 """
        self.rect.bottom = 0
        self.rect.x = random.randint(0, SCREEN_RECT.w - self.rect.w)
    def update(self, *args):
        """ 更新位置，在屏幕下方不移动 """
        if self.rect.h > SCREEN_RECT.h:
            return
        # 调用父类方法，沿垂直方向移动
        super().update(*args)
```

2. 定时投放道具

在 game_items 模块的顶部声明记录投放道具的定时器事件的全局常量，代码如下：

```python
THROW_SUPPLY_EVENT = pygame.USEREVENT + 3                          # 投放道具事件
```

实现 Game 类的 create_supplies() 方法，在 create_supplies() 方法中创建 2 个道具精灵，并设置定时器事件，代码如下：

```
def create_supplies(self):
    """ 创建道具 """
    Supply(0, self.supplies_group, self.all_group)
    Supply(1, self.supplies_group, self.all_group)
    # 设置30s 投放道具定时器事件 （测试时用10s）
    pygame.time.set_timer(THROW_SUPPLY_EVENT, 10000)
```

　　需要注意的是，为了方便测试，以上代码将投放道具的间隔时长设为 10s，测试完成后需要将间隔时长设为 30s。

　　在 Game 类的构造方法的末尾调用 create_supplies() 方法，代码如下：

```
# 创建道具
self.create_supplies()
```

　　修改 Game 类的 event_handler() 方法，增加投放道具事件的监听，一旦监听到投放道具事件，将从道具精灵组中随机取出一个道具，让道具调用 throw_supply() 方法开始投放，代码如下：

```
# 判断是否正在游戏
if not self.is_game_over and not self.is_pause:
    # 监听投放道具事件
    if event.type == THROW_SUPPLY_EVENT:
        supply = random.choice(self.supplies_group.sprites())
        supply.throw_supply()
    # 监听发射子弹事件
    if event.type == HERO_FIRE_EVENT:
```

运行游戏，可以看到每隔几秒便出现一个快速掠过游戏窗口的道具。

3. 拾取道具

　　下面对 Game 类的 check_collide() 方法进行扩展，实现英雄拾取道具的功能。

　　在 game_items 模块的顶部声明记录结束子弹增强效果定时器事件的全局常量，代码如下：

```
BULLET_ENHANCED_OFF_EVENT = pygame.USEREVENT + 4  # 结束子弹增强定时器的事件
```

　　在 Game 类的 check_collide() 方法末尾增加处理英雄拾取道具的代码，具体如下：

```
# 英雄拾取道具
supplies = pygame.sprite.spritecollide(self.hero,
                                       self.supplies_group,
                                       False, pygame.sprite.collide_mask)
if supplies:
    supply = supplies[0]
    # 将道具设置到游戏窗口下方
    supply.rect.y = SCREEN_RECT.h
    # 判断道具类型
    if supply.kind == 0:                                   # 设置炸弹补给
        self.hero.bomb_count += 1
        self.hud_panel.show_bomb(self.hero.bomb_count)
    else:                                                  # 设置子弹增强
        self.hero.bullets_kind = 1
        # 设置结束子弹增强效果定时器的事件
        pygame.time.set_timer(BULLET_ENHANCED_OFF_EVENT, 8000)
```

　　需要注意的是，为了便于测试，以上代码将子弹增强效果持续的时长设为 8s，测试完成后需要将时长改为游戏中规定的 20s。

　　修改 Game 类的 event_handler() 方法，增加结束子弹增强效果定时器事件的监听，一旦监听到结束子弹增强效果定时器事件，恢复子弹类型并关闭该事件。修改后的代码如下：

```
# 判断是否正在游戏
if not self.is_game_over and not self.is_pause:
    # 监听结束子弹增强效果定时器事件
    if event.type == BULLET_ENHANCED_OFF_EVENT:
        self.hero.bullets_kind = 0
```

```
    pygame.time.set_timer(BULLET_ENHANCED_OFF_EVENT, 0)
  # 监听投放道具事件
  if event.type == THROW_SUPPLY_EVENT:
```

运行游戏，可以看到英雄飞机成功拾取了道具，游戏更新了拾取后的结果：拾取炸弹补给后，游戏窗口的炸弹数量加 1；拾取子弹增强后，英雄飞机发射的子弹由单排变成双排，并持续 8s 时间。

11.8 音乐和音效

游戏又被称为第九种艺术，是各项艺术的集合体。在一个独立且完整的游戏世界中，音乐是不可或缺的因素。游戏开发者可以通过声音来提升玩家对游戏的体验。通常大型游戏中游戏音乐划分的类别比较细致，包括主题曲、原声音乐、背景音乐和游戏音效等。小游戏中的声音比较简单，但背景音乐和游戏音效这 2 种声音是必不可少的。

背景音乐是一个完整的音乐片段，一般会被循环播放，玩家在整个游戏过程中始终都能听到。背景音乐可以烘托游戏的氛围，增强玩家的代入感。

游戏音效可以用于点缀或加强某一个游戏操作或事件，例如，发射子弹、投放道具和飞机被撞毁等。游戏音效的特点是播放声音较短且表现形式单一，但简洁有力，通常会在游戏中频繁播放。

11.8.1 测试音乐和音效的播放

为方便开发人员播放游戏的音乐和音效，pygame 中提供了 2 个模块：pygame.mixer.music 和 pygame.mixer，其中 pygame.mixer.music 模块包含了长音乐（如背景音乐）播放相关的功能；pygame.mixer 模块包含了短音效播放相关的功能。本节分别使用 pygame.mixer.music 和 pygame.mixer 模块测试飞机大战游戏中播放背景音乐和音效的功能。

1. 播放背景音乐

pygame.mixer.music 模块提供了一些控制长音乐播放的常用方法，关于这些常用方法的说明如表 11–22 所示。

表 11–22   pygame.mixer.music 模块的常用方法及说明

方法	说明
load(音乐文件路径)	从磁盘加载音乐文件，以准备播放
play(循环次数)	开始播放。若循环次数为 –1，会一直循环播放；循环次数为 1，会播放 1 次后，再播放 1 次
stop()	停止播放
pause()	暂停播放
unpause()	取消暂停，继续播放
set_volume(音量)	设置音量，音量的范围为 0.0 ~ 1.0

要想在程序中播放背景音乐，一般需要以下 2 个步骤：

（1）使用 load() 方法加载音乐文件。

（2）使用 play(-1) 方法循环播放。

下面在 Game 类的初始化方法的末尾增加以下测试代码，播放游戏的背景音乐，代码如下：

```
# TODO 测试 - 音乐和音效
# 加载背景音乐文件准备播放
pygame.mixer.music.load("./res/sound/game_music.ogg")
# 播放音乐
pygame.mixer.music.play(-1)
```

运行游戏，可以听到游戏开始时播放了背景音乐。

2. 播放音效

pygame.mixer 模块专门提供了一个表示声音的 Sound 类，可以创建声音对象并播放游戏音效。Sound 类提供的常用方法及说明如表 11-23 所示。

表 11-23　Sound 类的常用方法及说明

方法	说明
Sound(音效文件路径)	加载音效文件并创建声音对象
sound.play()	播放声音对象的音效
sound.stop()	停止声音对象的播放
sound.set_volume(音量)	设置声音对象的音量，音量参数的范围为 0.0 ~ 1.0

要想在程序中播放音效，一般需要以下 2 个步骤．

（1）创建并记录 Sound 对象。需要注意的是，不同的音效需要创建不同的对象。

（2）让 Sound 对象调用 play() 方法播放音效。

下面在 Game 类中初始化方法的末尾增加以下测试代码，播放英雄飞机被摧毁的音效，代码如下：

```
# TODO 测试 - 音乐和音效
# 创建声音对象
hero_down_sound = pygame.mixer.Sound("./res/sound/me_down.wav")
hero_down_sound.play()
```

运行游戏，当英雄飞机撞到敌机时可以听到"嘭"的一声爆炸音效。

需要注意的是，由于游戏音效的声音大多是非常短促的，因此在游戏开发时通常无须考虑停止正在播放的音效。

11.8.2　音乐播放器类的设计

游戏可以只有一首循环播放的背景音乐，但一般有多个音效。每个音效都是一个单独的对象，它会在游戏需要时播放。飞机大战游戏需要使用的背景音乐和音效文件保存在 .res/sound 目录下，打开的 sound 目录如图 11-45 所示。

为了简化在游戏中对音乐和音效播放的控制，这里设计一个表示音乐播放器的类 MusicPlayer。MusicPlayer 类的类图如图 11-46 所示。

图 11-45　飞机大战项目中用到的背景音乐和音效

MusicPlayer
sound_dict 音效字典
__init__(self, music_file) 加载背景音乐，创建音效对象字典
play_sound(self, wav_name) 播放音效
play_music() 播放背景音乐
pause_music(is_paused) 暂停/恢复背景音乐

图 11-46　MusicPlayer 类的类图

由图 11-46 可知，MusicPlayer 类中封装了一个 sound_dict 属性。sound_dict 属性是一个包含多个音效的字典，该字典的键为文件名，值为对应的声音对象。

MusicPlayer 类中还封装了多个方法，这些方法的具体说明如表 11-24 所示。

表 11-24　MusicPlayer 类的方法及说明

方法	说明
__init__(self, music_file)	参数 music_file 表示背景音乐文件名。res/sound 目录下的其他文件都是音效文件
play_sound()	播放游戏音效
play_music()	静态方法，播放背景音乐
pause_music()	静态方法，暂停 / 恢复背景音乐

11.8.3　加载和播放背景音乐

音乐播放器类的设计完成之后，就可以进行代码实现了。

首先，在 game_music 模块文件的顶部导入需要使用的模块，代码如下：

```python
import os    # 需要遍历 res/sound 目录下的文件
import pygame
```

其次，定义 MusicPlayer 类，并且实现加载和播放背景音乐相关的方法，代码如下：

```python
class MusicPlayer:
    """ 音乐播放器类 """
    res_path = "./res/sound/"                              # 声音资源路径
    def __init__(self, music_file):
        # 加载背景音乐
        pygame.mixer.music.load(self.res_path + music_file)
        pygame.mixer.music.set_volume(0.2)
    @staticmethod
    def play_music():
        pygame.mixer.music.play(-1)
    @staticmethod
    def pause_music(is_pause):
        if is_pause:
            pygame.mixer.music.pause()
        else:
            pygame.mixer.music.unpause()
```

需要注意的是，以上代码通过"pygame.mixer.music.set_volume(0.2)"降低了背景音乐的音量，防止后续背景音乐干扰音效的测试。

然后，在 Game 类的构造方法的末尾删除之前的测试代码，创建音乐播放器并且循环播放背景音乐，增加的代码如下：

```python
# 创建音乐播放器
self.player = MusicPlayer("game_music.ogg")
```

```
self.player.play_music()
```

最后，修改 Game 类的 event_handler() 方法，在监听到玩家按下空格键暂停或恢复游戏的同时，恢复或暂停游戏背景音乐的播放，代码如下：

```
elif event.type == pygame.KEYDOWN and event.key == pygame.K_SPACE:
    if self.is_game_over:                                        # 游戏已经结束
        self.reset_game()
    else:                                                        # 切换暂停状态
        self.is_pause = not self.is_pause
        # 暂停或恢复背景音乐
        self.player.pause_music(self.is_pause)
```

运行游戏，可以听到游戏的背景音乐，按下空格键后暂停了背景音乐，再按下空格键后恢复了背景音乐。

11.8.4　加载和播放音效

背景音乐的功能实现以后，下面来实现加载和播放音效的功能。需要播放的音效包括发射子弹、引爆炸弹、投放和拾取道具、敌机爆炸和升级以及英雄飞机爆炸音效。

首先，在 MusicPlayer 类的构造方法的末尾增加代码，从 ./res/sound 目录加载所有的音频文件，并且将创建的声音对象添加到音效字典 sound_dict 中，代码如下：

```
# 加载音效字典
# 定义音效字典属性
self.sound_dict = {}
# 获取目录下的文件列表
files = os.listdir(self.res_path)
# 遍历文件列表
for file_name in files:
    # 排除背景音乐
    if file_name == music_file:
        continue
    # 创建声音对象
    sound = pygame.mixer.Sound(self.res_path + file_name)
    # 添加到音效字典，使用文件名作为字典的键
    self.sound_dict[file_name] = sound
```

其次，在 MusicPlayer 类中实现播放音效的 play_sound() 方法，代码如下：

```
def play_sound(self, wav_name):
    """ 播放音效
    :param wav_name: 音效文件名
    """
    self.sound_dict[wav_name].play()
```

在 Game 类的指定位置逐一调用播放音效的方法。

1. 发射子弹

在 event_handler() 方法中找到监听发射子弹事件的分支，添加播放 "发射子弹" 音效的代码，具体如下：

```
# 监听发射子弹事件
if event.type == HERO_FIRE_EVENT:
    self.player.play_sound("bullet.wav")
    self.hero.fire(self.all_group)
```

2. 引爆炸弹

在 event_handler() 方法中找到监听玩家按下 "b" 键后引爆炸弹的分支，添加播放 "引爆炸弹" 音效的代码，具体如下：

```
# 监听玩家按下 "b" 键，引爆炸弹
if event.type == pygame.KEYDOWN and event.key == pygame.K_b:
```

```
# 如果英雄飞机没有牺牲同时有炸弹
if self.hero.hp > 0 and self.hero.bomb_count > 0:
    self.player.play_sound("use_bomb.wav")
# 引爆炸弹
score = self.hero.blowup(self.enemies_group)
```

3. 投放和拾取道具

在 event_handler() 方法中找到监听投放道具事件的分支，添加播放"投放道具"音效的代码，具体如下：

```
# 监听投放道具事件
if event.type == THROW_SUPPLY_EVENT:
    self.player.play_sound("supply.wav")
    supply = random.choice(self.supplies_group.sprites())
    supply.throw_supply()
```

在 check_collide() 方法中找到英雄拾取道具部分的代码，添加播放"拾取道具"音效的代码，具体如下：

```
if supplies:
    supply = supplies[0]
    # 播放拾取道具音效
    self.player.play_sound(supply.wav_name)
```

4. 敌机爆炸和升级

在 check_collide() 方法中找到检测敌机被子弹击中部分的代码，分别添加播放"升级"和"敌机爆炸"音效的代码，具体如下：

```
# 遍历击中敌机的子弹列表
for bullet in hit_enemies[enemy]:
    # 省略部分代码……
    # 修改游戏得分并判断是否升级
    if self.hud_panel.increase_score(enemy.value):
        # 播放升级音效
        self.player.play_sound("upgrade.wav")
        self.create_enemies()
    # 播放敌机爆炸音效
    self.player.play_sound(enemy.wav_name)
    # 退出遍历子弹列表循环
    break
```

5. 英雄飞机爆炸

在 check_collide() 方法中找到检测英雄飞机和敌机碰撞部分的代码，添加播放"英雄飞机爆炸"音效的代码，具体如下：

```
# 是否撞到敌机
if enemies:
    # 播放英雄飞机被撞毁音效
    self.player.play_sound(self.hero.wav_name)
    self.hero.hp = 0                                    # 英雄飞机被撞毁
```

运行游戏，可以听到英雄飞机发射子弹的声音，按下"b"键后出现了引爆炸弹的声音。至此，飞机大战游戏的全部功能已经开发完成。

11.9　项目打包

在开发游戏时需要先在计算机中配置开发环境，游戏开发完成后需要在配置好的环境中运行，但通常我们接触到的游戏却可以在未配置开发环境的不同设备上运行，这是因为开发人员在游戏开发完成后对游戏项目进行了打包。

可以利用 Python 的第三方库——PyInstaller 对编写的游戏（但不仅限于游戏）项目进行打包。PyInstaller 可在 Windows、Linux、MacOS X 等操作系统中将 Python 程序打包成可独立执行的软件包。完成打包后用户方可利用独立软件包在没有配置 Python 的环境中运行打包好的项目。

下面首先介绍 PyInstaller 库的安装和使用，再介绍如何使用 PyInstaller 库打包飞机大战游戏项目。

1. PyInstaller 的安装和使用

由于 PyInstaller 库依赖其他模块，建议采用 pip 命令在线安装，而非离线安装包方式安装。安装命令如下：

```
pip install pyinstaller
```

以上安装命令执行后开始安装 PyInstaller，安装完成后可以在控制台中看到如下信息：

```
Successfully built pyinstaller
Installing collected packages: altgraph, macholib, pyinstaller
Successfully installed altgraph-0.17 macholib-1.14 pyinstaller-3.6
```

以上信息表明 PyInstaller 库安装成功。此时，开发人员可以在命令行工具中通过 pyinstaller 命令操作。

切换至程序所在的目录，可以通过 pyinstaller 命令打包程序，具体命令如下：

```
pyinstaller 选项 Python 源文件
```

以上命令的 Python 源文件表示程序的入口文件；选项表示一些控制生成软件包的辅助命令，常用的选项及说明如表 11-25 所示。

表 11-25　PyInstaller 支持的常用选项及说明

选项	说明
–F/--onefile	将项目打包为单个可执行程序文件
–D/--onedir	将项目打包为一个包含可执行程序的目录（包含多个文件）
–d/--debug	将项目打包为 debug 版本的可执行文件
–w/--windowed/--noconsolc	指定程序运行时不显示命令行窗口（仅对 Windows 系统有效）
–c/--nowindowed/--console	指定使用命令行窗口运行程序（仅对 Windows 系统有效）
–o DIR/--out=DIR	指定 spec 文件的生成目录。若没有指定，则默认为当前目录

以上命令执行完成后，可以看到源文件所在的目录中增加了 2 个目录：build 和 dist。其中，build 目录是存储临时文件的目录，可以安全地删除；dist 目录中包含一个与源文件同名的目录，该同名目录中包含了可执行的软件，以及可执行文件的动态链接库。

2. 使用 PyInstaller 打包游戏项目

在飞机大战目录中打开命令行窗口，使用 pyinstaller 命令打包程序的入门文件 game.py：

```
pyinstaller -Fw game.py
```

以上命令执行后，可以看到命令行窗口持续地显示打包信息，完成之后在飞机大战目录中增加了 build 和 dist 目录。打开 dist 目录，game.exe 文件便是最终的软件，如图 11-47 所示。

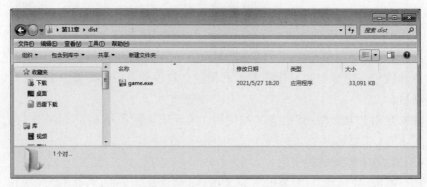

图 11-47　dist 目录中的文件

　　此时，只需要将 game.exe 文件和 res 目录置于同一目录中，双击 game.exe 便可启动游戏；亦可将 game.exe 与 res 目录一同压缩，分享给其他人，在其他设备上运行游戏。

11.10　本章小结

　　本章围绕着面向对象的编程思想，从游戏简介、项目准备、游戏框架搭建、游戏背景和英雄飞机、指示器面板、逐帧动画和飞机类、碰撞检测、音乐和音效、项目打包等方面详细介绍了使用 Python 第三方库 pygane 开发一个具备完整功能的飞机大战游戏的流程和方法。通过学习本章的内容，读者可以灵活地运用面向编程的编程技巧，并能将其运用到 Python 程序实际开发中。